建筑行业实用技术丛书

钢筋基础知识与施工技术

李继业　徐东升　主　编
张　峰　副主编

U0212380

中国建材工业出版社

图书在版编目（CIP）数据

钢筋基础知识与施工技术/李继业，徐东升主编．—北京：
中国建材工业出版社，2012.3（2022.1 重印）
（建筑行业实用技术丛书）
ISBN 978-7-5160-0008-3

Ⅰ.①钢… Ⅱ.①李… ②徐… Ⅲ.①建筑工程—钢筋—
工程施工—施工技术—基本知识 Ⅳ.①TU755.3

中国版本图书馆 CIP 数据核字（2011）第 170923 号

内 容 简 介

本书根据国家和行业最新发布的《冷轧带肋钢筋》（GB 13788—2008）、《预应力混凝土用钢绞线》（GB/T 5224—2003/XG1—2008）、《碳素结构钢》（GB/T 700—2006）及《低碳钢热轧圆盘条》（GB/T 701—2008）、《预应力筋用锚具、夹具和连接器》（GB/T 14370—2007）、《混凝土结构设计规范》（GB 50010—2010）等标准进行编写，主要包括钢筋的基本知识、钢筋的主要技术性能、钢筋连接的施工工艺、钢筋的冷加工工艺、钢筋冬季施工工艺、钢筋的配料与代换、钢筋的加工与安装、钢筋的质量检验评定标准、钢筋施工的质量问题与防治和钢筋工程施工方案实例等。

本书非常注意通俗性、先进性、针对性和实用性，注重理论与实践相结合，具有应用性突出、可操作性强、通俗易懂等显著特点。本书既可作为钢筋工程施工技术人员和技工的工具书，也可作为高职高专土木工程、路桥工程、港口工程、装饰工程和房屋建筑工程等专业的辅助教材和参考书。

钢筋基础知识与施工技术

李继业 徐东升 主 编
张 峰 副主编

出版发行：**中国建材工业出版社**
地　　址：北京市海淀区三里河路 1 号
邮　　编：100044
经　　销：全国各地新华书店
印　　刷：北京雁林吉兆印刷有限公司
开　　本：787mm×1092mm　1/16
印　　张：14.75
字　　数：360 千字
版　　次：2012 年 3 月第 1 版
印　　次：2022 年 1 月第 3 次
定　　价：**56.00 元**

前　　言

　　钢筋混凝土的发明出现在近代,通常认为发明于1848年。1868年一个法国的园丁,研制成功了钢筋混凝土花盆,紧随其后应用于公路护栏的钢筋混凝土梁柱的专利诞生。1872年,世界第一座钢筋混凝土结构的建筑在美国纽约落成,人类建筑史上一个崭新的纪元从此开始。

　　钢筋混凝土结构在1900年之后在工程界得到了大规模的使用。1928年,一种新型钢筋混凝土结构形式——预应力钢筋混凝土出现,并于二次世界大战后亦被广泛地应用于工程实践。钢筋混凝土的发明以及19世纪中叶钢材在建筑业中的应用,使高层建筑与大跨度桥梁的建造成为可能。

　　钢筋是钢筋混凝土结构工程中不可缺少的重要材料,其不仅具有较高的拉伸性能、良好的冷弯性能和优异的焊接性能,而且与混凝土有很高的粘结性能、相近的线膨胀系数,是与混凝土最好的配合骨架材料,也是各类工程中应用最广泛的建筑材料之一。

　　进入21世纪以来,我国各项建设事业飞速发展,使钢筋混凝土科学技术的发展出现了欣欣向荣的景象,城市化建设和各种现代化大型建筑的出现如雨后春笋。社会发展充分证明:21世纪以后的更长时期,钢筋混凝土仍是现代建筑的主要建筑材料。随着现代建筑对功能的更广泛要求,对钢筋混凝土施工也提出了一系列更高、更新的要求。

　　本书根据国家最新颁布的《混凝土结构工程施工质量验收规范》(GB 50204—2002,2011版)、《建筑工程施工质量验收统一标准》(GB 50300—2001)、《钢筋混凝土用钢 第2部分:热轧带肋钢筋》(GB 1499.2—2007)、《钢筋混凝土用钢 第1部分:热轧光圆钢筋》(GB 1499.1—2008)、《冷轧带肋钢筋(GB 13778—2008)》、《预应力筋用锚具、夹具和连接器应用技术规程》(JGJ 85—2010)和其他有关最新标准、规程等编写而成,使钢筋工程施工人员不仅详细了解钢筋的种类、基本性能、施工工艺、质量要求、验收标准和检验方法等,而且了解钢筋在施工中存在的质量问题和防治措施。另外,还介绍了某钢筋工程的施工方案。

　　本书以图表与文字相结合的编写形式,参考有关施工企业的施工经验,突出理论与实践结合、实用与实效并重、文字与图表并茂,内容先进、全面、简洁、实用,完全满足中高级钢筋工的实际需要,是一本实用性极强的技术工具参考书。

　　在本书的编写过程中,中国对外建设海南有限公司工程技术人员积极参加编写和提供资料,给予很大的支持和帮助,在此表示衷心的感谢!

　　本书由李继业、徐东升担任主编,张峰担任副主编。李继业负责全书的统稿,徐东升负责全书的校对。林建军、姚顺章、李海豹、王海宇参加了编写。具体分工:李继业撰写第九章;徐东升撰写第二章、第五章;张峰撰写第三章、第十章;林建军撰写第四章、第八章;姚顺章撰写第七章;李海豹撰写第一章;王海宇撰写第六章。

　　由于编者水平有限,加之编写时间比较仓促,错误和遗漏在所难免,恩请广大读者批评指正。

编者

2012年1月

目　　录

第一章　钢筋的基本知识

在任何工程的施工中,作业人员首先必须弄懂施工图中的要求,才能按照设计要求进行施工。因此,工程图被喻为"工程界的技术语言",它不仅是进行工程规划设计和表达工程设计意图不可缺少的重要手段,而且也是施工人员进行作业的主要标准,同时还是工程质量验收的基本依据。

建筑工程施工图是使用正投影的方法,把所设计的建筑物的大小、外部形状、内部布置、室内外装修及各结构、构造、设备等的具体做法,按照《房屋建筑制图统一标准》(GB/T 50001—2010)和《建筑制图标准》(GB/T 50104—2010)中的规定,用建筑专业的习惯画法详尽、准确地表达出来,并标注尺寸和文字说明。

在建筑工程施工图中,结构施工图是其主要组成。它是在建筑设计的基础上,对建筑工程中各承重构件的布置、形状、大小、材料、构造等方面进行具体设计和绘制。结构配筋图是结构施工图中不可缺少的图样,在施工开始之前,施工人员必须掌握钢筋配置的位置、数量、规格、相互关系等知识,才能正确地进行钢筋混凝土结构的施工。

第一节　建筑工程图的识读

在建筑工程的设计和施工过程中,为做到建筑工程图制图统一、简单清晰、提高制图效率,满足设计、施工、验收和存档等要求,以适应工程建设的需要,国家制定了全国统一的建筑工程制图标准,其中《房屋建筑制图统一标准》(GB/T 50001—2010),是建筑工程制图的基本规定,是各专业制图的通用部分。此外,还有总图、建筑、结构、给排水和采暖等专业的制图标准。在应用《房屋建筑制图统一标准》(GB/T 50001—2010)的同时,还必须与专业制图标准配合使用。

一、建筑工程图纸的幅面标准

建筑工程图纸的幅面,在现行规范《房屋建筑制图统一标准》(GB/T 50001—2010)中有明确的规定。

(一)图纸幅面

(1)建筑工程图纸幅面的基本尺寸有五种,其代号分别为 A0、A1、A2、A3、A4。各号图纸的幅面尺寸、图框形式和图框尺寸都有明确的规定,具体规定见表 1-1、图 1-1、图 1-2、图 1-3 和图 1-4。

表 1-1　建筑工程图纸幅面尺寸和图框尺寸(mm)

尺寸代号	幅面代号				
	A0	A1	A2	A3	A4
$b \times l$	841×1189	594×841	420×594	297×420	210×297
c	10			5	
a	25				

注:表中 b 为幅面短边尺寸;l 为幅面长边尺寸;c 为图框线与幅面线间的宽度;a 为图框线与装订边间的宽度。

1

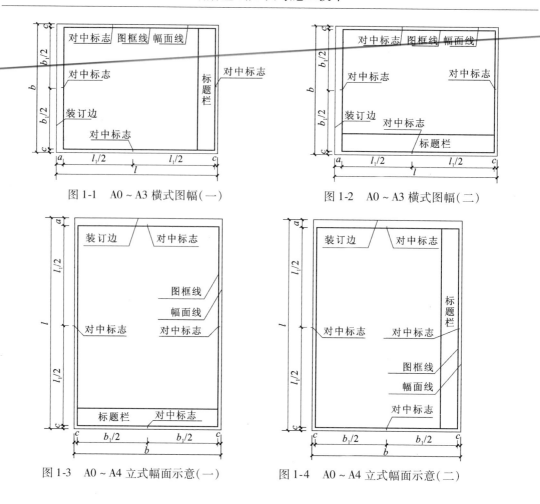

图 1-1　A0～A3 横式图幅(一)　　　　图 1-2　A0～A3 横式图幅(二)

图 1-3　A0～A4 立式幅面示意(一)　　　图 1-4　A0～A4 立式幅面示意(二)

（2）需要微缩复制的图纸,其一个边上应附有一段准确米制尺度,四个边上均附有对中标志,米制尺寸的总长度应为 100mm,分格应为 10mm。对中标志应画在图纸内框各边长的中点处,线宽为 0.35mm,并伸入内框边,在框外为 5mm。对中标志的线段,于 l_1 和 b_1 范围内取中。

（3）图纸中的短边尺寸不应加长,A0～A3 幅面长边尺寸可加长,但应符合表 1-2 中的规定。

表 1-2　图纸长边加长尺寸(mm)

幅面代号	长边尺寸	长边加长后的尺寸			
A0	1189	1486(A0+1/4l)	1635(A0+3/8l)	1783(A0+1/2l)	1932(A0+5/8l)
		2080(A0+3/4l)	2230(A0+7/8l)	2378(A0+l)	
A1	841	1051(A1+1/4l)	1261(A1+1/2l)	1471(A1+3/4l)	1682(A1+l)
		1892(A1+5/4l)	2102(A1+3/2l)		
A2	594	743(A2+1/4l)	891(A2+1/2l)	1041(A2+3/4l)	1189(A2+l)
		1338(A2+5/4l)	1486(A2+3/2l)	1635(A2+7/4l)	1783(A2+2.0l)
		1932(A2+9/4l)	2080(A2+5/2l)		
A3	420	630(A3+1/2l)	841(A3+l)	1051(A3+3/2l)	1261(A3+2.0l)
		1471(A3+5/2l)	1682(A3+3.0l)	1892(A3+7/2l)	

（4）图纸以短边作为垂直边应为横式，以短边作为水平边应为立式。A0～A3图纸宜横式使用；在有必要时，也可立式使用。

（5）在一个工程设计中，每个专业所使用的图纸，不宜多于两种幅面，不含目录及表格所采用的A4幅面。

（二）标题栏

（1）图纸中应有标题栏、图框线、幅面线、装订边线和对中标志。图纸的标题栏及装订边的位置，应符合下列规定：

① 横式使用的图纸，应按图1-1和图1-2的形式进行布置；

② 立式使用的图纸，应按图1-3和图1-4的形式进行布置。

（2）标题栏应符合图1-5和图1-6的规定，根据工程的需要选择确定其尺寸、格式及分区。签名栏应包括实名列和签名列，并应符合下列规定：

① 涉外工程的标题栏内，各项主要内容的中文下方应附有译文，设计单位的上方或左方，应加上"中华人民共和国"字样；

② 在计算机制图文件中，当使用电子签名与认证时，应符合国家有关电子签名法的规定。

| 设计单位名称区 |
| 注册师签章区 |
| 项目经理签章区 |
| 修改记录区 |
| 工程名称区 |
| 图号区 |
| 签字区 |
| 会签栏 |

图 1-5 标题栏（一）

设计单位名称区	注册师签章区	项目经理签章区	修改记录区	工程名称区	图号区	签字区	会签栏

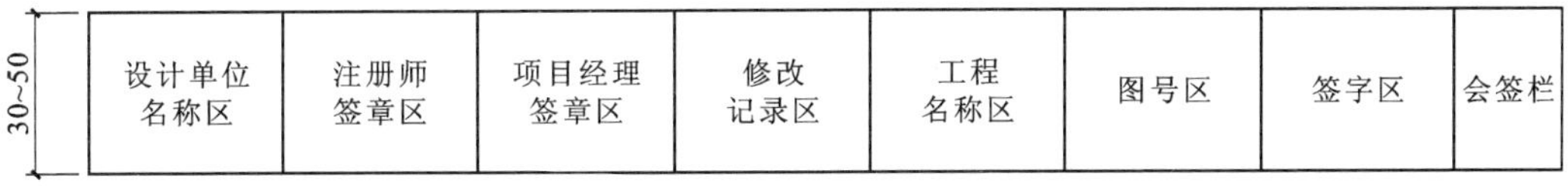

图 1-6 标题栏（二）

（三）图纸编排顺序

（1）工程图纸应按专业顺序进行编排，一般应为图纸目录、总图、建筑图、结构图、给水排水图、暖通空调图、电气图等。

（2）各专业的图纸，应按图纸内容的主次关系、逻辑关系进行分类排序。

二、建筑工程图纸的图线标准

在绘制建筑工程图样时，为了表示图中不同的内容，使图中线条主次分明，必须采用不同的线型、线宽表示。

（1）在绘制图纸时图线的宽度 b，宜从1.4、1.0、0.7、0.5、0.35、0.25、0.18、0.13mm 线宽系列中选取。图线的宽度不应小于0.1mm。每个图样，应根据复杂程度与比例大小，先选定基本线宽 b，再选用表1-3中相应的线宽组。

表 1-3 线宽组（mm）

线宽比	线宽组			
b	1.40	1.00	0.70	0.50

线宽比	线宽组			
0.70b	1.00	0.70	0.50	0.35
0.50b	0.70	0.50	0.35	0.25
0.25b	0.35	0.25	0.18	0.13

（2）建筑工程图中的线型有实线、虚线、点画线、双点画线、折断线和波浪线等，其中有些线型还分为粗、中粗、中、细四种，各种线型的规格及其一般用途，如表1-4所示。

表 1-4　建筑工程图线型和线宽

名称		线型	宽度	用途
实线	粗	———————b→	b	主要可见轮廓线
	中粗	———————	0.70b	可见轮廓线
	中	———————	0.50b	可见轮廓线、尺寸线、变更云线
	细	———————	0.25b	图例填充线、家具线
虚线	粗	▬ ▬ ▬ ▬ ▬	b	见各有关专业制图标准
	中粗	– – – – – –	0.70b	不可见轮廓线
	中	– – – – – –	0.50b	不可见轮廓线、图例线
	细	- - - - - - -	0.25b	图例填充线、家具线
单点长画线	粗	——— · ——	b	见各有关专业制图标准
	中	——— · ——	0.50b	见各有关专业制图标准
	细	— · — · — · —	0.25b	中心线、对称线、轴线等
双点长画线	粗	▬ · · ▬ · ·	b	见各有关专业制图标准
	中	—— · · ——	0.50b	见各有关专业制图标准
	细	— · · — · · —	0.25b	假想轮廓线、成型前原始轮廓线
折断线	细	———/\/————	0.25b	断开界线
波浪线	细	∿∿∿∿	0.25b	断开界线

（3）同一张图纸内，相同比例的各图样，应选用相同的线宽组。

（4）图纸的图框和标题栏线可采用表1-5中的线宽。

表 1-5　图框线、标题栏线的宽度（mm）

幅面代号	图框线	标题栏外框线	标题栏分格线
A0、A1	b	0.50b	0.25b
A2、A3、A4	b	0.70b	0.35b

（5）相互平行的图例线，其净间隙或线中间隙不宜小于0.2mm。

（6）虚线、单点长画线或双点长画线的线段长度和间隔，宜为自相等。

（7）单点长画线或双点长画线，当在较小图形中绘制有困难时，也可用实线代替。

（8）单点长画线或双点长画线的两端，不应当是点。点画线与点画线交接点或点画线与其他图线交接时，应当是线段交接。

（9）虚线与虚线交接或虚线与其他图线交接时，应当是线段交接。虚线为实线的延长线时，不得与实线相接。

（10）图线不得与文字、数字或符号重叠、混淆，不可避免时，应首先保证文字的清晰。

三、建筑工程图纸的字体标准

建筑工程图中的字体，根据需要有汉字、拉丁字母、阿拉伯数字和罗马数字等，这些字体必须做到字体端正、笔画清楚、排列整齐、间隔均匀。

（1）图中字体的大小应根据图样的大小、比例等具体情况确定。按字体的高度（mm）不同，其大小可分为 20、14、10、7、5、3.5 和 2.5 七种号数（汉字不采用 2.5 号）。长仿宋字体的高宽关系应符合表 1-6 中的规定，黑体字的宽度与高度应相同。大标题、图册封面、地形图等的汉字，也可书写成其他字体，但应当易于辨认。

表 1-6　长仿宋字体的高宽关系（mm）

字高	20	14	10	7	5	3.5
字宽	14	10	7	5	3.5	2.5

（2）图纸中的汉字应采用国家公布实施的简化汉字，并宜写成长仿宋字。长仿宋字的示例如图 1-7 所示。

指北针风玫瑰建筑设计说明平面图
立剖详南北一二三四五六七八九十
工业与民用建筑尺寸长宽高砖瓦厚
砂浆水泥土钢筋混凝楼地板门窗表
厕所施厂房日期校核审定标号基础

图 1-7　长仿宋字的示例

（3）图样及说明中的拉丁字母、阿拉伯数字与罗马数字，宜采用单线简体或 ROMAN 字体。拉丁字母、阿拉伯数字与罗马数字的书写规则，应符合表 1-7 中的规定。

表 1-7　拉丁字母、阿拉伯数字与罗马数字的书写规则

书写格式	字体	窄字体	书写格式	字体	窄字体
大写字母高度	h	h	笔画宽度	1/10h	1/14h
小写字母高度 （上下均无延伸）	7/10h	10/14h	字母间距	2/10h	2/14h
			上下行基准线的 最小间距	15/10h	21/14h
小写字母伸出的 头部或尾部	3/10h	4/14h	词间距	6/10h	6/14h

（4）数字和字母有直体和斜体两种，建筑工程图纸中宜采用斜体字体。斜体字体的字头向右倾斜，与水平线约成75°。数字和字母的写法如图1-8所示。

（a）

（b）

图1-8 数字和字母的写法

（a）一般字体（笔画宽度为字高的1/10）；（b）窄体字（笔画宽度为字高的1/14）

（5）拉丁字母、阿拉伯数字与罗马数字的字高，不应小于2.5mm。

（6）数量的数值注写，应采用正体阿拉伯数字。各种计量单位凡前面有量值的，均应采用国家颁布的单位符号注写。单位符号应采用正体字母。

（7）分数、百分数和比例数的注写，应采用阿拉伯数字和数字符号。

（8）当注写的数字小于1时，应写出各位的"0"，小数点应采用圆点，齐基线书写。

（9）长仿宋汉字、拉丁字母、阿拉伯数字与罗马数字示例应符合现行国家标准《技术制图——字体》（GB/T 14691—1993）的有关规定。

四、建筑工程图纸的比例标准

（1）图样中的图形与实物相对应的线性尺寸之比，称为图样的比例。这个比例是指线段之比，而不是面积之比。

（2）比例的符号应为"："，比例应以阿拉伯数字表示。比例宜注写在图名的右侧，字的基准线应取平；比例的字高比图名的字高小一号或两号（图1-9）。

平面图1:100　⑥1:20

图1-9　比例的注写方法

（3）在工程图样中所使用的各种比例，应根据图样的用途与所绘制物体的复杂程度进行选择。绘图所用的比例有常用比例和可用比例，并应优先采用常用比例。工程图样的比例可分为缩小和放大两种，建筑工程图常用缩小比例，如表1-8所示。

（4）在一般情况下，一个图样应选用同一种比例。根据专业制图需要，同一图样可选用两种比例。

（5）在特殊情况下，也可自选比例，这时除了应注出绘图比例外，还应在适当位置绘制出相应的比例尺。

表 1-8　建筑工程图选用比例

常用比例	1:1	1:2	1:5	1:10	1:20	1:30	1:50
	1:100	1:150	1:200	1:500	1:1000	1:2000	—
可用比例	1:3	1:4	1:6	1:15	1:25	1:40	1:60
	1:80	1:250	1:300	1:4000	1:600	1:5000	1:10000
	1:20000	1:100000	1:200000	—	—	—	—

五、建筑工程图纸的尺寸标注

在建筑工程图上除了画出建筑物及其各部分的形状外,还必须准确、详尽、清晰地标出尺寸,作为施工和验收时的依据。建筑物的真实大小应以图样上标注的尺寸数值为准,与图形的大小及绘图的准确度无关。

建筑工程图中所标注的尺寸单位为 mm 时,不需注明单位的代号或名称。其尺寸组成及基本规定见表 1-9,尺寸的排列布置与半径、直径、角度、坡度标注见表 1-10。

表 1-9　尺寸组成及基本规定

项目	图 形 示 例	说　明
尺寸组成		图样上的尺寸由尺寸界线、尺寸线、尺寸起止符号、尺寸数字四要素组成
尺寸界线		尺寸界线用细实线绘制,一般应与被注长度垂直,其一端应离开图样轮廓线不小于 2mm,另一端宜超出尺寸线 2~3mm。必要时,图样轮廓线可作为尺寸的界线
尺寸线		尺寸线用细实线绘制,应与被注长度平行,且不宜超出尺寸界线;任何图线均不得用作尺寸线
尺寸起止符号		尺寸起止符号一般应用中粗斜短线绘制,其倾斜方向应与尺寸线成顺时针 45°角,长度为 2~3mm

7

项目	图　形　示　例	说　明
尺寸数字	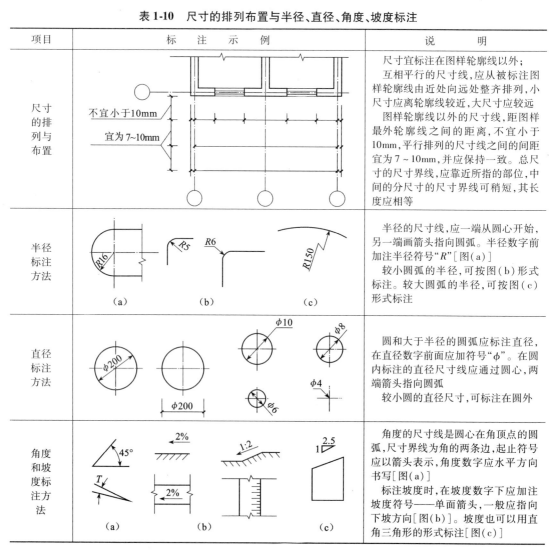	（1）图样上的尺寸，应以尺寸数字为准，不得从图中直接量取； （2）图样上的尺寸单位，除标高及总平面图以米（m）为单位外，均必须以毫米（mm）为单位； （3）尺寸数字的读数方向，应按图（a）的规定注写，若尺寸数字在30°斜线区内，宜按图（b）的形式注写； （4）图线不得穿过尺寸数字，不可避免时，应将尺寸数字处的图线断开
		尺寸数字应根据其读数方向注写在靠近尺寸线的上方中部，如没有足够的注写位置，最外边的尺寸数字可注写在尺寸界线的外侧，中间相邻的尺寸数字可错开注写，也可引出来注写

表 1-10　尺寸的排列布置与半径、直径、角度、坡度标注

项目	标　注　示　例	说　明
尺寸的排列与布置		尺寸宜标注在图样轮廓线以外； 互相平行的尺寸线，应从被标注图样轮廓线由近处向远处整齐排列，小尺寸应离轮廓线较近，大尺寸应较远 图样轮廓线以外的尺寸线，距图样最外轮廓线之间的距离，不宜小于10mm，平行排列的尺寸线之间的间距宜为7～10mm，并应保持一致。总尺寸的尺寸线应靠近所指的部位，中间的分尺寸的尺寸界线可稍短，其长度应相等
半径标注方法		半径的尺寸线，应一端从圆心开始，另一端画箭头指向圆弧。半径数字前加注半径符号"R"[图（a）] 较小圆弧的半径，可按图（b）形式标注。较大圆弧的半径，可按图（c）形式标注
直径标注方法		圆和大于半径的圆弧应标注直径，在直径数字前面应加符号"φ"。在圆内标注的直径尺寸线应通过圆心，两端箭头指向圆弧 较小圆的直径尺寸，可标注在圆外
角度和坡度标注方法		角度的尺寸线是圆心在角顶点的圆弧，尺寸线为角的两条边，起止符号应以箭头表示，角度数字应水平方向书写[图（a）] 标注坡度时，在坡度数字下应加注坡度符号——单面箭头，一般应指向下坡方向[图（b）]。坡度也可以用直角三角形的形式标注[图（c）]

8

第二节 结构施工图的识读

建筑物的外部造型千姿百态,但任何形状的造型,都必须靠承重部件组成的骨架体系将其支撑起来,这种承重的骨架体系称为建筑结构,组成建筑结构的各个部件称为结构构件。结构施工图是将各承重构件进行设计而画出来的图样,主要用来作为施工放线、开挖基槽、安装模板、绑扎钢筋、浇筑混凝土、编制预算等的依据。

一、结构施工图的分类及内容

建筑工程的结构施工图,主要包括结构设计说明和结构施工图纸两大部分。

（一）结构设计说明

结构设计说明以文字叙述为主,主要说明结构设计的依据,如地基情况、风雪荷载、抗震烈度;选用材料的种类、规格、强度等级;施工要求;选用标准图集;其他需要说明的事项等。

（二）结构施工图纸

结构施工图纸,主要包括结构布置图、结构配筋图和构件详图。

1. 结构布置图

结构布置图是建筑工程承重结构的整体布置图,主要表示结构构件的位置、数量、型号及相互关系。常用的结构平面布置图有:基础平面图、楼层结构布置平面图、屋面结构布置平面图等。

2. 结构配筋图

为加强对混凝土结构设计的管理,2000 年建设部批准《混凝土结构施工图平面整体表示方法制图规则和构造详图》为国家建筑标准设计图集。该设计图集的表达形式是把结构构件的尺寸和配筋等,按照施工顺序和平面整体表示法制图规则,整体地直接表达在各类构件的结构平面布置图上,再与标准构造详图相配合,即构成一套新型完整的结构施工图,也就是一般房屋建筑工程常将结构布置图和配筋图合二为一,分为柱子配筋图、楼面板配筋图、屋面板配筋图、楼面梁配筋图、屋面梁配筋图等。

这种新型的结构配筋图,改变了传统的将构件从结构平面图中索引出来,再逐个绘制配筋详图的繁琐方法,从而使结构设计方便、表达全面、准确,易于随机修正,大大地简化了绘图过程。

山东省建筑设计院编制的《混凝土结构施工图平面整体表示方法制图规则和构造详图》,主要包括两大部分内容:平面整体表示方法制图规则和标准构造详图。

3. 构件详图

构件详图是表示单个钢筋混凝土构件形状、尺寸、材料、构造及施工工艺的图样,主要包括梁、柱、板及基础结构详图、楼梯结构详图、屋架结构详图和其他结构（如天沟、雨篷）详图等。

二、结构施工图中的有关规定

由于建筑房屋结构中的构件繁多,布置形式比较复杂,为了图示简明、方便识图,《建筑结构制图标准》(GB/T 50105—2010)对结构施工图的绘制有十分明确的规定。

（1）常用构件的代号用各构件名称的汉语拼音第一个字母表示，具体表示方法见表1-11。

表1-11　结构施工图中常用构件的代号

序号	构件名称	代号	序号	构件名称	代号	序号	构件名称	代号
1	板	B	19	圈梁	QL	37	承台	CT
2	屋面板	WB	20	过梁	GL	38	设备基础	SJ
3	空心板	KB	21	连系梁	LL	39	桩	ZH
4	槽形板	CB	22	基础梁	JL	40	挡土墙	DQ
5	折板	ZB	23	楼梯梁	TL	41	地沟	DG
6	密肋板	MB	24	框架梁	KL	42	柱间支撑	ZC
7	楼梯板	TB	25	框支梁	KZL	43	垂直支撑	CC
8	盖板或沟盖板	GB	26	屋面框架梁	WKL	44	水平支撑	SC
9	挡雨板或檐口板	YB	27	檩条	LT	45	梯	T
10	吊车安全走道板	DB	28	屋架	WJ	46	雨篷	YP
11	墙板	QB	29	托架	TJ	47	阳台	YT
12	天沟板	TGB	30	天窗架	CJ	48	梁垫	LD
13	梁	L	31	框架	KJ	49	预埋件	M—
14	屋面梁	WL	32	刚架	GJ	50	天窗端壁	TD
15	吊车梁	DL	33	支架	ZJ	51	钢筋网	W
16	单轨吊车梁	DDL	34	柱	Z	52	钢筋骨架	G
17	轨道连续梁	GDL	35	框架柱	KZ	53	基础	J
18	车挡	CD	36	构造柱	GZ	54	暗柱	AZ

注：（1）预制钢筋混凝土构件、现浇混凝土构件、钢构件和木构件，一般可直接采用本表中的构件代号。在绘图中需要区别上述构件的材料种类时，可在构件代号前加注材料代号，并在图纸中加以说明。
　　（2）预应力钢筋混凝土构件的代号，应在构件代号前加注"Y"，如 Y－DL 表示预应力钢筋混凝土吊车梁。

（2）结构施工图上的轴线和编号，必须与建筑施工图上的轴线和编号一致。

（3）结构施工图上的尺寸标注应与建筑施工图相符合，但结构施工图中所标注尺寸是结构的实际尺寸，即不包括表层粉刷或面层的厚度。

（4）结构施工图应用正投影法进行绘制。

（5）结构施工图的图线、线型和线宽，应符合表1-12中的规定。

表1-12　结构施工图的图线、线型和线宽

名称	线型	线宽	一　般　用　途
粗实线	——————	b	螺栓、钢筋线，结构平面布置图中单线结构构件线、钢、木支撑及系杆线、图名下横线、剖切线

名称	线型	线宽	一　般　用　途
中粗实线	——	0.70b	结构平面图中及构件详图中剖到或可见墙身轮廓线、基础轮廓线、钢木结构轮廓线、钢筋线
中实线	——	0.50b	结构平面图中及构件详图中剖到或可见墙身轮廓线、基础轮廓线、可见的钢筋混凝土构件轮廓线、钢筋线
细实线	——	0.25b	标注引出线、标高符号线、索引符号线、尺寸线
粗虚线	- - - - -	b	不可见的钢筋、螺栓线、结构平面布置图中不可见的钢、木支撑及单线结构构件线
中粗虚线	- - - - -	0.70b	结构平面图中的不可见构件、墙身轮廓线及不可见钢、木结构构件线、不可见的钢筋
中虚线	- - - - -	0.50b	结构平面图中的不可见构件、墙身轮廓线及不可见钢、木结构构件线、不可见的钢筋
细虚线	- - - - -	0.25b	基础平面图中管、沟的轮廓线,不可见的钢筋混凝土构件轮廓线
粗单点长画线	—·—·—	b	柱间支撑、垂直支撑、设备基础轴线图中的中心线
细单点长画线	—·—·—	0.25b	中心线、对称线、定位轴线、重心线
粗双点长画线	—··—··—	b	预应力钢筋线
细双点长画线	—··—··—	0.25b	原有结构轮廓线
折断线	——/\/——	0.25b	断开界线
波浪线	～～～～	0.25b	断开界线

三、结构施工图的图示方法

钢筋混凝土结构构件只能看见其外形,内部的钢筋是不可见的。为了清楚地表明构件内部的钢筋分布,可假设混凝土构件为一个透明体,使包括在混凝土中的钢筋成为可见物,则成为建筑工程结构的配筋图。

钢筋混凝土结构构件的配筋图,主要包括平面图、立面图和断面图等,它们主要表示构件内部的钢筋配置、形状、数量、规格及相互连接关系,是钢筋混凝土构件图中的主要详图。必要时,还可以把构件中的各种钢筋抽出来绘制钢筋详图并列出钢筋表。

对于形状比较复杂的钢筋混凝土构件,或设有预埋件的构件,还需要绘制模板图(表达构件形状、尺寸及预埋件位置的投影图)和预埋件的详图,以便于模板的制作和安装及预埋件的布置。

第三节　钢筋配筋图的识读

钢筋混凝土是建筑工程中应用极为广泛的一种建筑材料,由混凝土和钢筋按设计要求组合而成,主要是利用混凝土较高的抗压强度和钢筋优异的抗拉性能。

一、构件中钢筋类型与作用

配置于钢筋混凝土构件中的钢筋,根据钢筋在结构构件中起到的作用不同,其规格、形状和数量是不同的,一般可分为受力钢筋、弯起钢筋、钢箍钢筋、架立钢筋、分布钢筋和构造钢筋等。

(一)受力钢筋

受力钢筋又称为主钢筋,是指在钢筋混凝土结构构件中承受拉应力、压应力的钢筋,这类钢筋主要用于梁、板、柱和牛腿等各种钢筋混凝土结构构件中。一般在受弯构件受压区配置受力钢筋是不经济的,只有在受压区混凝土不足以承受压力时,才在受压区配置受压主钢筋以补强。

(二)弯起钢筋

弯起钢筋也称为斜钢筋,是受拉钢筋的一种特殊形式。如梁构件由于端部附近剪应力较大,会造成较大的斜向拉力,这就需要用斜钢筋抵抗这种拉力。斜钢筋一般由主钢筋弯起,当主钢筋长度不够弯起时,也可采用吊筋形式,但不得采用浮筋。吊筋与浮筋如图1-10所示。

(三)架立钢筋

架立钢筋是钢筋混凝土构件中的一种非受力钢筋,主要用于固定梁中箍筋的位置,与受力钢筋和箍筋一起构成梁中的钢筋骨架。这种钢筋还能保证受力钢筋的设计位置,使其在浇筑混凝土过程中不发生移动。

(四)构造钢筋

构造钢筋是因钢筋混凝土构件的构造要求或施工安装需要而配置的钢筋,如腰筋、拉筋、预埋锚固筋等。腰筋的作用是防止梁太高时,由于混凝土收缩和温度变形而产生的竖向裂缝,同时也可加强钢筋骨架的刚度,腰筋用拉筋联系在一起。梁中的腰筋与拉筋如图1-11所示。

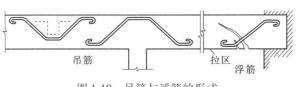

图1-10 吊筋与浮筋的形式

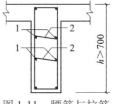

图1-11 腰筋与拉筋
1—腰筋;2—拉筋

(五)钢箍钢筋

钢箍钢筋又简称为箍筋,在钢筋混凝土结构构件中承受剪力或扭力的钢筋,并同时用来固定受力筋的位置,从而构成钢筋骨架。这类钢筋多用于梁和柱子内。

(六)分布钢筋

分布钢筋是指垂直于板内主钢筋方向上布置的构造钢筋,其作用是将板面上的荷载更加均匀地传递给受力钢筋,同时在施工中可通过绑扎或定位焊接固定主钢筋的位置,也可以抵抗温度应力和混凝土收缩应力。

图1-12和图1-13中为配置在钢筋混凝土构件中的几种常见钢筋。

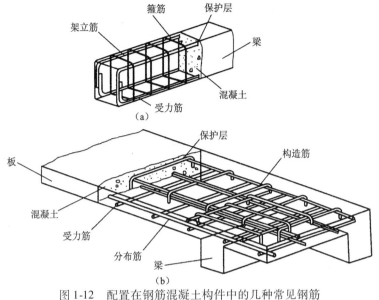

图 1-12　配置在钢筋混凝土构件中的几种常见钢筋

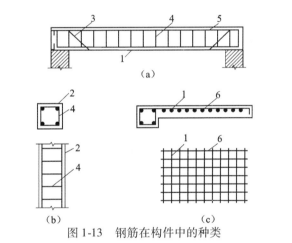

图 1-13　钢筋在构件中的种类

(a)梁;(b)柱子;(c)悬臂板

1—受拉钢筋;2—受压钢筋;3—弯起钢筋;4—箍筋;5—架立钢筋;6—分布钢筋

二、钢筋的弯钩和保护层

为了提高钢筋与混凝土之间的黏结力,避免钢筋在受拉时出现滑动,光圆钢筋的两端需要做成弯钩。在工程中常见的钢筋弯钩有:半圆弯钩、直角弯钩和其他角度弯钩,钢箍两端在交接处也要做出弯钩。各种弯钩的形状和尺寸如图 1-14 所示。

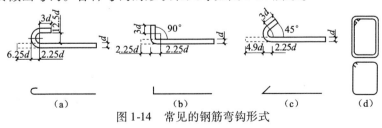

图 1-14　常见的钢筋弯钩形式

(a)半圆弯钩;(b)直角弯钩;(c)45°角弯钩;(d)钢箍两端弯钩

为了保护混凝土构件中的钢筋,起到防锈、防火、防腐蚀,加强钢筋与混凝土之间的黏结力的作用,钢筋的外缘到混凝土构件表面之间,应当留有一定厚度的混凝土保护层。各种构件混凝土保护层的最小厚度见表 1-13。

表 1-13　钢筋混凝土构件钢筋保护层的最小厚度(mm)

构件使用环境条件	构件类别	混凝土强度等级		
		≤C20	C25 及 C30	≥C35
室内正常使用环境	板、墙、壳	15		
	梁和柱子	25		
露天或室内高温环境	板、墙、壳	35	25	15
	梁和柱子	45	35	25

三、钢筋的一般表示方法

在钢筋混凝土结构施工图中,通常用单根的粗实线表示钢筋的立面,用黑圆点表示钢筋的横断面,常见的具体表示方法如表 1-14 所示,在钢筋混凝土结构施工图中钢筋的常规画法如表 1-15 所示。

表 1-14　一般钢筋的常用图例

名　称	图　例	名　称	图　例
钢筋横断面	●	无弯钩的钢筋端部[①]	
带半圆形弯钩的钢筋端部		带丝扣的钢筋端部	
带直钩的钢筋端部		带半圆形弯钩的钢筋搭接	
无弯钩的钢筋搭接		套管接头(花篮螺钉)	
带直钩的钢筋搭接			

①下图表示长短钢筋投影重叠时,可在短钢筋的端部用45°斜画线表示。

表 1-15　钢筋的常规画法

说　明	钢筋画法图例
在平面图中配置双层钢筋时,底层钢筋弯钩应向上或向左,顶层钢筋则向下或向右	底层　顶层
配双层钢筋的墙体,在配筋立面图中,远面钢筋的弯钩应向上或向左,而近面钢筋则向下或向右(JM 近面,YM 远面)	JM　YM　JM　YM
如在断面图中不能表示清楚钢筋布置,应在断面图外面增加钢筋大样图	

续表

说　明	钢筋画法图例
图中所表示的箍筋、环筋如布置复杂,应加画钢筋大样及说明	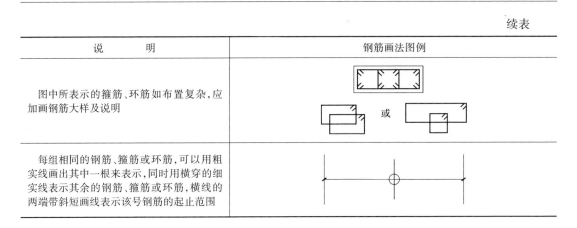
每组相同的钢筋、箍筋或环筋,可以用粗实线画出其中一根来表示,同时用横穿的细实线表示其余的钢筋、箍筋或环筋,横线的两端带斜短画线表示该号钢筋的起止范围	

四、混凝土结构施工图识读

建筑工程钢筋混凝土结构施工图的识读,主要包括:结构总说明的识读、基础图的识读、结构平面图及配筋图的识读等方面。

(一)结构总说明的识读

建筑工程结构总说明的识读,是大概了解整个组成和简要情况的过程。其所涉及的内容是有所不同的,在一般情况下主要包括:一般说明、设计依据、抗震设计、地基及基础、钢筋混凝土结构、砌体结构和其他七个方面。

(二)基础图的识读

在建筑工程中,支撑建筑物的土层称为地基。建在地基以上至房屋首层室内地坪(±0.000)以下的承重部分称为基础。基础是建筑物的主要承力结构,其形式、大小、所用材料、施工方法等,与上部结构系统、荷载大小及地基承载力等有关,一般有条形基础、独立基础、桩基础、筏形基础、箱形基础等形式,如图1-15所示。

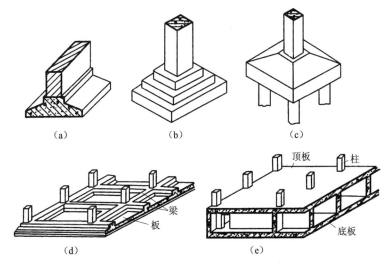

图1-15　建筑工程中常见的基础类型

(a)条形基础;(b)独立基础;(c)桩基础;(d)筏形基础;(e)箱形基础

为便于基础的施工和质量验收,对于拟建基础应经设计绘制出基础图。基础图是表达基础结构布置及详细构造的图样,包括基础平面图和基础详图。工程实践证明,基础图不仅是施工时在地基上放灰线、开挖基槽和砌筑基础的依据,而且是进行基础质量检查和上部结构施工的标准。

1. 基础平面图

(1) 基础平面图的形成:

基础平面图是假想用贴近首层地面,并与地面平行的剖切平面把整个建筑物切开,移走上层的房屋和基础周围的回填土,向下投影所得到的水平剖面图。在基础平面图中,只画出基础墙、柱子及基础底面的轮廓线。

(2) 基础平面图的识读:

为正确进行基础平面图的识读,现以图 1-16 为例,说明基础平面图的识读方法和步骤。

① 了解平面图的图名和比例。从图 1-16 中可知是某工程基础平面图,其比例为 1:100。

② 了解平面图的纵横定位轴线及其编号。这是进行基础平面图识读的重要环节,从图 1-16 中可看出,基础横向定位轴线及轴线尺寸标注,与建筑平面图相同;其纵向定位轴线有 ⓒ、ⓓ 两根,它们的间距为 4200mm。

③ 了解基础的平面布置。即了解基础墙、柱以及基础底面的形状、大小及其与轴线的关系。图 1-16 中基础的类型为柱下独立基础,图中的大正方形表示独立基础的外轮廓线,即垫层边线(也是基坑的边线),用细实线进行绘制;涂黑的小正方形是钢筋混凝土柱子的断面;基础沿着定位轴线进行布置,其代号及编号为:ZJ1、ZJ2、ZJ3……ZJ7。从图中可以看出它们与轴线的关系,如 ZJ1 分别布置在①ⓒ轴线相交处和②ⓓ轴线相交处。

④ 了解基础梁的位置及代号。由于我国目前仍采用钢筋混凝土构件的平面整体表示法,所以在图 1-16 中没有标出基础梁的位置及代号,而是在图 1-17 中表示了基础梁的位置及代号,并且基础梁的尺寸和配筋情况全部表示出来。这种方法可参见后面所叙述的钢筋混凝土构件的平面整体表示法。

⑤ 了解基础工程施工说明。即基础工程的施工方法、施工顺序、施工要点和施工安全等方面。

2. 基础详图的识读

基础详图实际上是将基础垂直切开所得到的断面图,对于独立基础有时还附上单个基础的平面详图。基础详图主要用来表达基础的形状、尺寸、材料、构造及基础的埋置深度等。不同类型的基础其图示的方法有所不同。图 1-18 中为建筑工程中常见的条形基础和独立基础的详图,条形基础只是绘制出其垂直剖面图,而独立基础不仅绘制了垂直剖面图,而且还绘制了平面图。

基础的垂直剖面图可清晰地反映出基础柱、基础及垫层三部分,基础的平面图采用局部剖面方式表示基础的网状配筋情况。

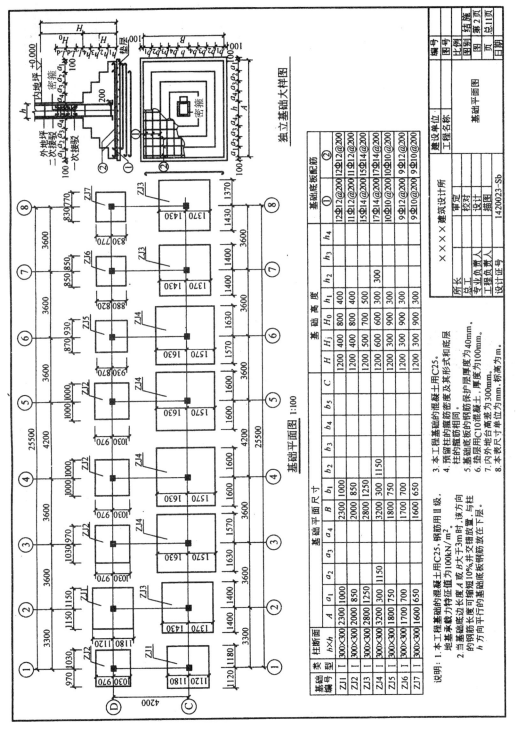

图 1-16　基础平面图

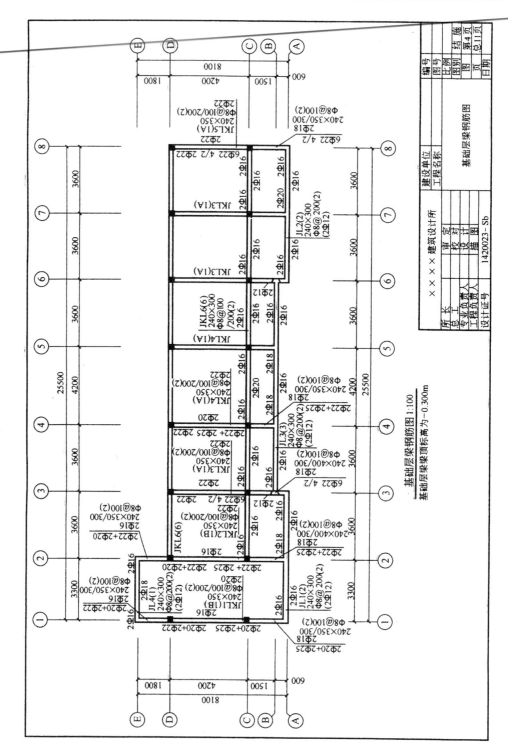

图 1-17　基础梁钢筋图

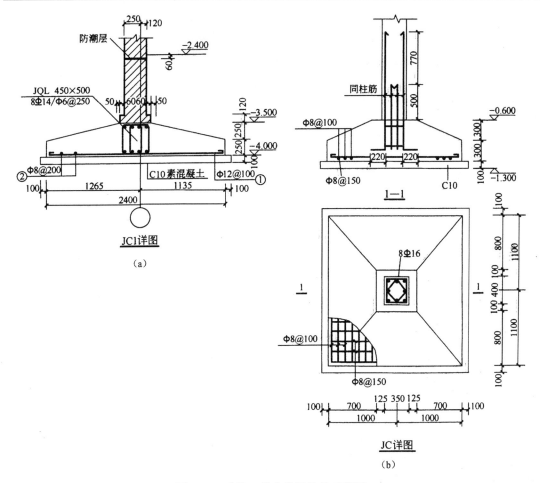

图 1-18　建筑工程中常见的基础详图

（a）钢筋混凝土条形基础详图；（b）独立基础详图

本例中的基础详图见图 1-16 中独立基础大样图。由于有 ZJ1、ZJ2、ZJ3……ZJ7 七种不同尺寸的基础，所以还在大样图的下面列出一个表格，分别说明各个基础平面尺寸、基础高度和基础底板配筋。在进行基础部分的识图时，要将基础大样图、表格和说明结合起来识读，这样才能准确、快速看懂基础工程图纸。

（三）结构平面图及配筋图

本例的结构配筋图，主要包括柱子配筋图、梁的配筋图和板的配筋图。

1. 柱子配筋图

柱子平面整体配筋图是在柱子平面布置图上，采用列表格的方式或截面标注的方式表达的。图 1-19 用双向比例法绘制出柱子平面配筋图，即各个柱子断面在柱子所在平面位置经放大后，在两个方向上分别注明同轴线的关系，将柱子配筋值、配筋随高度变化值及断面尺寸、尺寸高度变化值，与相应的柱子高度范围成组对应在图上列表注明。表中柱子箍筋加密区与非加密区的间距值用"／"分开。

多层框架柱的柱子断面尺寸和配筋值变化不大时，可以将断面尺寸和配筋值直接注在断面上。图 1-20 所示为柱子平面配筋图截面注明方式，从图中柱子的编号可知，LZ1 表示梁上柱子,KZ1、KZ2、KZ3 则表示框架柱子。

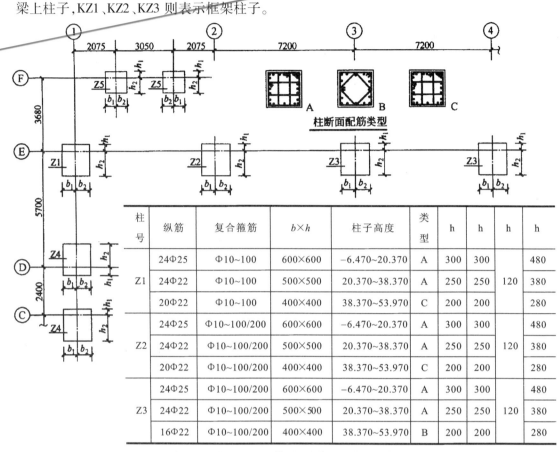

柱号	纵筋	复合箍筋	b×h	柱子高度	类型	h	h	h	h
Z1	24Φ25	Φ10~100	600×600	−6.470~20.370	A	300	300		480
	24Φ22	Φ10~100	500×500	20.370~38.370	A	250	250	120	380
	20Φ22	Φ10~100	400×400	38.370~53.970	C	200	200		280
Z2	24Φ25	Φ10~100/200	600×600	−6.470~20.370	A	300	300		480
	24Φ22	Φ10~100/200	500×500	20.370~38.370	A	250	250	120	380
	20Φ22	Φ10~100/200	400×400	38.370~53.970	C	200	200		280
Z3	24Φ25	Φ10~100/200	600×600	−6.470~20.370	A	300	300		480
	24Φ22	Φ10~100/200	500×500	20.370~38.370	A	250	250	120	380
	16Φ22	Φ10~100/200	400×400	38.370~53.970	B	200	200		280

图 1-19　柱子平面配筋图(列表注明方式示例)

(1)LZ1 柱子旁的标注意义。①LZ1 表示梁上柱子,其编号为 1;②250 × 300 表示柱子的截面尺寸为 250mm × 300mm;③6 Φ16 表示柱子周边均匀对称布置 6 根直径为 16mm 的 Ⅱ 级钢筋;④Φ8@ 200 表示柱子内箍筋的直径为 8mm、Ⅰ 级钢筋、间距为 200mm,并且均匀布置。

(2)KZ3 柱子旁的标注意义。①KZ3 表示框架柱子,其编号为 3;②650 × 600 表示柱子的截面尺寸为 650mm × 600mm;③24 Φ22 表示柱子周边均匀对称布置 24 根直径为 22mm 的 Ⅱ 级钢筋;④Φ10@ 100/200 表示柱子内箍筋的直径为 10mm、Ⅰ 级钢筋、加密区的间距为 100mm,非加密区的间距为 200mm,并且均匀布置。

2. 梁的配筋图

在建筑工程中梁平面整体配筋图,是在各结构层梁平面布置图上,采用平面注明方式或截面注明方式进行表达。

(1)梁的平面注明方式:

梁的平面注明方式是在梁的平面布置图上,将不同编号的梁各选择一根,在其上直接注明梁的代号、断面尺寸 $B \times H$(宽×高)和配筋数值。当某根梁的断面尺寸或钢筋与基本值不同时,应将其特殊值从所在之处引出另外标注。

梁的平面标注可采用集中标注与原位标注相结合的方式,如图 1-21 所示。

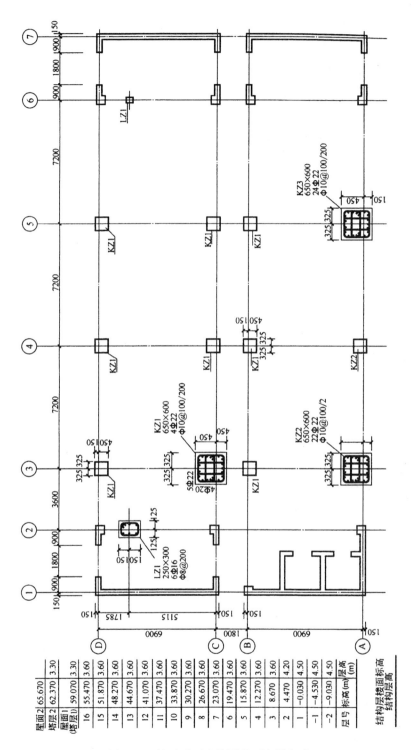

图 1-20　柱子平面配筋图截面注明方式

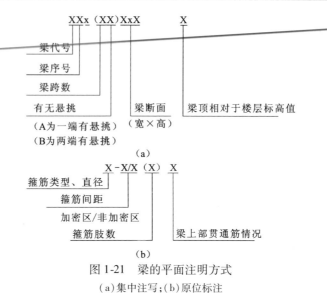

图 1-21　梁的平面注明方式
（a）集中注写；（b）原位标注

原位标注表达梁的特殊数值，即将梁上部、下部受力钢筋逐根标注在梁上、下位置，如果受力钢筋多于一排时，可用"/"将各排纵向钢筋自上而下分开。

图 1-17 所示是基础梁配筋图集中标注示例：JKL1（1B）表示 1 号基础框架梁有 1 跨，两端有悬挑；240×350 表示梁的断面尺寸为 240mm×350mm；Φ8@100/200（2）表明梁的箍筋是直径为 8mm 的 I 级钢筋、间距为 200mm，加密区的间距为 100mm；2Φ20 表明在梁的上部贯通直径为 20mm 的 II 级钢筋 2 根。

（2）梁的截面注明方式：

梁的截面注明方式是将断面编号直接画在平面梁配筋图上，断面详图画在平面梁配筋图或其他图上。梁的截面注明方式既可以单独使用，也可以与平面标注方式结合使用。如在梁的密集区，采用梁的截面注明方式可以使图面比较清晰。

图 1-22 为梁平面标注和截面标注相结合使用的图例。图中的吊筋直接画在平面图的主梁上，用引线注明总配筋值，如 L3 中吊筋为两根直径为 18mm 的 II 级钢筋。

当楼面梁的数量较多时，往往将其布置和配筋图按纵、横两个方向分别画出，从而形成横向（或 Y 向）梁配筋图和纵向（或 X 向）梁配筋图。

3. 板的配筋图

钢筋混凝土现浇板的配筋通常用平面法施工图来表示，即在楼面板和屋面板的布置图上，采用平面标注的表达方式。板的平面标注主要包括板（带）集中标注和楼板的支座原位标注两种。图 1-23 所示为板平法施工图平面标注方式示例。从图 1-23 中可以看出，这是楼面标高为 15.870～26.670m 的四层楼面板的板平面法施工图。

（1）图中集中标注的含义分别为：

LB1h=100："LB1"表示 1 号楼面板，"h=100"表示此楼板的厚度为 100mm。

B：X&YΦ8@150："B"表示下部配筋；"X&YΦ8@150"表示在 X 和 Y 方向上均配置直径为 8mm 的 I 级钢筋，其中心间距为 150mm 贯通钢筋。

T：X&YΦ8@150："T"表示上部配筋；"X&YΦ8@150"表示在 X 和 Y 方向上均配置直径为 8mm 的 I 级钢筋，其中心间距为 150mm 贯通钢筋。

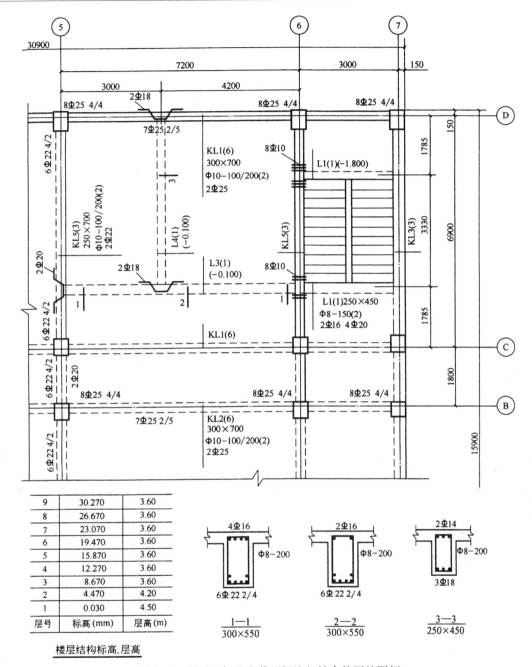

图 1-22 梁平面标注和截面标注相结合使用的图例

LB2h＝150："LB2"表示 2 号楼面板，"h＝150"表示此楼板的厚度为150mm。

B：XΦ10@150，YΦ8@150："XΦ10@150"表示板下部 X 方向配置直径为 10mm 的Ⅰ级钢筋，其中心间距为150mm 贯通钢筋；"YΦ8@150"表示板下部 Y 方向配置直径为 8mm 的Ⅰ级钢筋，其中心间距为150mm 贯通钢筋。

（2）图中板支座原位标注的含义分别为：

②Φ10@100/1800：表示支座上部②号板非贯通钢筋为 Φ10@100，自支座中线向两边

23

跨内的延伸长度均为1800mm。

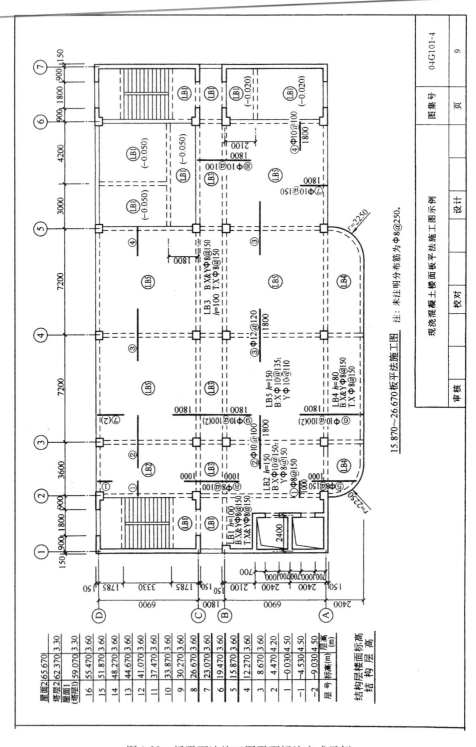

图1-23　板平面法施工图平面标注方式示例

⑨Φ10@100(2)/1800、1800:表示支座上部⑨号板非贯通钢筋为 Φ10@100,沿支撑梁连续布置 2 跨,自支座中线向两边跨内的延伸长度均为 1800mm。

第四节　钢筋的基本知识

混凝土具有较高的抗压强度,但抗拉强度很低。若在混凝土中配置抗拉强度较高的钢筋,可大大扩展混凝土的应用范围,而混凝土又会对钢筋起保护作用。钢筋混凝土用的钢筋主要有:热轧钢筋、冷轧带肋钢筋、热处理钢筋、冷拉钢筋和冷拔钢丝、预应力筋。

一、热轧钢筋

热轧钢筋是经热轧成型并自然冷却的成品钢筋,按外形可分为光圆钢筋和带肋钢筋两种,在建筑工程中目前常用的是热轧钢筋。带肋钢筋的表面通常呈月牙形。带肋钢筋表面轧有凸纹,可提高混凝土与钢筋的握裹力。混凝土结构用热轧钢筋应具有较高的强度,具有一定的塑性、韧性、冷弯和可焊性。

根据《钢筋混凝土用钢第 2 部分热轧带肋钢筋》(GB 1499.2—2007)中的规定,热轧带肋钢筋的规格和形状见表 1-16 和图 1-24。

表 1-16　推荐使用的热轧带肋钢筋直径

公称直径 (mm)	公称横截面面积 (mm²)	理论重量 (kg/m)	公称直径 (mm)	公称横截面面积 (mm²)	理论重量 (kg/m)
6	28.27	0.222	22	380.10	2.98
8	50.27	0.395	25	490.90	3.85
10	78.54	0.617	28	615.80	4.83
12	113.10	0.888	32	804.20	6.31
14	153.90	1.210	36	1018.00	7.99
16	210.10	1.580	40	1257.00	9.87
18	254.50	2.000	50	1964.00	15.42
20	314.20	2.470	—	—	—

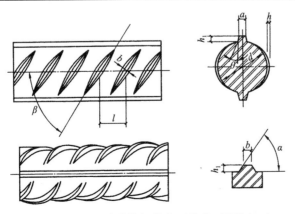

图 1-24　月牙肋热轧钢筋表面及截面形状(一)

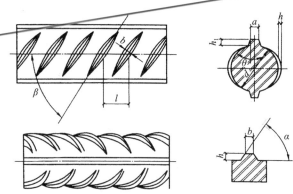

图 1-24　月牙肋热轧钢筋表面及截面形状(二)

d—钢筋内直径;α—横肋斜角;h—横肋高度;β—横肋与轴线夹角;

h₁—纵肋高度;θ—纵肋斜角;a—纵肋顶宽;l—横肋间距;b—横肋顶宽

(一)热轧钢筋的分级

根据《混凝土结构设计规范》(GB 50010—2010)的规定,钢筋混凝土结构中所用热轧钢筋,主要有以下五种:即 HRB500、HRBF400、RRB400、HPR300 和 HRB400E。

1. HRB500 级热轧钢筋

HRB500 级热轧钢筋是强度级别为 500N/mm² 的普通热轧带肋钢筋,用 HRB500 钢筋代替 HRB500 钢筋,可节约钢筋用量 28% 以上,代替 HRB400 可节约 14% 以上。HRB500 级热轧钢筋的技术性能应符合现行国家标准《钢筋混凝土用钢第 2 部分:热轧带肋钢筋》(GB 1499.2—2007)中的规定。

2. HRBF400 级热轧钢筋

HRBF400 级热轧钢筋是强度级别为 400N/mm² 的细晶粒带肋钢筋,细晶粒带肋钢筋是一种在热轧过程中通过控轧和控冷工艺形成的细晶粒钢筋。细晶粒带肋钢筋的金相组织主要是铁素体和珠光体,不得有影响使用性能的其他组织存在,晶粗度不粗于 9 级。这种钢筋与混凝土的黏结强度(握裹力)较大,主要用于大中型钢筋混凝土结构构件的受力钢筋和构造钢筋,是我国目前钢筋混凝土结构钢筋用材最主要品种之一。

3. HRB400 级热轧钢筋

HRBF400 级热轧钢筋是强度级别为 400N/mm² 的余热处理带肋钢筋,其原材料与原来的 HRB335 相同,都是 20MnSi。其强度的提高并能保留一定的塑性是通过热轧后淬火,再利用试部余热回火获得的。因此,这种钢筋在焊接时,有可能因受热回火而使强度降低,并且其高强部分集中在钢筋的表层,疲劳性能、冷弯性能可能受到影响等原因,使其应用受到一定的限制。

4. HPR300 级热轧钢筋

HPR300 级热轧钢筋是强度级别为 300N/mm² 的热轧光圆钢筋,这是一种低碳钢。此类钢筋塑性、可焊接性能好,易加工成型,但强度比较低,与混凝土的黏结强度(握裹力)也较低。主要用于钢筋混凝土板和小型构件的受力钢筋以及各种构件的构造钢筋。

HPR300 级热轧钢筋是由低合金钢(20MnSi)经热轧后快速冷却,再利用其余热进行回火而成的变形钢筋。这种钢筋含碳量高,其强度也高,但塑性和可焊接性能稍差,一般经冷拉后作为预应力钢筋使用。

5. HRB400E 级热轧钢筋

HRB400E 级热轧钢筋是强度级别为 400N/mm² ,且具有较高抗震要求性能的普通热轧带肋钢筋。HRB400E 级热轧钢筋应满足以下要求:(1)钢筋实测抗拉强度与实测屈服强度之比应大于或等于 1.25;(2)钢筋实测屈服强度与屈服强度特征值之比应小于或等于 1.30;(3)钢筋最大拉力总伸长率应大于或等于 9.0%。

(二)热轧钢筋的技术性能

建筑工程所用热轧钢筋的化学成分和力学性能,应符合国家标准《钢筋混凝土用钢第 2 部分热轧带肋钢筋》(GB 1499.2—2007)中的规定。钢筋混凝土用热轧钢筋的化学成分如表 1-17 所示,钢筋混凝土用热轧钢筋的力学性能如表 1-18 所示。

表 1-17　钢筋混凝土用热轧钢筋化学成分

钢筋牌号	化学成分(按质量计)(%),不大于					
	C	Si	Mn	P	S	Ceq
HRB335 HRBF335	0.25	0.80	1.60	0.045	0.045	0.52
HRB400 HRBF400						0.54
HRB500 HRBF50						0.55

表 1-18　钢筋混凝土用热轧钢筋力学性能

钢筋牌号	屈服点 (MPa)	抗拉强度 (MPa)	钢筋断后伸长率 (%)	钢筋最大拉力伸长率 (%)
	不小于			
HRB335 HRBF335	335	455	17	7.2
HRB400 HRBF400	400	540	16	
HRB500 HRBF500	500	630	15	

二、冷轧带肋钢筋

冷轧带肋钢筋是采用普通低碳钢或低合金钢热轧圆盘条为母材,经冷轧或冷拔减径后在其表面冷轧成二面或三面有月牙形横肋的钢筋。经过如此处理后,可大大增加钢筋与混凝土的握裹力。

冷轧带肋钢筋可用于没有振动荷载和重复荷载的工业与民用建筑及一般构筑物的钢筋混凝土结构,也可以用于先张法预应力混凝土中小型结构构件,还可以用作多层砖混房屋圈梁、构造柱及砌体配筋,但不宜在环境温度低于 -30℃ 的条件下使用。

(一)冷轧带肋钢筋的牌号

根据国家标准《冷轧带肋钢筋》(GB 13788—2008)中的规定,冷轧带肋钢筋按抗拉强度不同可分为四级:CRB550、CRB650、CRB800 和 CRB970,其中只有 CRB550 是用于非预应力混凝土的,其余是预应力混凝土使用的。

冷轧带肋钢筋的公称直径范围为 4～12mm，推荐钢筋公称直径为 4mm、4.5mm、5mm、5.5mm、6mm、6.5mm、7mm、7.5mm、8mm、8.5mm、9mm、9.5mm、10mm、10.5mm、11mm、11.5mm 和 12mm。

（二）冷轧带肋钢筋的技术性能

钢筋混凝土中所用冷轧带肋钢筋的化学成分和力学性能，应符合我国现行国家标准《冷轧带肋钢筋》（GB 13788—2008）的有关规定。为满足冷轧带肋钢筋的强度和伸长率要求，按一定量的面缩率选择盘条直径，可使钢筋具有较合适的强塑性指标。三面肋和二面肋钢筋外形尺寸、重量及允许偏差应符合表 1-19 中的要求；其力学性能和工艺性能应符合表 1-20 中的要求。

表 1-19　三面肋和二面肋钢筋外形尺寸、重量及允许偏差

| 公称直径（mm） | 公称横截面积（mm²） | 重量 | | 肋中点高 | | 肋1/4处高 a（mm） | 肋顶宽 b（mm） | 肋距 | | 相对肋面积不小于 |
		理论重量（kg/m）	允许偏差不大于（%）	a（mm）	允许偏差不大于（mm）			c（mm）	参许偏差不大于（%）	
4.0	12.6	0.099		0.30		0.24		4.0		0.036
4.5	15.9	0.125		0.32		0.26		4.0		0.039
5.0	19.6	0.154		0.32		0.26		4.0		0.039
5.5	23.7	0.186		0.40	+0.10 −0.05	0.32		5.0		0.039
6	28.3	0.222		0.40		0.32		5.0		0.039
6.5	33.2	0.261		0.46		0.37		5.0		0.045
7	38.5	0.302		0.46		0.37		5.0		0.045
7.5	44.2	0.347	±4	0.55		0.44	−0.2d	6.0	±15	0.045
8	50.3	0.394		0.55		0.44		6.0		0.045
8.5	56.7	0.445		0.55		0.44		7.0		0.045
9	63.6	0.499		0.75		0.60		7.0		0.052
9.5	70.8	0.556		0.75		0.60		7.0		0.052
10	78.5	0.617		0.75		0.60		7.0		0.052
10.5	86.5	0.679		0.75		0.60		7.0		0.052
11	95.0	0.745		0.85		0.65		7.4		0.056
11.5	103.5	0.815		0.95		0.76		8.4		0.056
12	113.1	0.888		0.95		0.76		8.4		0.056

注：（1）肋 1/4 处高、肋顶宽供孔型设计用。

　　（2）其他规格钢筋尺寸及允许偏差值可参考相邻尺寸的参数确定。

表 1-20　冷轧带肋钢筋力学性能和工艺性能指标

| 钢筋级别 | 力学性能 | | 伸长率（%） | | 弯曲试验（180°） | 反复弯曲次数 | 应力松弛初始应力应相当于公称抗拉强度的70%1000h松弛率（%）不大于 |
	屈服强度（MPa）不小于	抗拉强度（MPa）不小于	钢筋断后伸长率不小于	钢筋最大拉力伸长率不小于			
CRB550	500	550	8.0				
CRB650	585	650		4.0		3	8
CRB800	720	800		4.0		3	8
CRB970	875	970		4.0		3	8

三、热处理钢筋

热处理钢筋也称为调质钢筋，是采用热轧螺纹钢筋经淬火和回火的调质热处理而制成的一种钢筋。这种钢筋具有强度高、韧性好和黏结力强等优点。钢筋热处理后应卷成盘圆形,每盘钢筋应由一整根钢筋盘成。

（一）热处理钢筋的种类

热处理钢筋按其螺纹外形不同,分为有纵肋热处理钢筋和无纵肋热处理钢筋两种,如图1-25 所示。我国生产的热处理钢筋,公称直径为 6.0mm 和 8.2mm 的盘内径不小于 1.7m,公称直径 10mm 的盘内径不小于 2.0m。

（二）钢材热处理的方法

热处理是按照一定规则加热、保温和冷却,以改变钢材组织(不改变形状尺寸),从而获得需要性能的一种工艺过程。常用热处理方法有淬火、回火、退火和正火。

1. 淬火处理

将钢材加热到 727℃ 以上某一温度,保温一定时间,使组织完全转变,即投入冷却介质水或机油中急冷,得到的针状组织为碳在 $\alpha-Fe$ 中的过饱和固溶体,硬度极高,脆性大而塑性低。

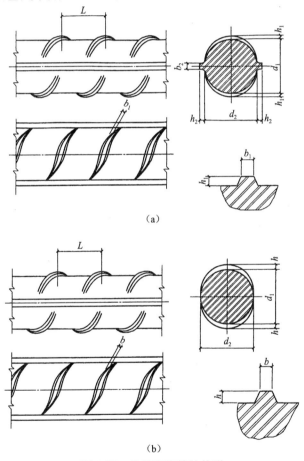

图 1-25 热处理钢筋的外形

（a）有纵肋热处理钢筋；（b）无纵肋热处理钢筋

2. 回火处理

淬火后的钢,经重新加热至组织转变温度(150～650℃ 内选定)以下,保温后按一定速度冷却至室温,这一过程称为回火。回火的目的是促进组织的转变并消除淬火引起的内应力,提高钢材韧性。

3. 退火处理

退火分低温退火和完全退火。低温退火的加热不引起铁素体等基本组织转变,仅使原子活跃,以减少加工中产生的缺陷和晶格畸变,使内应力基本消除。完全退火加热温度为800~850℃,保温后全部组织转变,然后在炉内或炉灰内缓慢冷却,此时所形成的组织均匀,晶粒较细,韧性提高,硬度降低,加工性能得到改善,可消除加工及焊接时所产生的内应力,保证焊接质量。

4. 正火处理

钢在空气中冷却,得到均匀细小的珠光体组织等,这个过程称为正火。与退火比较,经正火处理的钢材强度和硬度更高,而塑性减小。建筑用的钢材,一般由钢厂正火处理后才供应市场。

(三)热处理钢筋的技术性能

钢筋混凝土中所用热处理钢筋技术性能,应符合我国现行标准《预应力混凝土用钢棒》(GB/T 5223.3—2005)中的规定,我国生产的热处理钢筋有40Si2Mn、48Si2Mn 和45Si2Cr三个牌号,其力学性能如表1-21所示。

表1-21　钢棒的公称直径、横截面积、重量及性能

表面形状类型	公称直径(mm)	公称截面面积(mm²)	横截面积(mm²)		每米参考重量(g/m)	抗拉强度不小于(MPa)	规定非比例延伸强度不小于(MPa)	弯曲性能	
			最小	最大				性能要求	弯曲半径(mm)
光圆	6	28.3	26.8	23.0	222	对所有规格钢棒 1080 1230 1420 1570	对所有规格钢棒 930 1080 1280 1420	反复弯曲不小于4次/180°	15
	7	38.5	36.3	39.5	302				20
	8	50.3	47.5	51.5	394				20
	10	78.5	~74.1	80.4	616				25
光圆	11	95.0	93.1	97.4	746			弯曲160°~180°后弯曲处无裂纹	弯芯直径以钢棒公称直径的10倍
	12	113.0	106.8	115.8	887				
	13	133.0	130.3	135.3	1044				
	14	154.0	145.6	157.8	1209				
	16	201.0	190.2	206.0	1578				
螺旋槽	7.1	40.0	39.0	41.7	314	对所有规格钢棒 1080 1230 1420 1570	对所有规格钢棒 930 1080 1280 1420	—	
	9	64.0	62.4	66.5	502				
	10.7	90.0	87.6	93.6	707				
	12.6	125.0	121.5	129.9	981				
螺旋肋	6	28.3	26.8	29.0	222			后复弯曲不小于4次/180°	15
	7	38.5	36.3	39.5	302				20
	8	50.3	47.5	51.5	394				20
	10	78.5	74.1	80.4	616				25
	12	113.0	106.8	115.8	888			弯曲160°~180°后弯曲处无裂纹	弯芯直径为钢棒公称直径的10倍
	14	154.0	145.6	157.8	1209				

续表

表面形状类型	公称直径（mm）	公称截面面积（mm²）	横截面积（mm²）		每米参考重量（g/m）	抗拉强度不小于（MPa）	规定非比例延伸强度不小于（MPa）	弯曲性能	
			最小	最大				性能要求	弯曲半径（mm）
带肋	6	28.3	26.8	29.0	222				
	8	50.3	47.5	51.5	394				
	10	78.5	74.1	80.4	616			—	
	12	113.0	106.8	115.8	888				
	14	154.0	145.6	157.8	1209				
	16	201.0	190.2	206.0	1578				

目前,在民用与工业建筑工程中常用的热处理钢筋是精轧螺纹钢筋,是用热轧钢筋方法在整个钢筋表面上轧出类似螺纹外形的钢筋,其外形如图1-26所示。精轧螺纹钢筋的接长用连接器,端头锚固直接用螺母。这种钢筋具有连接可靠、锚固简单、施工方便、无需焊接等优点。

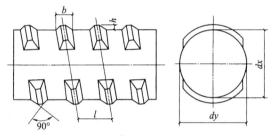

图1-26　精轧螺纹钢筋的外形

对于精轧螺纹钢筋的外形尺寸,可用图1-27所示的环规综合检查其各部尺寸及偏差。当通环规可沿试样全长自由旋转通过,止环规旋不进螺旋则视为尺寸合格。精轧螺纹环规尺寸详见表1-22。

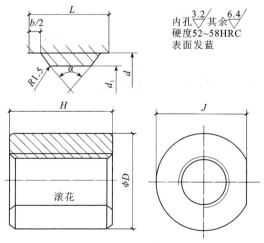

图1-27　精轧螺纹止、通环规外形

表 1-22　精轧螺纹钢筋止、通环规尺寸（单位：mm）

名称	H	D	J	L	$b/2$	d	d_1	标记 A
L25×12 通环规	48	45	43	$12^{-0.043}$	$3.60^{+0.030}$	$29.2^{+0.052}$	$25.80^{-0.052}$	LL25×12T
L25×12 止环规	36	45	43	$12^{-0.043}$	$2.73^{+0.025}$	$27.2^{+0.052}$	$24.45^{-0.052}$	LL25×12Z
L32×16 通环规	64	55	53	$16^{-0.043}$	$4.10^{+0.030}$	$37.0^{+0.052}$	$32.50^{-0.052}$	L32×16T
L32×16 止环规	48	55	53	$12^{+0.043}$	$3.22^{+0.030}$	$35.0^{+0.052}$	$31.44^{-0.052}$	L32×16T

四、冷拉钢筋和冷拔钢丝

为了提高钢筋的强度，达到节约钢材、降价造价的目的，通常采用冷拉或冷拔等加工工艺。冷拉是钢筋在常温条件下，用强力拉伸超过钢筋的屈服点，以提高钢筋的屈服极限、强度极限和疲劳极限的一种加工工艺。但经过冷拉后的钢筋，会降低其延伸率、冷弯性能和冲击韧性。由于预应力混凝土结构所用的钢筋，主要是要求其具有高的屈服极限、强度极限和变形极限等强度性能，而对延伸率、冲击韧性和冷弯性能要求不高。因此，这就为钢筋采用冷加工工艺提供了可能性。

对于低碳钢和低合金高强度钢，在保证要求的延伸率和冷弯指标的条件下，进行较小程度的冷加工后，既可以提高屈服极限和强度极限，又可满足塑性的要求。但应注意，钢筋须在焊接后进行冷拉，否则冷拉硬化效果会在焊接时为高温影响而消失。

经冷拉后的钢筋经过一段时间后，钢筋的屈服极限和强度极限将继续随时间而提高，这个过程称为钢筋的冷拉时效，其又分为人工时效和自然时效两种。由于自然时效效果较差、时间较长，所以预应力钢筋多采用人工时效方法，即用蒸汽或者电热方法来加速时效的发展。

冷拉钢筋是用热轧钢筋进行冷拉而制得，Ⅱ、Ⅲ和Ⅳ级钢筋可作为预应力筋。冷拔钢丝是用直径 6.5~8mm 的碳素结构钢筋冷拔而制得，按其用途不同分为甲、乙两级，甲级用于预应力筋，乙级用于焊接骨架、箍筋和构造钢筋。预应力混凝土用冷拉钢筋和冷拔钢丝的力学性能，按《混凝土结构工程施工质量验收规范》（GB 50204—2002，2011 版）规定，如表 1-23 和表 1-24 所示。

表 1-23　冷拉钢筋的力学性能

冷拉钢筋级别	钢筋直径（mm）	力学性能				
		屈服点（MPa）	抗拉强度（MPa）	伸长率（%）	冷弯性能	
		不小于			弯曲角度	弯心直径
冷拉Ⅰ级	6~12	280	370	11	180°	$3d$
冷拉Ⅱ级	8~25	450	510	10	90°	$4d$
	28~40	430	490		90°	$5d$
冷拉Ⅲ级	8~40	500	570	8	90°	$5d$
冷拉Ⅳ级	10~28	700	835	6	90°	$5d$

注：d 为钢筋直径。

表 1-24　冷拔低碳钢丝的力学性能

钢丝级别	直径（mm）	抗拉强度（MPa）		伸长率（%）	反复弯曲180°（次数）
		I 组	II 组		
		不小于			
甲级	5	650	600	3.0	4
	4	700	650	2.5	4
乙级	3～5	550		2.0	4

五、预应力筋

预应力筋除了以上介绍的冷轧带肋钢筋中四个牌号 CRB650、CRB800、CRB970 和 CRB1170 外,根据国家标准《混凝土结构工程施工质量验收规范》(GB 50204—2002,2011 版)中的规定,常用的预应力筋还有钢丝、钢绞线、热处理钢筋等。

(一)预应力钢丝

混凝土用优质钢丝是高碳钢盘条经淬火、酸洗、冷拔等工艺加工而成的高强钢丝。其强度高、柔性好,可适用于大型构件等。使用钢丝可节省钢材,施工方便,安全可靠,但成本较高。该种钢丝按加工状态分为冷拉钢丝和消除应力钢丝两类。消除应力钢丝按松弛性能不同,又可分为低松弛级钢丝和普通松弛级钢丝。

预应力钢丝又称为高强圆形钢丝,是用优质碳素结构钢制成,其又分为消除应力冷拉钢丝(代号为 WCD)、消除应力螺旋肋钢丝(代号为 SH)、消除应力光圆钢丝(代号为 SP)及消除应力刻痕钢丝(代号为 SI)四种,按应力松弛程度不同又分为 I 级松弛和 II 级松弛,其抗拉强度可达 1470～1770MPa。

钢丝按外形不同,可分为光圆、螺旋肋和刻痕三种,其代号分别为:光圆钢丝为 P、螺旋肋钢丝为 H、刻痕钢丝为 I。经低温回火消除应力后钢丝的塑性比冷拉钢丝要高,刻痕钢丝是经压痕轧制而成,刻痕后与混凝土的黏结强度(握裹力)增大,这样可以有效减少混凝土裂缝。预应力混凝土用钢丝的外形如图 1-28 所示。

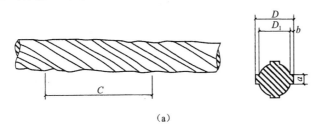

(a)

图 1-28　预应力混凝土用钢丝的外形图(一)
(a)螺旋肋钢丝外形图;(b)两面刻痕钢丝外形图;

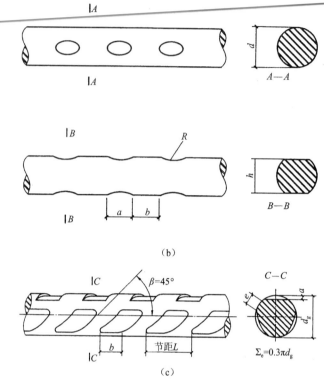

图 1-28　预应力混凝土用钢丝的外形图(二)

(b)两面刻痕钢丝外形图;(c)三面刻痕钢丝外形图

根据国家标准《预应力混凝土用钢丝》(GB/T 5223—2002),上述钢丝应符合表 1-25、表 1-26 中所要求的机械性能。光面钢丝、两面刻痕钢丝、三面刻痕钢丝和螺旋肋钢丝的尺寸及允许偏差见表 1-27～表 1～30。

表 1-25　预应力混凝土用冷拉钢丝的力学性能(GB/T 5223—2002)

名称代号	公称直径（mm）	抗拉强度 R_m（MPa）	屈服强度 $R_{p0.2}$（MPa）	伸长率 $L_0 = 200mm$（%）	弯曲试验			应力松弛性能	
					次数（180°）	断面收缩率(%)	弯曲半径（mm）	初始应力×R_m	1000h 后的应力松弛率（%）
		不小于			不小于				不小于
WCD	3.00	1470	1100	1.5	4	35	7.5	0.7	8
	4.00	1570	1180				10		
		1670	1250						
	5.00	1770	1330				15		
	6.00	1470	1100		4	30	20		
	7.00	1570	1180						
		1670	1250						
	8.00	1770	1330						

表1-26　预应力混凝土用消除应力钢丝的力学性能（GB/T 5223—2002）

钢丝名称	公称直径（mm）	抗拉强度	屈服强度	伸长率（L=10mm）（%）	次数180°	弯曲半径（mm）	初始应力（×σ_b）	1000h 应力损失（%），≤ I级松弛	II级松弛
		≥			≥				
消除应力钢丝	4.00	1570 1670 1770	1250 1330	4	3	10	0.60	4.5	10
	5.00	1670 1770	1410 1500			15			
	6.00	1570 1670	1330 1420		4	20	0.70	8.0	2.5
	7.00 8.00 9.00	1570	1330			25	0.80	12	4.5
消除应力刻痕钢丝	≤5.00	1470 1570	1250 1340	4	3	15	0.70	8.0	2.4
	>5.00	1470 1570	1250 1340			20			
消除应力冷拉钢丝	3.00	1470 1570	1100 1180	2	4	7.5	—	—	—
	4.00	1670	1250			10	—	—	—
	5.00	1470 1570 1670	1100 1180 1250	3	5	15	—	—	—

表1-27　光面钢丝的尺寸及允许偏差

钢丝公称直径（mm）	直径允许偏差值（mm）	横截面面积（mm²）	每米理论重量（kg/m）
3.00	±0.04	7.07	0.055
4.00		12.57	0.099
5.00	±0.05	19.63	0.154
6.00		28.27	0.222
7.00	±0.05	38.48	0.302
8.00		50.26	0.394
9.00		63.62	0.499

注：计算钢丝理论重量时钢的密度为7.85g/cm³。

表 1-28　两面刻痕钢丝的尺寸及允许偏差（单位：mm）

d		h		a		b		R	
钢丝公称直径	允许偏差	公称尺寸	允许偏差	公称尺寸	允许偏差	公称尺寸	允许偏差	公称尺寸	允许偏差
5.00	±0.05	4.60	0.10	3.50	±0.50	3.00	±0.50	4.50	±0.50
7.00		6.60							

注：(1) 钢丝的横截面面积和单位重量与光面钢丝相同。
　　(2) 两面刻痕允许任意错位，错位后一面压痕公称深度为 0.2mm。

表 1-29　三面刻痕钢丝的尺寸及允许偏差（单位：mm）

钢丝公称直径 d(mm)	公称刻痕尺寸		
	深度 a	长度 b≥	节距 L≥
≤5.00	0.12±0.05	3.5	5.5
>5.00	0.15±0.05	5.0	8.0

注：钢丝的横截面面积和单位重量与光面钢丝相同。

表 1-30　螺旋肋钢丝的尺寸及允许偏差（单位：mm）

钢丝公称直径（mm）	螺旋肋数量（条）	螺旋肋公称尺寸				
		基圆直径 D_1（mm）	外轮廓直径 D（mm）	单肋尺寸		螺旋肋导程 c >（mm/360°）
				宽度 a(mm)	高度 b(mm)	
4.00	3	3.85±0.05	4.25±0.05	1.00~1.50	0.20±0.05	32.00~36.00
5.00	4	3.85±0.05	5.40±0.10	1.20~1.80	0.25±0.05	34.00~40.00
6.00	4	3.85±0.05	6.50±0.10	1.30~2.00	0.35±0.05	38.00~45.00
7.00	4	3.85±0.05	7.50±0.10	1.80~2.20	0.40±0.05	35.00~56.00
8.00	4	3.85±0.05	8.60±0.10	1.80~2.40	0.45±0.05	55.00~65.00

（二）预应力混凝土用钢绞线

建筑工程中预应力混凝土用钢绞线是由 2 根、3 根、7 根高强度钢丝扭结而成的一种高强预应力钢材，其构造如图 1-29 所示。

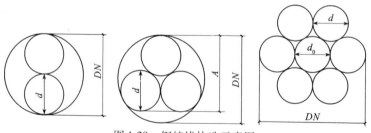

图 1-29　钢绞线构造示意图

（a）1×2 结构钢绞线；（b）1×3 结构钢绞线；（c）1×7 结构钢绞线

A—13 结构钢绞线测量尺寸(mm)；DN—钢绞线直径(mm);；d_0—中心钢丝直径(mm)；d—外层钢丝直径(mm)

在建筑工程中应用最多的是 1×7 结构钢绞线，这种钢绞线由 7 根 2.5~5.0mm 的高强碳素钢丝在绞线机上以一根为中心，其余 6 根围绕其进行螺旋状绞捻，然后再经过低温回火消除内应力而制成。芯丝的直径一般比外围钢丝直径大5%～7%,使各根钢丝紧密接触,钢丝的扭矩一般为12～16d。

预应力混凝土用1×7结构钢绞线具有强度高、与混凝土黏结性能好、断面积大、根数少、在结构中易于布置、柔性好、锚固性能优等特点,主要用于大跨度、重荷载(如后张预应力屋架等)、曲线配筋的预应力混凝土结构。这种预应力钢绞线既可以在先张法预应力混凝土中使用,也可以适用于后张有黏结和无黏结工艺。

根据《预应力混凝土用钢绞线》(GB/T 5224—2003)的规定,其外形尺寸与允许偏差见表1-31～表1-33,1×7结构钢绞线的机械性能应符合表1-34中的要求。

表1-31　1×2结构钢绞线尺寸及允许偏差

钢绞线结构	公称直径(mm)		钢绞线直径允许偏差(mm)	钢绞线公称截面积(mm²)	每1000m钢绞线理论重量(kg)
	钢绞线	钢丝			
1×2	5.00	2.50	+0.20 −0.10	9.81	77.0
	5.80	2.90		13.20	104.0
	8.00	4.00	+0.30 −0.15	25.30	199.0
	10.00	5.00	+0.30 −0.15	39.50	310.0
	12.00	6.00		56.90	447.0

表1-32　1×3结构钢绞线尺寸及允许偏差

钢绞线结构	公称直径(mm)		钢绞线测量尺寸(mm)	钢绞线测量尺寸允许偏差(mm)	钢绞线公称截面积(mm²)	每1000m钢绞线理论重量(kg)
	钢绞线	钢丝				
1×3	6.20	2.90	5.41	+0.20 −0.10	19.80	77.0
	6.50	3.00	5.60		21.30	104.0
	8.60	4.00	7.45	+0.30 −0.15	37.40	199.0
	8.74	4.05	7.56		38.64	306.0
	10.80	5.00	9.33	+0.30 −0.15	59.30	465.0
	12.90	6.00	11.20		85.40	671.0

表1-33　1×7结构钢绞线尺寸及允许偏差

钢绞线结构	公称直径(mm)	直径允许偏差(mm)	钢绞线公称截面积(mm²)	每1000m钢绞线理论重量(kg)	中心钢丝直径加大范围不小于(%)
1×7 标准型	9.50	+0.30 −0.15	54.8	432	
	11.10		74.2	580	
	12.70		98.7	774	2.0
	15.20	+0.40 −0.20	139.0	1101	
1×7 模拔型	12.70		112.0	890	
	15.20		165.0	1295	

表 1-34　预应力混凝土用 1×7 结构钢绞线尺寸及拉伸性能

钢绞线结构	钢绞线公称直径（mm）		强度级别（MPa）	整根钢绞线的最大负荷（kN）	屈服负荷（kN）	伸长率（%）	1000h 松弛率,（%）不大于			
							Ⅰ级松弛		Ⅱ级松弛	
							初始负荷			
				不小于			70%公称最大负荷	80%公称最大负荷	70%公称最大负荷	80%公称最大负荷
1×7	标准型	9.5	1860	102	86.6	3.5	8.0	12	2.5	4.5
		11.10		138	117					
		12.70		184	156					
		15.20	1720	239	230					
			1860	259	220					
	模拔型	12.70	1860	209	178					
		15.20	1820	300	255					

第二章　钢筋的主要技术性能

建筑钢材的力学性能是其主要性能,它对结构的科学性、合理性、安全性和经济性起着决定性的作用。建筑钢材的主要技术性能,包括力学性能、工艺性能。

第一节　钢筋的力学性能

建筑钢材的力学性能是其最重要的性能,其主要包括抗拉性能、冲击韧性、耐疲劳性能等。

一、钢筋的抗拉性能

抗拉性能是建筑钢材最常采用、最重要的力学性能。钢材的抗拉性能由拉力试验测定的屈服点、抗拉强度和伸长率三项技术指标组成。通过拉伸试验,可以测得屈服强度、抗拉强度和断后伸长率,这些是钢材的重要技术性能指标。

建筑钢材的抗拉性能,可以通过低碳钢(软钢)拉力试验(图 2-1)来说明。图 2-1 中可明显地划分为弹性阶段($O \rightarrow A$)、屈服阶段($A \rightarrow B$)、强化阶段($B \rightarrow C$)和颈缩阶段($C \rightarrow D$)四个阶段。

（一）弹性阶段（OA）

钢材在弹性阶段受力时,其应变的增加与应力的增加成正比例关系,当外力消除后,变形也即消失,A 点对应的应力称为比例极限。当应力稍低于 A 点时,应力与应变的比值为一个常数,称为钢材的弹性模量,用 E_g 表示($E_g = \sigma / \varepsilon$)。弹性模量是足够反映材料产生弹性变形难易程度的指标,弹性模量越大,产生相同的应变所需应力越大。建筑常用的碳素结构钢 $E_g = (2.0 \sim 2.1) \times 10^5 \text{MPa}$。当应力超过 A 点后,不再保持正比例关系,则应变与应力的关系改变。

（二）屈服阶段（AB）

当应力超过 A 点后,如卸去拉力,试件的变形不能完全消失,表明已经出现了塑性变形,到达屈服阶段。在屈服阶段,试样的应力虽不增加,钢材迅速产生塑性变形,但变形很不稳定,这是由于受力过程中晶格产生了较大的相对滑移,晶体组织不断变化与调整的结果。在试验中力不增加(保持恒定)仍能继续伸长时的应力称为屈服点。屈服点是设计中极其重

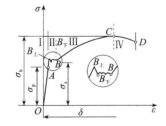

图 2-1　碳素结构钢的拉力-应变图

要的技术参数,一般以屈服点作为强度取值的依据。钢材在小于屈服点工作时,不会出现较大的塑性变形,能满足使用的要求。

（三）强化阶段（BC）

钢材在屈服以后,由于晶体组织的调整,其抵抗变形的能力重新增强,故称为"强化"。上升曲线最高点 C 对应的应力被称作抗拉强度,用 σ 表示。Q235 钢的 σ 不小于 375MPa。

抗拉强度 σ 在设计中虽不能利用,但屈强比(σ_s/σ)在设计中确有着重要意义。屈强比小,钢材至破坏时的储备潜力大,且钢材塑性好,应力重分布能力强,用于结构的安全性高。若屈强比过小,则钢材利用率低,不经济。建筑结构钢屈强比一般在 0.60 ~ 0.75 范围内较合理。普通碳素结构钢 Q235 的屈强比大约为 0.58 ~ 0.63;低合金结构钢的屈强比大约为 0.65 ~ 0.75;对有抗震要求的框架结构纵向受力钢筋要求屈强比不应超过 0.80。

(四)颈缩阶段(CD)

当应力达到抗拉强度时,钢材内部结构遭到严重破坏,试件从薄弱处产生颈缩并迅速伸长变形直至断裂,此种现象称为"颈缩"。在颈缩阶段,由于试件截面迅速减小,钢材承载能力急剧下降。

将拉断的试件在断口处拼合起来,量出拉断后标距部分的长度 L_1,由 L_1 与原始标距长 L_0,用公式 2-1 可测得钢材伸长率 δ,其计算式为:

$$\delta = \frac{L_1 - L_0}{L_0} \times 100\% \tag{2-1}$$

式中　L_0——试件原始标距长度(mm);

　　　L_1——试件拉断后标距部分的长度(mm)。

应当注意,由于发生颈缩现象,所以塑性变形在试件标距内的分布是很不均匀的,颈缩处的伸长较大,当原标距与直径之比愈大,则颈缩处伸长值在整个伸长值中的比重愈小,因而计算的伸长率会小些。通常以 δ_5 和 δ_{10} 分别表示 $L_0 = 5d_0$ 和 $L_0 = 10d_0$ 时的伸长率,d_0 为试件的原直径。对于同一钢材,δ_5 大于 δ_{10}。

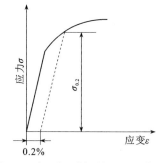

图 2-2　高(中)碳钢的屈服强度 $\sigma_{0.2}$

伸长率表明钢材塑性变形能力的大小,是评定钢材质量的重要指标。伸长率较大的钢材,钢质较软,强度较低,但塑性好,加工性能好,应力重分布能力强,用于结构安全性大,但塑性过大,又影响实际使用。塑性过小,钢材质硬脆,受到突然超载作用时,构件易断裂。

高(中)碳钢由于材质较硬,抗拉强度高,塑性变形较小,受拉时无明显的屈服阶段,如图 2-2 所示。由于高(中)碳钢没有明显的屈服阶段,屈服点不便测定,故常以其规定残余变形 $0.2\% L_0$ 时的应力作为规定的屈服极限,用 $\sigma_{0.2}$ 表示。

通过拉力试验,还可以测定另一个表明试件(钢材)的塑性指标——断面收缩率 Ψ。它表示试件拉断后,颈缩处横截面积最大缩减量与原始横截面积的百分比,即

$$\psi = \frac{F_1 - F_0}{F_0} \times 100\% \tag{2-2}$$

式中　F_0——原始横截面积;

　　　F_1——断裂颈缩处的横截面积。

二、钢筋的冲击韧性

冲击韧性是指钢材抵抗冲击荷载作用的能力。冲击韧性指标是通过标准试件的弯曲冲击韧性试验确定的，以摆锤打击标准试件，于刻槽处将其打断，试件单位截面积（cm^2）上所消耗的功，即为钢材的冲击韧性值，用冲击韧性 α_k（J/cm^2）表示。α_k 值愈大，表明钢材的冲击韧性愈好。

影响钢材冲击韧性的因素，除钢材的化学成分、组织状态、冶炼、轧制、焊接等外，还有温度和时效也会产生一定影响。

（一）化学成分及轧制质量的影响

钢中碳、氧、硫、磷含量高时，非金属夹杂物及焊接裂纹都会使冲击韧性降低。轧制质量与温度（热轧和冷轧）、取样方向（纵向和横向）、试件尺寸（厚度或直径）均有关，经热轧、纵向取样和尺寸较小的钢件所测得的冲击功较大。

（二）温度对冲击韧性的影响

试验表明，钢材的冲击韧性随温度的降低而下降，其规律是开始下降比较缓慢，当达到一定温度范围时，突然下降很多而呈脆性，这种由韧性状态过渡到脆性状态的性质叫"冷脆性"，发生冷脆时的温度叫"脆性临界温度"。它的数值愈低，表明钢材的低温抗冲击韧性愈好。所以在低温下使用的结构，应当选用"脆性临界温度"较使用温度为低的钢材。钢材的脆性转变温度，如图 2-3 所示。

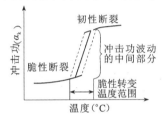

图 2-3　钢材的脆性转变温度

寒冷地区选用钢材，其脆性临界温度应比该地区历史统计最低温度要低。

（三）钢材时效对冲击韧性的影响

随时间的延长，钢材表现强度和硬度提高，但其塑性和韧性降低，这种现象称为时效。完成时效变化的过程可达数十年。钢材如经受冷加工变形，或使用中经受振动和反复荷载的影响，时效可迅速发展。

时效作用导致钢材性能改变程度的大小称时效敏感性。时效敏感性是以时效前后冲击韧性指标的损失值与时效前的冲击韧性指标值之比来表示。时效敏感性愈大的钢材，经过时效以后其冲击韧性的降低愈显著。为了保证结构的使用安全，用于承受动荷载或低（负）温下工作的结构不宜选用时效敏感性大、脆性临界温度高的空气转炉钢和沸腾钢，必须按照有关规范要求进行钢材的冲击韧性试验。

三、钢筋的耐疲劳性

钢构件若在交变应力（随时间作周期性交替变更的应力）的反复作用下，往往在工作应力远小于抗拉强度时发生骤然断裂，这种现象称为"疲劳破坏"。钢材抵抗疲劳破坏的能力称为耐疲劳性。

疲劳破坏的原因，主要是钢材中存在疲劳裂纹源（如构件表面粗糙、有加工损伤或刻痕、构件内部存在夹杂物或焊接裂纹等缺陷），若设计不合理，在构件尺寸变化或钻孔处由于截面急剧改变造成局部过大的应力集中，疲劳裂纹源发展成裂纹，在交变应力作用下裂纹扩展而发生突然的断裂破坏。

当应力作用方式、大小或方向等交替变更时,裂纹两面的材料时而紧压或张开,形成了断口光滑的疲劳裂纹扩展区。随着裂纹向纵深发展,在疲劳破坏的最后阶段,裂纹尖端由于应力集中而引起剩余截面的脆性断裂,形成断口粗糙的瞬时断裂区。

疲劳破坏的危险应力是疲劳试验中材料在规定周期基数 N(交变应力反复作用次数)内不发生断裂所能承受的最大应力,此应力称为疲劳极限或疲劳强度。

测定疲劳极限时,应当根据构件使用条件确定应力循环类型(如拉-拉型、拉-压型等)、应力比值(应力循环中最小应力与最大应力的比值,又称应力特征值)和周期基数。测定钢筋的疲劳极限时,通常采用的是承受大小改变的拉-拉应力循环;应力特征值通常为 0.60~0.80(非预应力筋)和 0.70~0.85(预应力筋);周期基数一般为 200 万次或 400 万次以上。

钢材耐疲劳强度的大小与其内部组织、成分偏析及各种缺陷有关。同时,钢材表面质量、截面变化和受腐蚀程度等都可以影响其耐疲劳性能。对于承受交变应力作用的钢构件,应根据钢材质量及使用条件合理设计,以保证构件足够的安全度及寿命。

第二节 钢筋的工艺性能

建筑钢材在用于工程结构前,大多数需要进行一定形式的加工。良好的工艺性能是钢制品或构件的质量保证,不仅可以提高成品质量,而且还可以降低成本。建筑钢材的工艺性能主要又包括冷弯性能和焊接性能。

一、钢筋的冷弯性能

冷弯性能是指钢材在常温下承受弯曲变形的能力,是建筑钢材的重要工艺性能。建筑工程中常需对钢材进行冷弯加工,冷弯试验就是模拟钢材弯曲加工而确定的。

钢材的冷弯性能指标,用试件在常温下所能承受的弯曲程度来表示。弯曲程度是通过试件被弯曲的角度和弯心直径对试件厚度(或直径)的比值区分的(图 2-4)。冷弯试验是将钢材按规定的弯曲角度、规定的弯心直径 D 与钢材厚度(或直径)的比值进行,若弯曲处不发生裂纹、起层或断裂现象即为合格。弯角与比值大小反映弯曲程度。弯角愈大,比值愈小时,表示对冷弯性能检验愈严格。

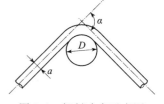

图 2-4 钢材冷弯示意图

冷弯试验是通过弯曲处的塑性变形来实现的,这是钢材局部发生的非均匀变形,冷弯也是检验钢材塑性的一种方法,并与伸长率存在着有机的联系,伸长率大的钢材,其冷弯性能肯定也好,但冷弯试验对钢材塑性的评定比拉伸试验更严格、更敏感。冷弯试验有助于暴露钢材的某些缺陷,如不均匀的应力、夹杂物或焊接裂纹等;而在拉伸试验中,这些缺陷常常由于均匀的塑性变形导致应力重分布而被掩饰了,故冷弯试验对钢材质量和焊接质量都是一种较严格的检验。

二、钢筋的焊接性能

钢材的焊接性能也称为可焊性,是指钢材在通常的焊接方法和工艺条件下获得良好的焊接接头的性能。在钢筋工程中,常采用焊接方式来连接钢构件、钢接头或钢预埋件等。这种焊接方式,即使钢件在连接处局部加热,使其达到塑性状态或熔融状态,借助本身金属分子的吸附力使两个钢件相连接。

在焊接过程中,由于局部加热后迅速升温及冷却,在焊接区域的金属组织变粗变脆,产生硬脆性的倾向;焊接区域常有残余应力,甚至导致裂缝;或者氧和硫的低熔点化合物引起热脆性等,这些都会降低钢材的焊接质量。

提高构件的焊接质量,首先应选用可焊性较好的钢材。钢的可焊性主要受化学成分及含量的影响,当含碳量超过 0.3% 时,可焊性变差。硫的存在使焊头处产生裂纹并呈硬脆性。氧化亚铁与硫化铁生成了低熔点的共晶体,氧加剧了硫的热脆性,因此,沸腾钢的可焊性差。采用合理的焊接方法(电弧焊或接触对焊)和焊条;正确操作以防止夹入焊渣、气孔、裂纹等;焊前预热及焊后进行退火处理,消除升温及降温过快而产生的内应力(内应力会促使裂纹扩展,导致焊缝变脆),这样,可使接头强度与母体相近。

第三节 化学成分对性能的影响

钢材中除主要含有铁元素和碳元素外,另外还含有少量的硅、锰、铝、钛、钒、硫、磷、氧、氮、氢等元素,这些少量元素的含量会决定钢材的性能和质量。

一、碳元素对钢材性能的影响(C)

建筑钢材中的含碳量一般是不大于 0.8%,材料试验证明:随含碳量增大,钢材强度和硬度相应提高,塑性和韧性则相应下降(图 2-5)。当含碳量超过 1% 时,钢中单独存在的渗碳体连成网状分布于珠光体的晶界上,这种网络达到相当厚度并连成片,使钢材硬脆性增大。含碳量超过 0.3% 时,钢材焊接性能显著降低。另外,碳元素还增加钢的冷脆性和时效敏感性,并降低抗锈蚀的能力。

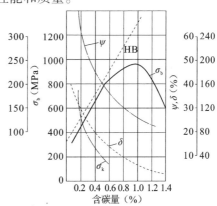

图 2-5 含碳量对热轧碳素钢性质的影响

σ_b—抗拉强度;α_k—冲击韧性;HB—硬度

二、硅元素对钢材性能的影响(Si)

硅大部分溶于铁素体中以置换固溶体形式存在,产生固溶强化作用。钢材中硅元素含量小于 1% 时,随含量增大,钢材强度和硬度提高,对塑性和韧性影响不明显。在建筑钢材中硅是钢的主要合金元素之一。

硅元素是我国钢筋钢材的主加合金元素,它的主要作用是提高钢材的强度。

三、锰元素对钢材性能的影响（Mn）

锰元素溶于铁素体中以置换固溶体形式存在，产生固溶强化作用。锰能使珠光体细化，钢的强度和硬度提高，塑性和韧性得到改善。锰与 FeS 反应生成 MnS，MnS 熔点高，且部分进入渣中，所以，锰可以消减硫元素引起的热脆性，提高可焊性和热加工性能。若锰含量过多时，钢的塑性和韧性显著下降。碳素钢中锰的含量一般为 $0.2\% \sim 0.8\%$，低合金钢中锰含量一般为 $1\% \sim 2\%$。高锰钢中锰的含量可达 $11\% \sim 14\%$，钢材耐磨性显著提高。锰是炼钢中掺入的主要合金元素之一。

锰元素是我国生产低合金结构钢的主加合金元素，掺量一般在 $1\% \sim 2\%$ 范围内，其主要作用是溶于铁素体中使其强化，并起到细化珠光体的作用，使钢材的强度提高。

四、硫元素对钢材性能的影响（S）

钢中未除尽的硫元素常以 FeS 和 MnS 的形式存在。FeS 与 Fe 在 985℃ 时互溶生成共晶体，共晶体熔点（1190℃）低、强度低、脆性大，且在晶粒周围界面上形成网状结构夹杂物，严重降低钢材的可焊性能，不仅引起钢材热脆性，而且又是疲劳裂纹的源头。硫元素在炼钢时易偏析，危害更大。硫元素是钢中的有害元素。

五、磷元素对钢材性能的影响（P）

磷元素是碳素钢中的有害元素（杂质）。主要溶于铁素体中起强化作用，其含量提高，钢材的强度提高，但塑性和韧性显著下降，特别是温度愈低，对塑性和韧性影响愈大，称为钢材的冷脆性。磷元素在钢中的偏析倾向强烈，一般认为由于磷的偏析富集，使铁素体晶格严重畸变，是钢材冷脆性显著增大的原因。另外，磷元素使钢材变脆的作用，又显著降低钢材的可焊性。

但是，在钢材中掺入适量的磷，可以提高钢材的耐磨性和耐蚀性，所以可在低合金钢中配合其他元素作为合金元素使用。

六、氧元素对钢材性能的影响（O）

少数氧元素固溶于铁素体中，多数则以氧化物（FeO、SiO_2、MnO 等）形式存在，形成非金属夹杂物，降低钢的机械性能，特别是韧性。氧元素有促进时效倾向的作用，会加剧硫的热脆性。氧化物所造成的低熔点亦使钢材的可焊性变坏。由以上可以看出，氧元素属有害元素。

七、氮元素对钢材性能的影响（N）

氮元素部分固溶于铁素体中，也可以化合物形式存在，具有固溶强化作用，但使钢材的韧性显著下降。铁素体中的氮元素与碳元素和氧元素一样，有向晶格缺陷处移动、富集的倾向，可加剧钢的时效敏感性和冷脆性。若氮含量高，在 $250 \sim 350℃$ 时，以 FeN 的形式析出，钢材显得硬脆（蓝脆），故一般要求其含量不超过 0.03%。

氮元素虽为有害元素，但在铝、铌、钛、钒等元素的配合下，可以减少其不利影响，改善钢材的性能。例如氮元素与铝或钛元素反应可以生成 AlN 和 TiN，既可消除对钢材时效敏感性和冷脆性的影响,又可获得强度高、塑性和韧性好的钢材。所以,在有铝、铌、钛、钒等金属的配合下,氮元素可以作为低合金钢的合金元素使用。

八、氢元素对钢材性能的影响(H)

氢元素在铁素体中溶入量少,若炼钢时冷却速度快,氢元素不能逸出而存留于钢锭中,会在晶格缺陷处形成分子氢,产生很大压力,使钢材内部出现小裂纹(称白点)。氢元素属有害元素。

九、钛元素对钢材性能的影响(Ti)

钛元素是一种强脱氧剂,它与碳元素和氧元素的亲和力强,可减少钢的时效倾向,改善可焊性。钛元素可以细化晶粒,显著提高钢材强度,改善韧性,对塑性影响不大。钛元素作为合金元素,一般掺量为 0.06% ~0.12%。

十、钒元素对钢材性能的影响(V)

钒是一种弱脱氧剂,钒加入钢中可减弱碳和氮的不利影响,有效地提高强度,但有时也会增加焊接淬硬倾向。钒元素与 C、N 等元素的亲和力较强,使生成的碳化物和氮化物稳定,可减少钢的时效倾向。钒元素可以细化晶粒,提高钢的强度和韧性。钒作为合金元素,掺量一般小于0.5%,若含量过高,会使塑性和韧性下降,增加焊接时的硬脆倾向。

十一、铌元素对钢材性能的影响(Nb)

在普通低合金钢中加铌,可提高大气腐蚀及高温下抗氢、氮、氨的腐蚀能力。铌可改善焊接性能。在奥氏体不锈钢中加铌,可防止晶间腐蚀现象。

十二、钼元素对钢材性能的影响(Mo)

钼在低合金钢焊缝中的含量小于0.6%时,能够提高强度和硬度,也能细化晶粒,防止回火脆性和过热倾向,还能提高焊缝金属的塑性,减少产生裂纹的倾向。但是,当钼的含量超过0.6%时,会影响焊缝金属的塑性。在低合金耐热钢焊缝金属中,钼是保证高温强度不可缺少的元素。

十三、镍元素对钢材性能的影响(Ni)

镍是提高焊缝金属低温缺口韧性最需要的合金元素之一。提高镍含量是保证焊缝金属在较高的抗拉强度下获得韧性的有效手段。镍对高强度焊缝金属具有一定的强化作用。掺加1%的镍,焊接金属的屈服点可提高20~50MPa。

此外,镍对各种气体(包括氢),具有较高的溶解度,如焊条和焊剂中水分较高,则焊缝金属冲击韧性会出现较大的波动,因此采用含镍的焊心和焊丝焊接时,焊条和焊剂必须烘干。在低合金高强度钢焊缝中,镍含量的最佳范围是0.8% ~1.6%。

各种合金元素对钢材性能的影响如表2-1所示。

表 2-1　各种合金元素对钢材性能的影响

元素	晶粒大小	过热的可能性	淬透性	退火、正火淬火的温度	强度和硬度	塑性
C		增	增	降	增	降
Mn	稍增	稍增	增	降	含量增加 1%，抗拉强度增加 90MPa，屈服点上升 82MPa	低碳钢中 C 含量 <1% 不降，高碳钢中降
Si	低含量时减小，2% 时增大	影响小	增	增	含量增加 1%，抗拉强度增加 10MPa，屈服点上升 55MPa	含量超过 0.5%，对冲击韧性不利
Mo	减小	影响小	急增	增	增	<6% 时增大
Al	<0.1% 时减小	显著减小	影响小	显著增	增	小含量时增
Co	影响小	影响小	减小	影响小	稍增	降
Ti	减小	减小	减小	增	含量增加 0.01%，抗拉强度增加 5MPa，屈服点上升 7.5MPa	稍增
V	显著减小	显著减小	急增	增	含量增加 0.1%，抗拉强度增加 30MPa，屈服点上升 35MPa	增
W	减小	减小	增	增	增	1% 时稍增
Cr	减小	稍减小	增	增	含量增加 1%，抗拉强度增加 10MPa，屈服点上升 35MPa	<1.5% 时不降
Ni	影响小	增	减小	降	含量增加 1%，抗拉强度增加 34MPa，屈服点上升 45MPa	稍增，改善钢的缺口韧性
Cu	影响小	影响小	稍增	稍降	含量增加 1%，抗拉强度增加 55MPa，屈服点上升 80MPa	0.5% 时稍增，含量高时降
Nb	急减	减小	小含量时增，大时减	显著增	稍增	1% 时稍增

第四节　钢筋冷加工的时效处理

　　常温下对钢材进行冷拉、冷拔或冷轧，使其产生塑性变形，从而提高屈服点，这个过程称为冷加工强化处理。产生冷加工强化的原因是钢材在塑性变形中晶格的缺陷增多，而缺陷的晶格严重畸变，对晶格进一步滑移将起到阻碍作用，故钢材的屈服点提高。

　　施工工地或混凝土预制构件厂利用这一原理，对钢筋或低碳钢盘条按一定制度进行冷拉，或通过使截面逐渐减小的拔丝模孔拔出(冷拔)。冷轧工艺比较复杂，一般在工厂进行。

经过冷拉处理的钢筋,屈服点提高,长度增加,极限抗拉强度基本不变,而塑性和韧性有所下降。由于塑性变形中产生的内应力短时间难以消除,所以弹性模量有所降低。

经过冷拉的钢筋,常温下存放 15~20d,或加热到 100~200℃并保持一定时间,这个过程称为时效处理,前者为自然时效,后者为人工时效。

经冷拉以后再经时效处理的钢筋,其屈服点进一步提高,抗拉强度有所增长,塑性和韧性进一步下移。由于时效过程中内应力的消减,故弹性模量可基本恢复到冷拉前的数值。经冷拉时效后钢筋的应力-应变变化关系如图 2-6 所示。

图 2-6 中,O、B、C、D 为未经冷拉和时效试件的受拉应力-应变曲线。将试件拉至超过屈服点的任意一点 K,然后卸去全部荷载,在卸除荷载过程中,由于试件已产生塑性变形,故曲线沿 KO' 下降,恢复部分弹性变形,保留下塑性变形 OO'。如立即重新受拉,钢筋的应力与应变沿 $O'K$ 发展,屈服点提高到 K_1 点,以后的应力-应变与原来的曲线 KCD 相似。这表明:钢筋经冷拉后,屈服点将提高,如在 K 点卸

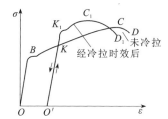

图 2-6　钢筋冷拉时效后应力-应变变化

掉荷载后,不立即进行拉伸,将试件进行自然时效或人工时效,然后再拉伸,则其屈服点升高至 K_1 点,抗拉强度升高至 C_1 点,曲线将沿 $K_1C_1D_1$ 发展,钢材的屈服点和抗拉强度都有显著提高,但塑性和韧性则相应降低。

产生冷加工强化的原因在于,当受力达到塑性变形阶段后,晶粒便沿着结合力最差的晶界产生较大滑移,滑移面上晶粒破碎,晶界面增加;同时晶格产生扭曲,晶格缺陷增多,缺陷处的晶格严重畸变而阻碍晶格的进一步滑移,故钢材屈服点提高,塑性和韧性降低。

时效强化原因在于,溶于铁素体(a-Fe)中的碳、氮、氧原子,有向晶格缺陷处移动、富集,甚至呈碳化物或氧化物析出的倾向。当钢材在冷加工产生塑性变形以后,或在使用中受到反复振动以后,这些原子的移动、集中(富集)加快,使缺陷处的晶格畸变加剧,受力时晶粒间的滑移阻力进一步增大,因而强度增大。

冷拉的控制方法有单控(只控制冷拉率)和双控(同时控制冷拉应力和冷拉率)两种。一般冷拉率大,强度增长也大。若冷拉率过大,使其韧性降低过多会出现脆性断裂。冷拉及冷拔还兼有调直和除锈作用。

时效处理措施应选择适当。通常情况下,I 级钢筋采取自然时效处理,效果较好。对 II、III、IV 级钢筋常用人工时效处理,自然时效的效果不大。

冷拉和时效处理后的钢筋,在冷拉的同时还被调直和除锈,从而简化了施工工序。但对于受动荷载或经常处于低(负)温条件下工作的钢结构,如桥梁、吊车梁、钢轨等结构用钢,应避免过大的脆性,防止出现突然断裂,应采用时效敏感性小的钢材。

第三章　钢筋连接的施工工艺

在进行钢筋混凝土结构工程施工中，无论是盘圆钢筋还是条形钢筋，经常遇到钢筋长度不足而需要连接的情况，这是钢筋混凝土结构施工中非常重要的工序。

在建筑工程施工中，钢筋的连接方式主要有焊接连接、机械连接和绑扎连接三种，其中绑扎连接主要靠人工操作，劳动强度大，生产效率低，连接质量差。在具体的施工过程中，应当根据工程的具体情况选择适宜的连接方式。

第一节　钢筋的绑扎连接工艺

钢筋的绑扎连接是一种人工连接工艺，虽然操作比较烦琐，生产效率较低，但在很多地方仍在应用。钢筋绑扎的质量如何，不仅影响钢筋骨架的施工质量，而且影响钢筋混凝土结构的使用安全。

一、钢筋绑扎的准备工作

为确保钢筋绑扎的质量，便于钢筋绑扎的顺利进行，在正式绑扎前应做好如下准备工作：

1. 在钢筋绑扎之前，应认真核对所绑扎钢筋的钢号、直径、形状、尺寸和数量等，与钢筋施工图、配料单、配料牌是否相符，如有错误应及时进行纠正增补。

2. 准备绑扎用的铁丝、绑扎工具(如钢筋钩、带有缺口的小撬棍)、绑扎架等。钢筋绑扎用的铁丝，一般可采用20～22号铁丝，并按要求的长度将其切断。为提高绑扎质量、效率和减轻工人劳动强度，钢筋绑扎还应使用绑扎架。绑扎工具如图3-1所示，绑扎架如图3-2所示。

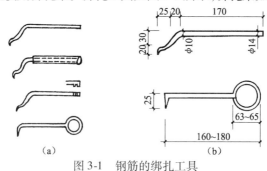

图 3-1　钢筋的绑扎工具
(a)常用钢筋钩子示意图;(b)钢筋钩子制作尺寸

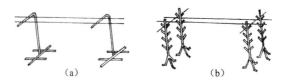

图 3-2　钢筋绑扎架示意图
(a)轻型绑扎架;(b)重型绑扎架

3. 准备控制混凝土保护层用的水泥砂浆垫块或塑料卡。水泥砂浆垫块的厚度,应等于保护层的厚度。垫块的平面尺寸,当保护层厚度等于或小于 20mm 时为 30mm×30mm,大于 20mm 时为 50mm×50mm。当在垂直方向使用垫块时,可在垫块中埋入 20 号的铁丝,以便将其固定在某一位置。

塑料卡的形状有两种:即塑料垫块和塑料环圈,如图 3-3 所示。塑料垫块用于水平构件(如梁、板等),在两个方向均有凹槽,以便适应两种保护层厚度。塑料环圈用于垂直构件(如墙、柱等),使用时钢筋从卡嘴进入卡腔内;由于塑料环圈有弹性,可使卡腔的大小能适应钢筋直径的变化。

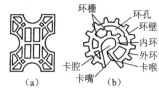

图 3-3　混凝土保护层用的塑料卡
(a)塑料垫块;(b)塑料环圈

4. 为确保钢筋准确绑扎,在正式绑扎前首失应划出钢筋的位置线。根据工程实践经验平板或墙板的钢筋,可在模板上划线;柱子的箍筋,在两根对角线的主筋上画点;梁的箍筋,则在架立钢筋上划点;基础的钢筋,在两个方向上各取一根钢筋划点,或者在垫层上画线。

钢筋接头的位置,应根据来料规格,结合有关接头位置和数量方面的规定,使接头相互错开,在模板上画线。

5. 绑扎形式复杂的结构部位时,应先研究逐根钢筋穿插就位的顺序,并与模板工联系讨论支模和绑扎钢筋的顺序,以减少在钢筋绑扎中的困难。

二、钢筋绑扎的基本要求

1. 纵向受力钢筋的连接方式应符合设计要求,在绑扎中不得随意进行改变,确实需要改变者,应经设计人员同意。

2. 钢筋绑扎接头应设置在受力较小处。同一纵向受力钢筋不宜设置两个或两个以上接头。钢筋接头末端至钢筋弯起点的距离,不应小于钢筋直径的 10 倍。

3. 同一构件中纵向受力钢筋的绑扎搭接接头应相互错开。绑扎搭接接头中钢筋的横向净距不应小于钢筋直径,且不应小于 25mm。

4. 钢筋绑扎搭接接头连接区段的长度,一般为 1.3 倍的搭接长度,凡搭接接头中点位于该连接区段长度内的搭接接头的均属于同一连接区段。在同一连接区段内,纵向钢筋搭接接头的面积百分率,为该区段内有搭接接头的纵向受力钢筋截面面积与全部纵向受力钢筋截面面积的比值。

5. 在同一连接区段内,纵向受力钢筋搭接接头截面面积百分率应符合设计要求;当设计中无具体要求时,应符合下列规定:

(1)对于梁、板类及墙体钢筋混凝土构件,纵向受力钢筋搭接接头截面面积百分率不宜大于 25%。

(2)对于柱子类钢筋混凝土构件,纵向受力钢筋搭接接头截面面积百分率不宜大于 50%。

(3)当工程中确有必要增大接头面积百分率时,对于梁构件纵向受力钢筋搭接接头截面面积百分率不应大于 50%;对于其他构件,可根据实际情况适当放宽。

6. 纵向受力钢筋搭接接头的最小搭接长度应符合下列规定:

（1）当纵向受力钢筋搭接接头截面面积百分率不大于25％时，其最小搭接长度应符合表3-1中的规定。

表3-1　纵向受力钢筋的最小搭接长度

钢筋类型		混凝土强度等级			
		C15	C20 ~ C25	C30 ~ C35	≥C40
光圆钢筋	HPB235 级	$45d$	$35d$	$30d$	$25d$
带肋钢筋	HRB335 级	$55d$	$45d$	$35d$	$30d$
	HRB400 级、RRB400 级	—	$55d$	$40d$	$35d$

（2）当纵向受力钢筋搭接接头截面面积百分率大于25％，但不大于50％时，其最小搭接长度应按表3-1中的数值乘以系数1.2取用；当纵向受力钢筋搭接接头截面面积百分率大于50％时，应按表3-1中的数值乘以系数1.35取用。

（3）在符合下列条件时，纵向受力钢筋的最小搭接长度，应根据上述（1）、（2）条中的规定确定后，按下列规定进行修正：

① 当带肋钢筋的直径大于25mm时，其最小搭接长度应按相应数值乘以系数1.10取用。

② 对环氧树脂涂层的带肋钢筋，其最小搭接长度应按相应数值乘以系数1.25取用。

③ 当在混凝土凝固过程中受力钢筋易受扰动时（如液压滑模施工），其最小搭接长度应按相应数值乘以系数1.10取用。

④ 对末端采用机械锚固措施的带肋钢筋，其最小搭接长度应按相应数值乘以系数0.70取用。

⑤ 当带肋钢筋的混凝土保护层厚度大于搭接钢筋直径的3倍且配有箍筋时，其最小搭接长度应按相应数值乘以系数0.80取用。

⑥ 对有抗震设防要求的结构构件，其受力钢筋的最小搭接长度，对于一、二级抗震等级应按相应数值乘以系数1.15采用；对于三级抗震等级应按相应数值乘以系数1.05采用。在任何情况下，受拉钢筋的搭接长度不应小于300mm。

（4）纵向受压钢筋搭接时，其最小搭接长度应根据以上（1）~（3）条规定确定相应数值后，乘以系数0.70取用。在任何情况下，受压钢筋的搭接长度不应小于200mm。

三、钢筋绑扎的控制要点

1. 在钢筋搭接处，交叉点都应在中心和两端用铁丝扎牢。

2. 焊接骨架和焊接网采用绑扎连接时，应符合下列规定：

（1）焊接骨架和焊接网的搭接接头，不宜位于构件的最大弯矩处。

（2）焊接网在非受力方向的搭接长度，不宜小于100mm。

（3）受拉焊接骨架和焊接网在受力钢筋方向的搭接长度，应符合设计规定；受压焊接骨架和焊接网在受力钢筋方向的搭接长度，可取受拉焊接骨架和焊接网在受力钢筋方向的搭接长度的0.70倍。

3. 在绑扎骨架中非焊接的搭接接头长度范围内，当搭接钢筋为受拉时，其箍筋的间距

不应大于 $5d$,且不应大于 100mm;当搭接钢筋为受压时,其箍筋的间距不应大于 $10d$,且不应大于 200mm(d 为受力钢筋中的最小直径)。

4. 钢筋绑扎用的铁丝,可采用 20 ~22 号铁丝(火烧丝)或镀锌铁丝(铅丝),其中 22 号铁丝只用于绑扎直径 12mm 以下的钢筋。钢筋绑扎时铁丝所用长度,应符合节约、够用的原则,施工中可参考表 3-2 中的数值。

表 3-2　钢筋绑扎时铁丝所用长度参考表

钢筋直径(mm)	6 ~ 8	10 ~ 12	14 ~ 16	18 ~ 20	22	25	28	32
6 ~ 8	150	170	190	220	250	270	290	320
10 ~ 12	—	190	220	250	270	290	310	340
14 ~ 16	—	—	250	270	290	310	330	360
18 ~ 20	—	—	—	290	310	330	350	380
22	—	—	—	—	330	350	370	400

四、钢筋绑扎的施工工艺

(一)基础钢筋的绑扎

1. 绑扎的作业条件

(1)基础混凝土垫层已经完成,其强度已达到设计要求。混凝土垫层上钢筋的位置线已按施工图弹好,并经检查后完全合格。

(2)认真检查用于基础钢筋的出厂合格证,按有关规定进行复验,并经检验合格后方可使用。所用钢筋的钢号、规格、尺寸等,均符合设计要求,钢筋的表面无锈蚀及油污,成型钢筋经现场检验合格。

(3)加工好的钢筋应按现场施工平面布置图中指定的位置堆放,钢筋的外表面若有铁锈时,应在绑扎前清除干净,锈蚀严重的钢筋不得用于工程。

2. 材料和质量要求

(1)材料的关键要求

施工现场所用材料的材质、规格和数量等,应当与设计图纸中的要求完全一致;当需要材料代用时,必须征得设计、监理和建设单位的同意。

(2)技术的关键要求

基础钢筋绑扎的技术关键要求包括:绑扎一定要牢固,脱扣和松扣的数量一定要符合施工规范的要求;钢筋在绑扎前要先弹出钢筋的位置线,确保钢筋的位置准确。

(3)质量的关键要求

在基础钢筋绑扎的施工中,为确保其质量符合现行施工规范的要求,应注意下列质量方面的关键要求:

① 绑扎钢筋的施工中要保证其保护层厚度准确,如果基础采用双排钢筋时,要保证上下两排钢筋的距离符合设计要求。

② 钢筋的接头位置及接头的面积百分率,必须符合《混凝土结构设计规范》(GB 50010)及《混凝土结构工程施工质量验收规范》(GB 50204)中的要求。

③ 钢筋的布放位置要准确,绑扎一定要牢固。

3. 绑扎的施工工艺

（1）将基础混凝土垫层清扫干净，用石笔和墨斗按施工图在基础上弹出钢筋位置线，并按钢筋位置线布放基础钢筋。

（2）绑扎钢筋。四周两行钢筋交叉点应每点绑扎牢，中间部分的钢筋交叉点可相隔交错绑扎，但必须保证受力钢筋不产生位移。双向主筋的钢筋网，则需将全部钢筋相交叉点绑扎牢。绑扎时应注意相邻绑扎点的铁丝扣要呈八字形，以避免网片出现歪斜变形。

（3）当基础底板采用双层钢筋网时，在上层钢筋网下面应设置钢筋撑脚或混凝土撑脚，以确保钢筋的位置正确。

钢筋撑脚的形式与尺寸如图 3-4 所示，每隔 1m 放置一个。其直径的选用应根据底板厚度而不同，当底板厚度 $h \leqslant 30cm$ 时直径为 8 ~10mm，当底板厚度 $h = 30$ ~50cm 时直径为 12 ~14mm，当底板厚度 $h > 50cm$ 时直径为 16 ~18mm。

图 3-4　钢筋撑脚示意图

（a）钢筋撑脚；（b）撑脚位置

1—上层钢筋网；2—下层钢筋网；3—撑脚；4—水泥垫块

（4）绑扎时钢筋的弯钩应当朝上，不要倒向一边；但双层钢筋网的上层钢筋弯钩应当朝下。

（5）独立柱基础为双向弯曲，其底面的短向钢筋应当放在长向钢筋的上面。

（6）现浇混凝土柱子与基础连接用的插筋，其箍筋应比柱子的箍筋小一个柱子钢筋的直径，以便进行连接。插筋的位置一定要固定牢靠，以免造成柱子轴线偏移。

（7）对厚片筏形基础上部钢筋网片，可采用钢管临时支撑体系。图 3-5（a）为绑扎上部钢筋网片用的钢管支撑。在上部钢筋网片绑扎完毕后，需要置换出水平钢管；为此另取一些垂直钢管通过直角扣件与上部钢筋网片的下层钢筋连接起来，必要时该处还需另用短钢筋加强，这样便替换了原支撑体系，如图 3-5（b）所示。

在混凝土浇筑的过程中，逐步抽出垂直的钢管，如图 3-5（c）所示。此时，上部荷载可由附近的钢管及上、下端均与钢筋网焊接的多个拉结筋来承受。由于混凝土不断浇筑与凝固，拉结筋的细长比减少，从而提高了承载能力。

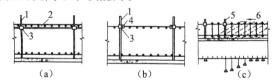

图 3-5　厚片筏形基础上部钢筋网片的钢管临时支撑

（a）绑扎上部钢筋网片时；（b）浇筑混凝土前；（c）浇筑混凝土时

1—垂直钢管；2—水平钢管；3—直角扣件；4—下层水平钢筋；5—待拔钢管；6—混凝土浇筑方向

（8）基础中纵向受力钢筋的混凝土保护层厚度应符合设计要求，一般不应小于 40mm，当无垫层时不应小于 70mm。

（二）柱子钢筋的绑扎

柱子是一种截面尺寸较小、竖直方向较大的结构,其纵向刚度和承载能力是主要力学指标,而柱子中的钢筋位置是否准确、绑扎是否牢固,将直接影响柱子的使用功能。

1. 柱子钢筋绑扎工艺流程

柱子钢筋绑扎的工艺流程比较简单,主要包括:弹柱子位置线→剔凿柱子混凝土表面浮浆→整理柱子钢筋→套柱子箍筋→搭接绑扎竖向受力钢筋→画出箍筋间距线→绑扎柱子箍筋。

2. 柱子钢筋绑扎操作要点

（1）套柱子箍筋。按施工图纸要求的间距,计算好每根柱子箍筋的数量,先将箍筋套在下层伸出的搭接钢筋上,然后再立柱子的竖向钢筋,在搭接长度内,绑扎点不得少于 3 个,绑扎要向着柱子的中心。如果柱子的竖向主钢筋采用光圆钢筋搭接时,角部钢筋的弯钩应与模板成 45°,中间钢筋的弯钩应与模板成 90°。

（2）搭接绑扎竖向钢筋。柱子的竖向受力钢筋立起后,应根据设计要求搭接上部的钢筋。绑扎接头的搭接长度、接头面积百分率应符合设计的要求。当竖向钢筋搭接长度无具体规定时,应符合表 3-1 中的要求。

（3）箍筋的绑扎。按照已画好的箍筋位置线,将已套好的箍筋往上移动,由上往下进行绑扎,绑扎宜采用缠扣的方式,如图 3-6 所示。箍筋的接头（弯钩叠合处）应交错布置在四角纵向钢筋上,图 3-7 所示;箍筋转角与纵向钢筋交叉点处均应绑扎牢固,绑扎箍筋时绑扎点相互间应成八字形,箍筋平直部分与纵向钢筋交叉点处可间隔绑扎。

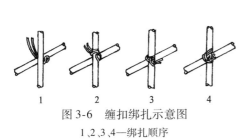

图 3-6　缠扣绑扎示意图

1、2、3、4—绑扎顺序

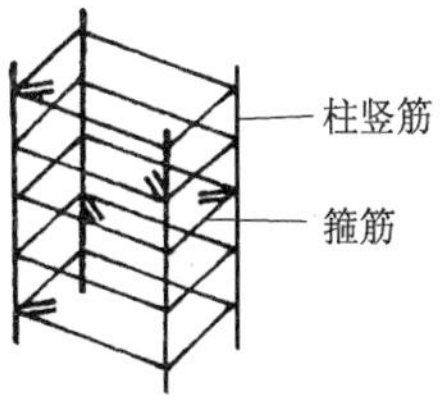

图 3-7　箍筋交错布置示意图

（4）有抗震要求的地区,柱子箍筋端头弯钩应成 135°,平直部分长度不小于 $10d$（d 为箍筋直径）,如图 3-8 所示。如果箍筋采用 90 搭接,搭接处应进行焊接,焊缝的长度（单面焊）不小于 $10d$。

（5）柱基、柱顶和梁柱交接处的箍筋间距应按设计要求加密。柱子上下端箍筋应按设计进行加密,加密区的长度和加密区内箍筋间距必须按施工图纸操作。如果设计要求箍筋设置拉筋时,拉筋应按设计要求设置,并将拉筋勾住箍筋,如图 3-9 所示。

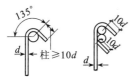

图 3-8　箍筋有抗震要求示意图

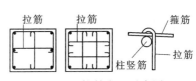

图 3-9　拉筋布置示意图

（6）柱子钢筋的保护层厚度应符合规范要求,主筋的保护层不得小于 25mm,水泥砂浆垫块绑在柱子竖向钢筋的外皮上,其间距一般为 1000mm,以保证主筋保护层厚度满足要求。当柱子的截面尺寸有变化时,柱子应在楼板内折弯,弯后的尺寸要符合设计要求。

(三)墙体钢筋的绑扎

墙体是一种薄壁而高大的结构,其钢筋的绑扎(包括水塔壁、烟囱筒身和池壁等)关键是掌握好其竖向钢筋的质量,在绑扎的过程中应注意如下事项:

(1)为确保钢筋运送和绑扎中不变形,墙体的垂直钢筋每段的长度不宜太长。当钢筋直径≤12mm 时,钢筋长度不宜超过 4m;当钢筋直径 >12mm 时,钢筋长度不宜超过 6m。水平钢筋每段的长度也不宜超过 8m。

(2)墙体钢筋网绑扎与基础钢筋绑扎相同,钢筋的弯钩应朝向混凝土内。

(3)当墙体采用双层钢筋时,在两层钢筋之间应设置撑铁,以确保钢筋间距。撑铁可用直径 6~10mm 的钢筋制成,其长度等于两层网片的净距(图 3-10),间距约为 1m,相互排开排列。

(4)墙体的钢筋,可以在基础钢筋绑扎完毕后,在浇筑混凝土前,按照设计要求插入基础内。

(5)墙体钢筋的绑扎,应当在模板安装前进行。

(四)梁板钢筋的绑扎

梁板钢筋的绑扎与墙、柱不同,其大部分是属于水平钢筋的连接、绑扎和固定,在绑扎的过程中应注意如下事项:

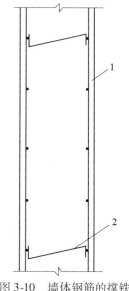

图 3-10 墙体钢筋的撑铁
1—钢筋网;2—撑铁

(1)梁板纵向钢筋采用双层排列时,为使它们的间距符合设计要求,两排钢筋之间应垫以直径不小于 25mm 的短钢筋,短钢筋的间距应根据上部的钢筋重量来确定。

(2)梁的箍筋的接头(弯钩叠合处)应交错布置在两根架立钢筋上,其余的箍筋绑扎与柱子相同。

(3)板的钢筋网绑扎与基础钢筋绑扎基本相同,但应注意板上部的负筋,要防止被踩下来,位置不符合设计要求;特别是雨篷、挑檐、阳台等悬臂板,要严格控制负筋的位置,以免拆除模板时出现断裂。

(4)楼板、次梁与主梁的交叉处,钢筋的位置一定要排列正确,即楼板的钢筋在上,次梁的钢筋居中,主梁的钢筋在下,如图 3-11 所示;当有钢筋混凝土圈梁或垫梁时,主梁的钢筋在上,如图 3-12 所示。

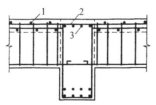

图 3-11 楼板、次梁与主梁交叉处的钢筋
1—楼板的钢筋;2—次梁钢筋;3—主梁钢筋

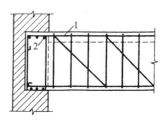

图 3-12 主梁与垫梁交叉处的钢筋
1—主梁钢筋;2—垫梁钢筋

（5）当框架节点处的钢筋穿插十分稠密时，应特别注意梁顶面主筋间的净距不应小于30mm，以便顺利浇筑混凝土。

（6）梁钢筋的绑扎应与模板安装密切配合，它们之间的配合关系应遵循以下规定：

① 当梁的高度比较小时，梁的钢筋应架空在梁顶上绑扎，然后再落到设计位置。

② 当梁的高度比较大时（大于或等于1.0m），梁的钢筋宜在梁底模板上绑扎，其两侧模板或一侧模板以后再安装。

（7）在进行梁板钢筋的绑扎时，应防止水电管线将钢筋顶起或压下，因此，对绑扎的钢筋位置和牢固性应特别注意。

第二节　钢筋的焊接连接工艺

焊接是通过加热、加压，或两者并用，用或不用填充材料，使两个工件产生原子间结合的加工工艺和连接方式。焊接应用十分广泛，既可用于金属材料，也可用于非金属材料。钢筋的焊接连接是钢筋工程施工中最常用的方法。

一、钢筋焊接方法及一般规定

（一）钢筋焊接的基本方法

钢筋焊接连接的方法很多，在建筑工程中常用的有：闪光对焊、电阻点焊、电弧焊、电渣压力焊、气压焊、预埋件埋弧压力焊等。

钢筋焊接方法及其适用范围见表3-3。

表3-3　钢筋焊接方法及其适用范围

焊接方法		接头形式图示	适 用 范 围	
			钢筋级别	钢筋直径（mm）
电阻点焊			HPB235级、HRB335级 冷轧带肋钢筋 冷拔光圆钢筋	6～14 5～12 4～5
闪光对焊			HPB235级、HRB335级 及HRB400级、RRB400级	10～40 10～25
电弧焊	帮条双面焊		HPB235级、HRB335级 及HRB400级、RRB400级	10～40 10～25
	帮条单面焊		HPB235级、HRB335级 及HRB400级、RRB400级	10～40 10～25
	搭接双面焊		HPB235级、HRB335级 及 HRB400 级、RRB400级	10～40 10～25

焊接方法		接头形式图示	适 用 范 围	
			钢筋级别	钢筋直径(mm)
电弧焊	搭接单面焊	8d(10d)	HPB235级、HRB335级及 HRB400级、RRB400级	10~40 10~25
	熔槽帮条焊	10~16 80~100 A-A	HPB235级、HRB335级及 HRB400级、RRB400级	20~40 20~25
	坡口平焊		HPB235级、HRB335级及 HRB400级、RRB400级	18~40 18~25
	坡口立焊		HPB235级、HRB335级及 HRB400级、RRB400级	18~40 18~25
	钢筋与钢板搭接焊	4d(5d)	HPB235级、HRB335级	8~40
	预埋件角焊		HPB235级、HRB335级	6~25
	预埋件穿孔塞焊		HPB235级、HRB335级	20~25
电渣压力焊			HPB235级、HRB335级	14~40
气压焊			HPB235级、HRB335级、HRB400级	8~40
预埋件埋弧压力焊			HPB235级、HRB335级	6~25

注:(1)表中的帮条或搭接长度值,不带括弧的数值用于HRB235级钢筋,括号中的数值用于HRB335级、HRB400级及RRB400级钢筋。

(2)电阻点焊时,适用范围内的钢筋直径系指较小钢筋的直径。

(二)钢筋焊接的一般规定

(1)电渣压力焊主要用于柱子、墙体、烟囱等现浇混凝土结构中竖向受力钢筋的连接;不得用于梁、板等构件中水平钢筋的连接。

(2)在工程开工或每批钢筋正式焊接前,应按有关规定在现场条件下进行钢筋焊接性能试验。钢筋焊接性能合格后,才能正式生产。

（3）在钢筋焊接施工之前,应清除钢筋或钢板焊接部位与电极接触的钢筋表面上的锈斑、油污和杂物等;钢筋端部如果有弯折、扭曲时,应予以矫直或切除。

（4）进行电阻点焊、闪光对焊、电渣压力焊或埋弧压力焊时,应随时观察电源电压的波动情况。对于电阻点焊或闪光对焊,当电源电压下降大于5%、小于8%时,应采取提高焊接变压器级数的措施;当电源电压下降大于或等于8%时,不得进行焊接。对于电渣压力焊或埋弧压力焊,当电源电压下降大于5%时,不宜进行焊接。

（5）对于从事钢筋焊接施工的班组及有关人员,应经常进行安全生产教育,并应制定和实施安全技术措施,加强电焊工的劳动保护,防止发生烧伤、触电、火灾、爆炸及烧坏焊接设备等事故。

（6）焊接用的机具应经常维修保养和定期检修,确保其运转正常和使用安全。在正式焊接之前,要对这些机具进行试运转,一切正常后方可正式生产。

二、钢筋闪光对焊的施工工艺

闪光对焊是利用对焊机使两段钢筋接触,通以低电压强电流,把电能转化为热能,使钢筋加热到接近熔点时,施加轴向压力进行顶锻,使两根钢筋焊合在一起,形成对焊接头。钢筋闪光对焊的原理,如图 3-13 所示。

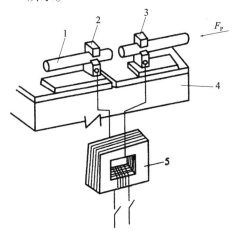

图 3-13　钢筋闪光对焊原理图
1—钢筋;2—固定电极;3—可动电极;4—机座;5—焊接变压器

1. 闪光对焊工艺

闪光对焊按照操作工艺不同,可分为连续闪光焊、预热闪光焊、闪光-预热-闪光焊。根据对接钢筋品种、直径和对焊机功率等进行选择。

钢筋的以上三种闪光对焊方法,其工艺过程是不同的,如图 3-14 所示。

（1）连续闪光焊:

先将钢筋夹在对焊机两极的钳口上,然后闭合电源,使两根钢筋轻微接触。由于钢筋端部凹凸不平,接触面很小,电流通过时电流密度和接触电阻很大,接触点会很快熔化,产生金属蒸气飞溅形成闪光现象。与此同时徐徐移动钢筋,保持连续闪光,接头同时被加热,至接头端面闪平、杂质闪掉、接头熔化,随即施加适当的轴向压力迅速顶锻。先带电顶锻,随之断电顶锻,使钢筋顶锻缩短规定的长度留量,两根钢筋便焊合成一体。

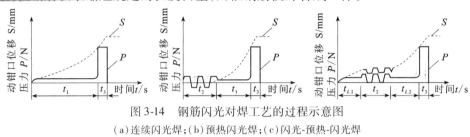

图 3-14　钢筋闪光对焊工艺的过程示意图
(a)连续闪光焊;(b)预热闪光焊;(c)闪光-预热-闪光焊
t_i—闪光时间;$t_{i,1}$—一次闪光时间;$t_{i,2}$—二次闪光时间;t_2—预热时间;t_3—顶锻时间

在钢筋焊接过程中,由于闪光的作用,使空气不能进入接头处,同时闪去接口中原有的杂质和氧化膜,通过挤压又把已熔化的氧化物挤出,因而接头质量可得到保证。

连续闪光焊适用于焊接直径在 25mm 以下的 HPB235 级、HRB335 级钢筋和直径在 16mm 以下的 HRB400 级钢筋。

(2)预热闪光焊:

预热闪光焊实际上是在连续闪光焊前增加一次预热过程,以扩大焊接热影响区,便于钢筋的焊接。在施焊时,闭合电源后使两钢筋的端面交替地接触和分开,这时在钢筋端面的间隙中发出断续的闪光而形成预热过程。当钢筋达到预热温度后,随即进行连续闪光和顶锻。

试验证明:预热闪光焊可以焊接大直径的钢筋。对于直径为 25mm 以上且端面较平整的钢筋,宜采用预热闪光焊。预热闪光焊适用于焊接直径为 20~36mm 的 HPB235 级钢筋、直径为 16~32mm 的 HRB335、HRB400 级钢筋以及直径为 12~28mm 的 RRB400 级钢筋。

(3)闪光-预热-闪光焊:

闪光-预热-闪光焊,是在预热闪光焊前,再增加一次闪光的过程,使钢筋的端部闪平,使钢筋预热均匀。在进行焊接时首先连续闪光,将钢筋端部凹凸不平之处闪平,后面的操作同预热闪光焊。因此,闪光-预热-闪光焊适用于焊接直径大于 25mm、且端面不平整的钢筋。

RRB400 级钢筋对于氧化、淬火和过热等均比较敏感,其焊接性能较差,关键在于掌握适当的焊接温度。温度过高或过低都会影响钢筋接头的质量。

2. 闪光对焊的工艺参数

闪光对焊的工艺参数,主要包括调伸长度、闪光留量、闪光速度、预热留量、预热频率、顶锻留量、顶锻速度及变压器级次等(图 3-15)。

(1)调伸长度:

指焊接前两钢筋从电极钳口伸出的长度。调伸长度的取值与钢筋品种、直径有关,应当既能使钢筋加热均匀,又使钢筋顶锻时不产生侧弯。

调伸长度的取值:HPB235 级钢筋为 $1.0d$,HRB335 级、HRB400 级和 RRB400 级钢筋取 $1.5d$(d 为钢筋直径)。

(2)闪光留量:

闪光留量又称烧化留量,指钢筋在闪光的过程中所消耗的钢筋长度。闪光留量的选择,应使钢筋在闪光结束时端部加热均匀并达到足够的温度,其取值应根据焊接工艺方法而确定。

采用连续闪光焊时,为两钢筋切断时严重压伤部分之和,另外再加8mm;采用预热闪光焊时，为 8 ~ 10mm；采用闪光-预热-闪光焊时，一次闪光留量为两钢筋切断时严重压伤部分之和，二次闪光为 8 ~ 10mm。

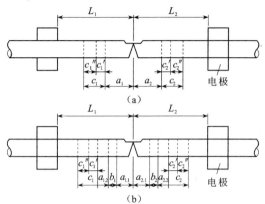

图 3-15　闪光对焊的各项留量示意

（a）连续闪光焊；（b）闪光-预热-闪光焊

L_1，L_2—调伸长度；$a_1 + a_2$—烧化留量；$b_1 + b_2$—预热留量；$c_1 + c_2$—顶锻留量；$c_1' + c_2'$—有电顶锻留量；
$c_1'' + c_2''$—无电顶锻留量；$a_{1.1} + a_{2.1}$——一次烧化留量；$a_{1.2} + a_{2.2}$—二次烧化留量

（3）闪光速度：

闪光速度又称烧化速度，指闪光过程的快慢，闪光速度一般应随钢筋直径增大而降低。在闪光过程中，闪光的速度由慢到快，开始时近于零，之后约每秒 1mm，终止时要达到每秒 1.5 ~ 2mm。这样使闪光比较强烈，以保证焊缝金属不被氧化。

（4）预热留量：

预热留量系指采用预热闪光焊或闪光-预热-闪光焊时，预热过程中所消耗钢筋的长度。其长度随钢筋直径的增大而增加，以保证钢筋端部能均匀加热，并达到足够的温度。

预热留量的取值：当采用预热闪光焊时，为 4 ~ 7mm。当采用闪光-预热-闪光焊时，为 2 ~ 7mm（直径大的钢筋取大值）。

（5）预热频率：

预热频率系指钢筋在单位时间内（s）预热的次数。对于 HPB235 级钢筋宜高些，一般为 3 ~ 4 次/s；对于 HRB335、HRB400 级钢筋要适中，一般为 1 ~ 2 次/s。每次预热的时间应为 1.5 ~ 2s，间歇时间应为 3 ~ 4s，一般应扩大接触处加热范围，减少温度梯度。

（6）顶锻留量：

顶锻留量系指钢筋在顶锻压紧后接头处挤出金属所消耗的钢筋长度。在进行顶锻时，应当先在有电流作用下顶锻，然后在断电状态下结束顶锻。因此，顶锻留量又分为带电顶锻留量和断电顶锻留量两项。

顶锻留量的取值：一般应取 4 ~ 6.5mm，钢筋级别高或直径大取大值。其中带电顶锻留量占 1/3，断电顶锻留量占 2/3，焊接时必须控制得当。

（7）顶锻速度：

顶锻速度系指挤压钢筋接头时的速度。对焊实践证明，顶锻速度越快越好，特别是在开始顶锻的 0.1s 内，应迅速将钢筋压缩 2 ~ 3mm，使焊接口迅速闭合不致氧化；此过程完成后断电，并以 6mm/s 的速度继续进行顶锻至终止。顶锻速度要快，但顶锻压力要适当。

（8）变压器级数：

变压器级数用以调节焊接电流的大小，应根据钢筋级别、直径、焊机容量及焊接工艺方法等具体情况进行选择。钢筋直径较小、焊接操作技术较熟练时，可选择较高的变压器级数（此时电流强度较大）。

根据焊接电流和时间的不同，变压器级数可分为强参数（电流强度大、时间短）和弱参数（电流强度小、时间长）两种，应根据实际情况进行选择。

不同直径的钢筋焊接时，它们的截面比不宜超过 1.5 倍，焊接参数应按粗钢筋选择，并适当减少粗钢筋的调伸长度。焊接时应先对大直径的钢筋进行预热，以使两者加热均匀。预热的方法是先用一段直径与粗钢筋相同的短钢筋，与另一段粗钢筋在对焊机上进行闪光预热，待达到预热要求时，取下短钢筋换上细钢筋进行对焊。钢筋对焊完毕后，应对全部接头进行外观检查，并按批切取部分接头进行力学性能检验。

3. 闪光对焊的质量检查

闪光对焊接头的质量检查，主要包括外观检查和力学性能试验。其力学性能试验又包括抗拉强度和冷弯性能两个方面。

（1）闪光对焊接头的外观检查。闪光对焊接头表面应当无裂纹和明显烧伤，应有适当镦粗和均匀的毛刺；接头如有弯折，其角度不大于 4°，接头轴线的偏移不应大于 0.1d，亦不应大于 2mm。外观检查不合格的接头，可将距接头左右各 15mm 切除再重新焊接。对焊接头轴线偏移测量方法，可按图 3-16 所示方法进行。

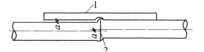

图 3-16　对焊接头轴线偏移测量方法
1—测量尺子；2—对焊接法

（2）闪光对焊接头力学性能试验。应按同一类型分批进行，每批切取 6%，但不得少于 6 个试件，其中 3 个做抗拉强度试验，3 个做冷弯性能试验。三个接头试件抗拉强度实测值，均不应小于钢筋母材的抗拉强度规定值；试样应呈塑性断裂且破坏点至少有两个试件断于焊接接头以外。

在进行冷弯性能试验时，由于钢筋接口靠近变压器一边（称下口），受变压器磁力线的影响较大，金属飞出较少，故毛刺也少；接口远离变压器的一边（称上口），受变压器磁力线影响较小，金属飞出较多，故毛刺也多。一般钢筋焊接后上口与下口的焊接质量不一致，故应做正向弯曲和反向弯曲试验，正向弯曲试验即将上口毛刺多的一面作为冷弯圆弧的外侧。冷弯时不应在焊缝处或热影响区断裂，否则不论其抗拉强度多高，均判为接头质量不合格，其冷弯后外侧横向裂缝宽度不得大于 0.15mm，对于 HRB335、HRB400 级钢筋，冷弯则不允许有裂纹出现。

在进行冷弯性能试验时，也可将受压的金属毛刺和镦粗变形部分除去，与钢筋母材的外表齐平。弯曲试验时，焊缝应处于弯曲的中心，弯曲至 90° 时，至少有两个试件不得发生破断。钢筋的级别不同，冷弯时的弯心直径也不同，见表 3-4。

表 3-4　钢筋对焊接头弯曲试验指标

钢筋级别	弯心直径（mm）	弯曲角度（°）
HPB235	2d	90
HRB335	4d	90
HRB400	5d	90

三、钢筋电阻点焊的施工工艺

电阻点焊是利用点焊机进行交叉钢筋的焊接,用以生产各种钢筋(丝)网片和钢筋骨架。电阻点焊可以取传统的人工绑扎,是实现钢筋安装机械化、提高生产效率、节约钢材的有效途径。焊接骨架或焊接网可提高构件的刚度和抗裂性,在混凝土中锚固优于绑扎骨架,因此制作钢筋骨架应优先采用电阻点焊。

（一）电阻点焊的工作原理

电阻点焊的工作原理,如图 3-17 所示。在进行施焊时,将已除锈的钢筋的交叉点放在点焊机的两个电极间,使钢筋通电发热至一定温度后,加压使焊点的金属焊合。

当钢筋交叉点焊时,由于接触点只有一点,而在接触处有较大的接触电阻,因此在接触的瞬间,电流产生的热量都集中在这一点上,使金属很快地受热达到熔化连接的温度,同时在电极加压下使焊点金属得到焊合。电阻点焊的工艺过程,如图 3-18 所示。

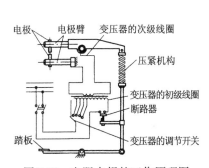

图 3-17　电阻点焊的工作原理图

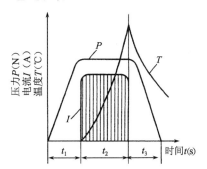

图 3-18　电阻点焊的工艺过程

t_1—预压时间;t_2—通电时间;t_3—锻压时间

在建筑工程施工中,常用的点焊机有单头点焊机、多头点焊机(一次可焊数点,用于焊接比较宽大的钢筋网)、悬挂式点焊机(悬挂在轨道上,用于焊接平面尺寸较大的钢筋骨架和钢筋网)、手提式点焊机(用于施工现场)。

（二）电阻点焊的工艺参数

电阻点焊的主要焊接工艺参数有:电流强度、通电时间、电极压力和焊点压入深度等。

1. 电阻点焊的电流强度

按照电流大小不同,焊接参数可分为强参数和弱参数两种。强参数的电流强度较大($120\sim360\text{A/mm}^2$,系指焊接电流与焊接点面积之比,其面积可采用交叉钢筋中小钢筋的断面面积);弱参数的电流强度较低($80\sim160\text{A/mm}^2$)。强参数的经济效果好,但需要大功率的点焊机。因此,在点焊热轧钢筋时,除钢筋直径大、焊机功率不足,需采用弱参数外,一般宜采用强参数,以提高生产效率。

当点焊含碳量高、可焊性差的钢筋时,更应采用强参数,这样才能保证焊接质量;冷加工钢筋点焊时,必须采用强参数,以免因焊接升温而丧失冷加工获得的强度。

2. 电阻点焊的通电时间

强参数的通电时间极短,一般仅 $0.1\sim0.5\text{s}$;弱参数的通电时间较长,一般为 0.5s 至数秒。通电时间的长短,对焊点的质量影响较大。时间过长,钢筋变软而容易压缩,或熔化过多而产生溢出现象,导致焊点强度降低;时间过短,则热量不足,焊接不良。通电时间与变压器级次、钢筋直径有关。变压器的级数越高,通电时间越短;在同一级次下,钢筋直径越大,通电时间也越长。当采用 DN$_3$-75 型点焊机时,其焊接通电时间见表 3-5。

表 3-5　采用 DN$_3$-75 型点焊机焊接通电时间(s)

变压器级数	较小钢筋直径(mm)							
	3	4	5	6	8	10	12	14
1	0.08	0.10	0.12	—	—	—	—	—
2	0.05	0.06	0.07	—	—	—	—	—
3	—	—	—	0.22	0.70	1.50	—	—
4	—	—	—	0.20	0.60	1.25	2.50	4.00
5	—	—	—	—	0.50	1.00	2.00	3.50
6	—	—	—	—	0.40	0.75	1.50	3.00
7	—	—	—	—	—	0.50	1.20	2.50

注:点焊 HRB335 级钢筋或冷轧带肋钢筋时,焊接通电时间可延长 20%～25%。

3. 电阻点焊的电极压力

试验充分证明:电极压力对焊点强度也有很大影响。如果电极压力过小,则接触电阻很大,钢筋易发生熔化,甚至烧坏电极;电极压力过大,则接触电阻很小,因而需延长通电时间,影响生产效率。

点焊时,部分电流会通过已焊接好的各点而形成分流现象,会使通过焊点的电流减小,降低焊点的强度。分流大小随着通路的增加而增大,随焊点距离的增加而减小。因此,点焊时应考虑合理焊接的顺序,使电流分流减小;也可适当延长通电时间或增大电流,以弥补分流的影响。当采用 DN$_3$-75 型点焊机时,其焊接电极压力见表 3-6。

表 3-6　采用 DN$_3$-75 型点焊机电极压力(N)

较小钢筋直径(mm)	HPB235 级钢筋冷拔光圆钢丝	HRB335 级钢筋冷轧带肋钢筋	较小钢筋直径(mm)	HPB235 级钢筋冷拔光圆钢丝	HRB335 级钢筋冷轧带肋钢筋
3	980～1470	—	8	2450～2940	2940～3430
4	980～1470	1470～1960	10	2940～3920	3430～2920
5	1470～1960	1960～2450	12	3430～4410	4410～4900
6	1960～2450	2450～2940	14	3920～4900	4900～5880

4. 电阻点焊的焊点压入深度

对于不同直径钢筋的点焊,其直径之比和压入深度有严格规定。当小钢筋直径小于 10mm 时,钢筋直径之比不宜大于 3;当小钢筋直径为 12～14mm 时,钢筋直径之比不宜大于 2。同时应根据小直径钢筋选择焊接参数。为使焊点处有足够的抗剪切能力,焊点处钢筋相互压入的深度,宜为细钢筋直径的 1/4～2/5。

(三)电阻点焊的质量检查

钢筋电阻点焊的外观检查应无脱落、漏焊、气孔、裂缝、空洞以及明显烧伤现象。焊点处应挤出饱满均匀的熔化金属,并应有适量的压入深度;焊接网的长度、宽度及骨架长度的允许偏差为 ±10mm;焊接骨架高度的允许偏差为 ±5mm;网眼尺寸及箍筋间距的允许偏差为

±10mm。焊点的抗剪强度不应低于小钢筋的抗拉强度；在进行拉伸试验时，不应在焊点处出现断裂；在进行弯曲试验时，不应出现裂纹。

四、钢筋电弧焊的施工工艺

(一)电弧焊的工作原理

钢筋的电弧焊是以焊条作为一个极，钢筋作为另一个极，利用弧焊机使焊条与焊件之间产生高温电弧，熔化焊条和高温电弧范围内的焊件金属，冷却凝固后形成焊接接头。电弧焊的工作原理如图3-19所示。电弧焊机有直流弧焊机和交流弧焊机之分，常用的是交流弧焊机。焊条的种类较多，宜根据钢材级别和焊接接头形式选择焊条。焊条型号选用见表3-7；焊条直径和焊接电流选用见表3-8。

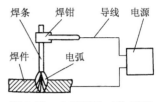

图3-19 电弧焊的工作原理

表3-7 焊条型号选用表

焊接形式	HPB235 级钢筋	HRB335 级钢筋	HRB400 级钢筋
搭接焊	结300	结500	结500
帮条焊	结420	结500	结550
坡口焊	结420	结550	结600

表3-8 焊条直径和焊接电流选用表

焊接位置	钢筋直径(mm)	焊条直径(mm)	焊接电流(A)	
			搭接焊、帮条焊	坡口焊
平焊	10～12	3.2	90～130	140～170
	14～22	4.0	130～180	170～190
	25～32	5.0	180～230	190～220
	36～40	5.0	190～240	200～230
立焊	10～12	3.2	80～110	120～150
	14～22	4.0	110～150	150～180
	25～32	4.0	120～170	180～200
	36～40	5.0	170～220	190～210

电弧焊的应用比较广泛，包括整体式和装配式混凝土结构中钢筋的接长和连接，钢筋骨架焊接以及钢筋与型钢、钢板间的焊接等。

(二)电弧焊的接头形式

钢筋电弧焊的接头形式，主要有搭接接头、帮条接头、坡口接头、钢筋与预埋铁件接头四种。

1. 电弧焊的搭接接头

搭接接头如图3-20(a)所示，适用于直径10～40mm的HPB235、HRB335和HRB400级钢筋，图中括号内数值用于HRB335和HRB400级钢筋。在焊接时，先将主钢筋的端部按搭接长度预弯，使被焊钢筋处在同一轴线上，并采用两端点焊定位，焊缝宜采用双面焊，当双面施焊有困难时,也可采用单面焊。

2. 电弧焊的帮条接头

帮条接头如图3-20(b)所示,其适用范围与搭接接头相同。帮条钢筋宜与主筋同级别、同直径,如帮条与被焊接钢筋的级别不同时,还应按钢筋的计算强度进行换算。所采用帮条的总截面面积应满足:当被焊接钢筋为 HPB235 级钢筋时,应不小于被焊钢筋截面的 1.2 倍;当被焊接钢筋为 HRB335、HRB400 级钢筋时,应不小于被焊钢筋截面的 1.5 倍。

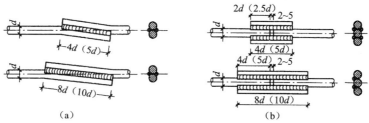

图 3-20　钢筋电弧焊的搭接接头和帮条接头
(a)搭接接头;(b)帮条接头

采用帮条接头时,两主筋端面间的间隙应为 2～5mm,帮条和主筋间用四点对称定位点焊加以固定。在进行焊接时,应在帮条的焊缝中引弧,在端部收弧前应填满弧坑,并应使主焊缝与定位焊缝的始端和终端熔合。

钢筋搭接接头和帮条接头焊接,焊缝的厚度应不小于0.3d,且大于 4mm,焊缝的宽度不小于 0.7d,且不小于10mm(图 3-21)。搭接长度、帮条长度见表3-9。

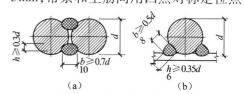

图 3-21　焊缝尺寸示意图
(a)钢筋接头;(b)钢筋与钢板接头

表 3-9　钢筋的搭接长度、帮条长度

钢筋级别	焊缝形式	搭接长度、帮条长度
HPB235 级	单面焊	≥8d
	双面焊	≥4d
HRB335、HRB400 级	单面焊	≥10d
	双面焊	≥5d

3. 电弧焊的坡口接头

钢筋的坡口接头可分为立焊、平焊两种,如图 3-22(a)、图 3-22(b)所示,适用于直径 16～40mm 的 HPB235、HRB335 和 HRB400 级钢筋。当焊接 HRB400 级钢筋时,应先将焊件加温处理。

图 3-22　钢筋电弧焊的坡口接头形式
(a)立焊的坡口接头;(b)平焊的坡口接头

4. 钢筋与预埋铁件接头

钢筋与预埋铁件接头,可分为对接接头和搭接接头两种,对接接头又可分为角焊和穿孔塞焊,如图 3-23 所示。当钢筋直径为 6 ~ 25mm 时,可采用角焊;当钢筋直径为 20 ~ 30mm 时,宜采用穿孔塞焊。角焊缝处焊脚高度 K 的取值,如图 3-23 (a) 所示,对于 HPB235、HRB335 级钢筋,应分别不小于钢筋直径的 0.5 ~ 0.6 倍。

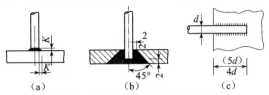

图 3-23　钢筋与预埋铁件接头形式

(a)角焊;(b)穿孔塞焊;(c)搭接焊

在现浇钢筋混凝土构件中,对于粗直径钢筋可采用铜模窄间隙电弧焊,窄间隙电弧焊的工艺过程,如图 3-24 所示。

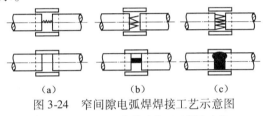

图 3-24　窄间隙电弧焊焊接工艺示意图

(a)焊接初期;(b)焊接中期;(c)焊接末期

(三)电弧焊接头的质量检查

电弧焊接头的外观检查包括:焊缝平顺,不得有裂纹,没有明显的咬边、凹陷、焊瘤、夹渣和气孔。用小锤敲击焊缝应发出与本金属同样的清脆声;焊缝尺寸与缺陷的偏差按规范规定。焊接接头尺寸的允许偏差及气孔、夹渣等缺陷的允许值,应符合表 3-10 中的规定。

表 3-10　焊接接头尺寸的允许偏差及缺陷允许值

名　　称	单　　位	接 头 形 式		
		帮条焊	搭接焊钢筋与钢板搭接焊	坡口焊窄间隙熔槽帮条焊
帮条沿着接头中心线的纵向偏移	mm	0.3d	—	—
接头处弯折角	(°)	3	3	3
接头处钢筋轴线的偏移	mm	0.1d	0.1d	0.1d
焊缝的厚度	mm	+0.05d 0	+0.05d 0	—
焊缝的宽度	mm	+0.10d 0	+0.10d 0	—
焊缝的长度	mm	−0.30d	−0.30d	—
横向咬边的深度	mm	0.50	0.50	0.50

续表

名　称		单　位	接　头　形　式		
			帮条焊	搭接焊钢筋与钢板搭接焊	坡口焊窄间隙熔槽帮条焊
在长 $2d$ 焊缝表面上的气孔及夹渣	数量	个	2	2	—
	面积	mm²	6	6	—
在长 $2d$ 焊缝表面上的气孔及夹渣	数量	个	—	—	2
	面积	mm²	—	—	6

注:d 为钢筋直径(mm)。

坡口接头除应进行外观检查和超声波探伤外,还应分批切取 1% 的接头进行切片观察(指焊缝金属部分)。切片经磨平后,其内部应没有裂缝和大于规定的气孔和夹渣。经切片后的焊缝处,允许用相同的焊接工艺进行补焊。

钢筋电弧焊接头还应进行拉伸试验,其试验结果应符合:

(1)3 个热轧钢筋接头试件的拉伸强度,均不得小于该级别钢筋规定的抗拉强度;

(2)3 个接头试件均应断于焊缝之外,并应至少有两个试件呈延性断裂。

五、钢筋电渣压力焊的施工工艺

电渣压力焊在建筑工程施工中应用十分广泛,多用于现浇钢筋混凝土结构竖向钢筋的接长,但不适用于水平钢筋或倾斜钢筋(斜度小于 4∶1)的连接,也不适用于可焊性较差的钢筋连接。

(一)电渣压力焊的工作原理

电渣压力焊是将两根钢筋安放成竖向对接形式,利用焊接电流通过两根钢筋端面间隙,在焊剂层下形成电弧和电渣,从而产生电弧热和电阻热,将两根钢筋端部熔化,然后施加压力使钢筋焊合。

钢筋的电渣压力焊的工作原理,实际上大致分为四个过程,即引弧过程、电弧过程、电渣过程和顶压过程。其工作原理如图 3-25 所示。

钢筋电渣压力焊与电弧焊相比,具有工作条件好、工效较高、成本较低、易于掌握、节省能源和节约钢筋等优点。

(二)电渣压力焊的焊接工艺

电渣压力焊的焊接工艺,主要包括:焊接设备与焊剂、焊接参数和施工工艺。

1. 电渣压力焊焊接设备与焊剂

钢筋电渣压力焊设备为钢筋电渣压焊机,有手动压力焊机和自动压力焊机两类。在建筑工程中常用的钢筋电渣压力焊机,主要包括:焊接电源、焊接机头、焊接夹具、控制箱和焊剂盒等,如图 3-26 所示。焊接电源宜采用 BX2—1000 型焊接变压器;焊接夹具应具有一定刚度,使用灵巧,坚固耐用,上下钳口同心;控制箱内安有电压表、电流表和信号电铃,能准确控制各项焊接参数;焊剂盒由铁皮制成内径为 90 ~ 100mm 的圆形,与所焊接的钢筋直径相适应。

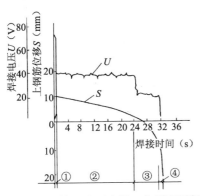

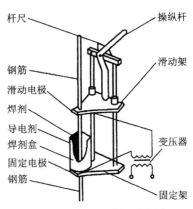

图 3-25 钢筋电渣压力焊工作原理图解
①引弧过程;②电弧过程;③电渣过程;④顶压过程

图 3-26 电渣压力焊示意图

电渣压力焊所用的焊剂,一般采用431型焊药。焊剂在使用前必须在250℃温度中烘烤2h,以保证焊剂容易熔化,形成渣池。焊接机头有杠杆单柱式和螺杆传动式两种。杠杆单柱式焊接机头,由单导柱、夹具、手柄、监控仪表、操作把等组成。下夹具固定在钢筋上,上夹具利用手动杠杆可沿单柱上下滑动,以控制上钢筋的运动和位置。

螺杆传动式双柱焊接机头,由伞形齿轮箱、手柄、升降螺杆、夹紧装置、夹具、双导柱等组成。上夹具在双导柱上滑动,利用螺杆、螺母的自锁特性,使上钢筋易定位,夹具定位精度高,卡住钢筋后不需要调整对中,电流通过特制焊把钳子直接夹在钢筋上。竖向钢筋电渣压力焊的工艺过程,如图3-27所示。

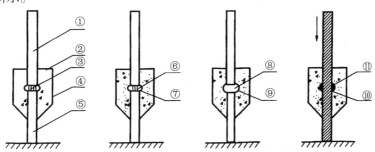

图 3-27 竖向钢筋电渣压力焊的工艺过程
1—上钢筋;2—焊剂;3—引弧球;4—焊剂头;5—下钢筋;6—电弧;
7—气体腔;8—渣池;9—渣壳;10—焊口;11—挤压力

2. 电渣压力焊的焊接参数

钢筋电渣压力焊的焊接参数,主要包括焊接电流、焊接电压和焊接通电时间,在一般情况下,这三个焊接参数应符合表3-11中的规定。对于竖向钢筋电渣压力焊,其焊接参数可参考表3-12中的数值;对于全封闭自动钢筋竖、横电渣压力焊焊接参数,可参考表3-13中的数值。

表 3-11 常用钢筋电渣压力焊主要焊接参数

钢筋直径 (mm)	焊接电流 (A)	焊接电压(V)		焊接时间 (s)
		造渣过程	电渣过程	
20	300~350	40	20	20
22	300~350	40	20	22
25	400~450	40	20	25

续表

钢筋直径 （mm）	焊接电流 （A）	焊接电压（V）		焊接时间 （s）
		造渣过程	电渣过程	
28	450～550	40	20	28
32	500～600	40	20	35

表 3-12　竖向钢筋电渣压力焊的焊接参数

项次	钢筋直径 （mm）	焊接工艺参数					熔化量 （mm）
		焊接电流 （A）	焊接电压（V）		焊接通电时间（s）		
			电弧过程	电渣过程	电弧过程	电渣过程	
1	14	200～220	35～45	22～27	12	3	20～25
2	16	200～250	35～45	22～27	14	4	20～25
3	18	250～300	35～45	22～27	15	5	20～25
4	20	300～350	35～45	22～27	17	5	20～25
5	22	350～400	35～45	22～27	18	6	20～25
6	25	400～450	35～45	22～27	21	6	20～25
7	28	500～550	35～45	22～27	24	6	25～30
8	32	600～650	35～45	22～27	27	7	25～30
9	36	700～750	35～45	22～27	30	8	25～30
10	40	850～900	35～45	22～27	33	9	25～30

表 3-13　全封闭自动钢筋竖、横电渣压力焊焊接参数

焊接形式	钢筋直径(mm)	16	18	20	22	25	28	32	36
竖向	造渣过程时间(s)	11	14	16	18	21	25	28	30
	电渣过程时间(s)	8	8	9	10	11	13	14	14
	工作电流(A)	400	430	450	470	500	540	590	630
横向	造渣过程时间(s)	16	16	18	20	24	—	—	—
	电渣过程时间(s)	24	28	30	36	44	—	—	—
	工作电流(A)	450	500	550	600	650	—	—	—

注：本表仅作为焊前试焊时的初始值，当施工现场电源电压偏离额定值较大时，应根据实际情况适当修正。例如：当焊包偏小时，可适当增大造渣过程的时间数值或工作电流数值。

3. 电渣压力焊的施工工艺

钢筋电渣压力焊的施工工艺，主要包括端部除锈、固定钢筋、通电引弧、快速顶压、焊后清理等工序，具体施工工艺过程如下：

（1）钢筋在调整平直后，对两根钢筋端部 120mm 范围内，进行认真除锈和清理杂质工作，以便很好地焊接，确保焊接质量。

（2）钢筋电渣压力焊机机头的上夹头和下夹头，分别夹紧要焊接的上、下钢筋，并使钢筋在同一条轴线上，一经夹紧不得出现晃动。

（3）电渣压力焊的工艺过程，主要包括引弧过程、电弧过程、电渣过程和顶压过程，如图

3-28 所示。

① 引弧过程。一般宜采用铁丝圈引弧法,也可以采用直接引弧法。铁丝圈引弧法是将铁丝圈放在上钢筋与下钢筋端头之间(10mm),电流通过铁丝圈与上、下钢筋端面的接触点形成短路引弧。直接引弧法是在通电后迅速将上钢筋提起,使钢筋两端头之间的距离为 2～4mm 引弧。当钢筋端头夹杂不导电物质或过于平滑造成引弧困难时,可以多次把上钢筋移下与下钢筋短接后再提起,从而达到引弧的目的。

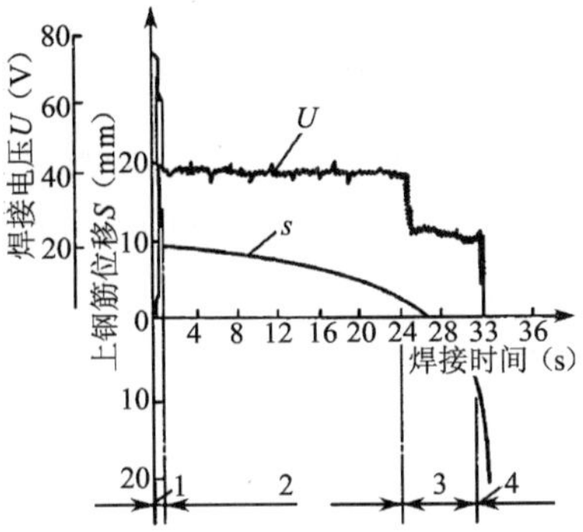

② 电弧过程。靠电弧的高温作用,将钢筋端面的凸出部分不断烧化;同时将接口周围的焊剂充分熔化,形成一定深度的渣池。

图 3-28　钢筋电渣压力焊工艺过程
1—引弧过程;2—电弧过程;
3—电渣过程;4—顶压过程

③ 电渣过程。当渣池形成一定深度后,将上钢筋缓缓地插入渣池中,此时电弧熄灭,进入电渣过程。由于电流直接通过渣池,产生大量的电阻热,温度迅速升至 2000℃以上,将钢筋端头迅速而均匀熔化。

④ 顶压过程。当钢筋端头达到全截面熔化时,迅速将上钢筋向下顶压,将熔化的金属、熔渣及氧化物等杂质全部挤出结合面,同时切断电源,焊接即告结束。

(4)接头焊完后,应停歇一定时间,才能回收焊剂和卸下焊接夹具,并敲掉粘在钢筋上的渣壳;四周焊缝应均匀,凸出钢筋表面的高度应大于或等于 4mm。

(三)电渣压力焊的质量检查

电渣压力焊的质量检查,主要包括外观检查和拉伸试验。

1. 外观检查

钢筋电渣压力焊的接头,应逐个进行外观检查。接头的外观检查结果,应当符合下列要求:四周焊包凸出钢筋表面的高度,应当大于或等于 4mm;钢筋与电极的接触处,应无烧伤缺陷;接头处的弯折角不得大于 4°;接头处的轴线偏移不得大于钢筋直径的 0.1 倍,且不得大于 2mm。

外观检查不合格的接头,必须将其切除重焊,或采用补强焊接措施。

2. 拉伸试验

钢筋电渣压力焊的接头,应进行力学性能试验。在一般构筑物中,应以 300 个同级别钢筋接头作为一批;在现浇钢筋混凝土多层结构中,应以每一楼层或施工区段中 300 个同级别钢筋接头作为一批,不足 300 个接头的仍应作为一批。

从每批钢筋接头中随机切取 3 个试件做拉伸试验,其试验结果:3 个试件的抗拉强度均不得小于该级别钢筋规定的抗拉强度。

当试验结果中有 1 个试件的抗拉强度低于规定值,应再切取 6 个试件进行复验。当复验中仍有 1 个试件的抗拉强度小于规定值,应确认该批接头为不合格品。

六、钢筋气压焊的施工工艺

(一)钢筋气压焊的工作原理

钢筋气压焊是采用一定比例的氧气和乙炔气焰为热源,对需要焊接的两根钢筋端部接缝处进行加热烘烤,使钢筋端部达到热塑状态,同时对钢筋施加一定的轴向压力,使钢筋顶锻在一起。

钢筋气压焊焊接方法属于固相焊接,其机理是在还原性气体的保护下,发生塑性流变后相互紧密接触,促使端面金属晶体相互扩散渗透、再结晶、再排列,从而形成牢固的对焊接头。

钢筋气压焊具有设备简单、操作方便、质量较好、成本较低等特点,不仅适用于竖向钢筋的连接,也适用于各种方向布置的钢筋连接。适用于直径 40mm 以下的 HPB235、HRB335 级钢筋的连接,当不同直径钢筋焊接时,两钢筋直径差不得大于 7mm。

（二）钢筋气压焊的设备组成

钢筋气压焊的设备组成,主要包括氧气和乙炔供气设备、加热器、加压器及钢筋卡具等（图 3-29）。

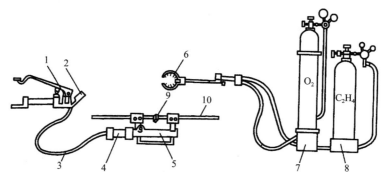

图 3-29　钢筋气压焊的设备组成
1—脚踏液压泵;2—压力计;3—液压胶管;4—活动液压泵;5—夹具;
6—焊枪;7—氧气瓶;8—乙炔瓶;9—接头;10—钢筋

气压焊的供气设备主要包括氧气瓶、乙炔气瓶（或中压乙炔发生器）、干式回火防止器、减压器及输气胶管等。加热器是一种多嘴环形装置,由混合气管和多口烤枪组成。加压器由顶锻液压缸、液压泵、液压管、液压表等组成。

钢筋卡具应能牢固夹紧钢筋,当钢筋承受最大轴向压力时,钢筋与夹具之间不得产生相对滑移;并应便于钢筋的安装定位,在焊接的过程中能保持刚度。

（三）钢筋气压焊的施工工艺

钢筋气压焊的施工工艺,主要包括钢筋端部处理、安装钢筋、喷焰加热、施加压力等过程。一般应按下列步骤进行施工:

（1）在气压焊施焊之前,将钢筋的端面切平,并使切面与钢筋轴线垂直;在钢筋端部两倍直径的长度范围内,清除其表面上的附着物;钢筋边角毛刺及断面上的铁锈、油污和氧化膜等,应彻底清除干净,使其露出金属的光泽,不得有氧化现象。

（2）在安装焊接夹具和钢筋时,应将两根钢筋分别夹紧,并使两根钢筋的轴线在同一条直线上。钢筋安装后应加压顶紧,两根钢筋之间的局部缝隙不得大于 3mm。

（3）气压焊的开始阶段,宜采用碳化焰,对准两根钢筋的接缝处集中加热,并使其内焰包住缝隙,防止端面产生氧化。当加热至两根钢筋缝隙完全密合后,应当改用中性焰,以结合面为中心,在两侧各一倍钢筋直径长度范围内往复加热。钢筋端面的加热温度,控制在 1150～1250℃;钢筋端面的加热温度应稍高于该温度,加热温度大小由钢筋直径大小而产生的温度梯度差而确定。

（4）待钢筋端部达到预定的设计温度后,对钢筋施加一个 30~40MPa 的轴向压力,直到焊缝处对称均匀地变粗,即此处直径为钢筋原直径的 1.4~1.6 倍,变形长度为钢筋直径的 1.3~1.5 倍。

（5）在钢筋采用气压焊时,应根据钢筋直径和焊接设备等具体条件,选用等压法、二次加压法或三次加压法焊接工艺。图 3-30 为常用的三次加压法焊接工艺过程。

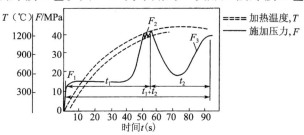

图 3-30　三次加压法焊接工艺过程

t_1—碳化焰对准钢筋接缝处集中加热;t_2—中性焰往复宽幅加热;$t_1 + t_2$—根据钢筋直径和火焰热功率而定

F_1——一次加压;F_2—二次加压,接缝密合;F_3—三次加压,镦粗成型

通过施加轴向压力,待钢筋接头的镦粗区形成规定的形状时,停止对钢筋的加热和加压,拆下焊接夹具。

（四）钢筋气压焊的质量检查

钢筋气压焊的质量检查,主要包括外观检查和力学性能试验两项。其中力学性能试验又包括拉伸试验和弯曲试验。

1. 外观检查

钢筋气压焊的接头应逐个进行外观检查,其检查结果应符合下列要求:

（1）偏心量 e 不得大于钢筋直径的 0.15 倍,且不得大于4mm[图 3-31（a）];当不同直径钢筋焊接时,应按较小钢筋直径计算。当偏心量大于规定值时,应当切除重新焊接。

（2）两钢筋的轴线弯折角不得大于4°,当大于规定值时,应当重新加热进行矫正。

（3）镦粗钢筋直径 d_c 不得小于钢筋直径的 1.4 倍[图 3-31（b）]。当小于此规定值时,应当重新加热镦粗。

（4）镦粗长度 l_c 不得小于钢筋直径的 1.2 倍,且凸起部分平缓圆滑[图 3-31（c）]。当小于此规定值时,应当重新加热镦粗。

（5）压焊面偏移 d_b 不得大于钢筋直径的 0.2 倍[图 3-31（d）]。

（6）钢筋压焊区的表面不得有横向裂纹或严重烧伤。

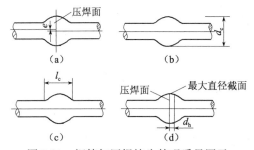

图 3-31　钢筋气压焊接头外观质量图示

（a）偏心量;（b）镦粗直径;（c）镦粗长度;（d）压焊面偏移

2. 拉伸试验

对一般构筑物,以 300 个接头作为一批;对现在现浇钢筋混凝土多层结构,应以每一楼层或施工区段中 300 个同级别钢筋接头作为一批,不足 300 个接头的仍应作为一批。

从每批钢筋接头中随机切取 3 个试件做拉伸试验,其试验结果:3 个试件的抗拉强度均不得小于该级别钢筋规定的抗拉强度,并应拉断于压焊面之外,呈延性断裂。当有 1 个试件不符合要求时,应切取 6 个试件进行复检;如果复检仍有 1 个试件不符合要求,则确认该批钢筋接头为不合格品。

3. 弯曲试验

对用于梁、板的水平钢筋,每批中应另切取 3 个接头进行弯曲试验。在进行弯曲试验前,应将试件受压面的凸起部分消除,并应与钢筋外表面齐平,弯心直径应比原材料弯心直径增加 1 倍钢筋直径,弯曲角度均为 90°。

弯曲试验可在万能试验机、手动或电动液压弯曲试验器上进行;压焊面应处在弯曲中点,弯曲 90°,3 个试件均不得在压焊面处发生断裂。

当弯曲试验中有 1 个试件不符合要求时,应切取 6 个试件进行复检;如果复检仍有 1 个试件不符合要求,则确认该批钢筋接头为不合格品。

七、钢筋焊接接头无损检测技术

无损检测技术即非破坏性检测技术,就是在不破坏待测物质原来的状态、化学性质等前提下,为获取与待测物的品质有关的内容、性质或成分等物理、化学情报所采用的检查方法。

钢筋接头张拉检测仪,是一种能在施工现场直接判定钢筋接头力学强度的快速无损检测仪器。该仪器主要用于现场钢筋接头的质量检查,具有快速、无损、轻便、直观、可靠和经济的特点,是现有试验室检测技术的补充和发展。

根据我国钢筋工程的技术发展情况,钢筋焊接接头无损检测技术,主要有超声波检测法和无损张拉检测法。

(一)超声波检测法

建筑工程中所用的钢筋是一种长条形的棒状材料,钢筋气压焊接头的缺陷一般是呈平面状存在于压焊面上,而且对接头的探伤工作只能在施工现场进行。因此,如何采用可靠、先进的检测方法,测定钢筋焊接接头的质量是一个非常重要的问题。经反复工程实践证明,采用超声波无损检测法进行钢筋焊接接头的检测是切实可行的。

北京中建建筑科学技术研究院自 1984 年起,开始立项研究钢筋气压焊技术及超声波无损检测法。在国内首次研究应用了超声波无损检测法检查气压焊接头的质量,并研制了专用探头。超声波无损检测法是基于接头强度与超声波反射率有密切的相应关系的一种评估接头强度的方法,对接头缺陷的检出率高,且操作简便,对人体无害,成本低。

该方法用于现场焊接现场检测,比抽样做破坏检查试验周期短,可加快施工进度,减少钢筋损耗及抽样后修复的费用;用于 100% 检查或目标抽样检查经济实用,尤其适用于对经抽样做破坏性检查不及格的成批产品进行 100% 检查,可筛选出不合格接头以便返工,比成批报废经济得多。超声波无损检测法的研究应用,为接头质量检控提供了一种高效、经济、易操作的手段。

1. 超声波检测法的检测原理

当发射探头对钢筋接头处射入超声波时,不完全连接的部分对入射波进行反射,此反射波被接收探头接收。由于钢筋接头抗拉强度与反射波的强弱有很好的相关关系,所以可以利用反射波的强弱来推断钢筋接头的抗拉强度,从而可以判定钢筋接头是否合格。

2. 超声波检测法的检测方法

当钢筋焊接接头采用超声波检测时,应使用气压焊专用探伤仪按如下步骤进行:

(1)首先用纱布或磨光机把钢筋接头处两侧 100～150mm 纵向范围内清理干净,然后在这个范围涂上耦合剂。

(2)将两个探头分别置于镦粗同侧的两条纵肋上,反复移动探头,找到超声波最大透过量的位置,然后调整探伤仪衰减旋钮,直至在超声波最大透过量时,显示屏幕上的竖条数为 5 条止。

同材质、同直径的钢筋,每测 20 个接头或每隔 1h 要重复一次这项操作,不同材质或不同直径的钢筋也要重复这项操作。

(3)将发射探头和接收探头的振子都朝向接头的接合面。把发射探头依次置于钢筋同一条肋的以下 3 个位置上:①接近镦粗处;②距离接合面 1.4d 处;③距离接合面 2.0d 处。发射探头在每一个位置,都要用接收探头在另一条肋上从图 3-32 位置①到位置③之间来回检测,这种检测方式称为沿纵肋二探头 K 形走查法,如图 3-32 所示。

(4)在整个 K 形走查过程中,如果始终没有在探伤仪的显示屏上稳定地出现 3 条以上的竖线,即判定钢筋接头合格。只有两条肋上检查都合格时,才能认为该接头合格。

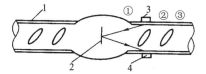

图 3-32　沿纵肋二探头 K 形走查法
1—钢筋纵肋;2—不完全接合部;
3—发射探头;4—接收探头

如果显示屏上稳定地出现 3 条或 3 条以上竖线时,探伤仪即发出报警声,即判定钢筋接头不合格。这时可打开探伤仪声程值按钮,读出声程值的大小,根据声程值确定接头缺陷所在的部位。

(二)无损张拉检测法

钢筋接头无损张拉检测仪,是一种能在施工现场直接判定钢筋接头力学强度的快速无损检测仪器。这种仪器主要用于现场钢筋接头的质量检查,具有快速、无损、轻便、直观、可靠和经济的特点,是现有试验室检测技术的补充和发展。

钢筋接头无损张拉检测仪,适用于各种焊接接头的检测,如电渣压力焊、气压焊、闪光对焊、电弧焊和搭接焊等;也适用于多种机械连接接头,如锥螺纹接头和挤压套管接头等。

1. 无损张拉检测法的检测原理

钢筋接头无损张拉检测仪,实际上是一种安装在被测钢筋接头上的微型拉力机,它由拉筋器、高压软管和手动油泵组成。拉筋器为积木式的装配结构,包括可开口的锚具、高压油缸、垫座和变形测量杆件。锚具直接安装在接头上下侧的钢筋上,中间并列布置 2 只超高压油缸,油缸通过软管与手动油泵连接,变形测量杆件夹持在受拉钢筋上,由百分表显示出变形量。油泵加压时,油缸顶升锚具,钢筋被张拉,直至预定的拉力。拉力由管路上的压力表读出,拉伸变形由百分表测出。

钢筋接头无损张拉检测仪的主要性能和测量精度,如表 3-14 所示。一般测试时只用一个百分表,精确测量时由两个前后等距的百分表测量取平均值。所加压力与拉力表读数之间的关系应事先标定。

表 3-14　钢筋接头无损张拉检测仪的主要性能和测量精度

无损张拉检测仪的型号	可测钢筋直径（mm）	额定拉力（kN）	液压缸的行程（mm）	拉筋器的厚度（mm）	压力表的精度（MPa）	百分表的精度（mm）
ZL - Ⅰ	16～36	400	50	110	1.5	0.01
ZL - Ⅱ	12～25	250	50	86	1.5	0.01

2. 无损张拉检测法的检测方法

在钢筋接头无损张拉检测仪安装后,将油泵卸荷阀关闭。开始加压时,加压的速度宜控制在 0.5～1.5MPa/次的范围内,使压力表的读数平稳上升,当上升至钢筋公称屈服拉力(或某个设定的非破损拉力)时,同时记录百分表和压力表的读数,并用 5 倍的放大镜仔细观察钢筋接头的状况。

经放大镜观察符合有关规定后,进行钢筋接头的抽检工作。每一种钢筋接头的抽检数量不应少于本批制作接头总数的 2%,但至少应抽检 3 个。

无损张拉检测的试验结果,必须同时符合以下三个条件时,才能判定为无损张拉检测的接头合格。

(1)钢筋接头能拉伸到其公称屈服点;

(2)钢筋的屈服伸长率基本正常,如 HRB335 级钢筋的屈服伸长率为 0.15%～0.60%;

(3)在公称屈服拉力的作用下,钢筋接头无破损,也没有出现细微裂纹和接头声响等异常现象。

在无损张拉检测试验中,如果钢筋接头有不符合上述条件之一者,应取双倍数量的试件进行复验。

八、预埋件钢筋 T 形接头的质量检查

预埋件钢筋埋弧压力焊是将钢筋与钢板安放成 T 形连接形式,利用焊接电流的通过,在焊剂层下产生电弧,从而形成熔池,加压完成的一种压焊方法。这种焊接方法工艺简单、工效较高、质量较好、成本较低。预埋件钢筋埋弧压力焊示意,如图 3-33 所示。

预埋件钢筋埋弧压力焊 T 形接头,在焊接完成后要进行质量检查,根据现行的施工规范中的规定,应按以下步骤进行:

(1)预埋件钢筋埋弧压力焊 T 形接头的外观检查,应当从同一台班内完成的同一类型预埋件中抽查 10%,且不得少于 10 件。

(2)当进行预埋件力学性能试验时,应以 300 件同类型预埋件作为一批。在一周内连续焊接时,可累计计算。当不足 300 件时,也应按一批计算。应从每批预埋件中随机切取 3 个试件进行拉伸试验,试件的钢筋长度应大于或等于 200mm,钢板的长度和宽度均应大于或等于 60mm。

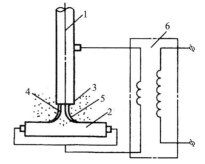

图 3-33　预埋件钢筋埋弧压力焊 T 形接头
1—钢筋;2—钢板;3—焊剂;
4—电弧;5—熔池;6—焊接变压器

(3)预埋件钢筋埋弧压力焊 T 形接头外观质量检查结果,应符合下列要求:①四周焊包

凸出钢筋表面的高度应不小于 4mm；②钢筋咬边深度不得超过 0.5mm；③与钳口接触处钢筋表面无明显烧伤；④钢板无焊穿，根部应无凹陷现象；⑤钢筋相对钢板的直角偏差不得大于 4°；⑥钢筋间距偏差不应大于 10mm。

（4）预埋件钢筋埋弧压力焊 T 形接头 3 个试件的拉伸试验结果，其抗拉强度应符合下列要求：①HPB235 级钢筋接头均不得小于 350N/mm^2；②HRB335 级钢筋接头均不得小于 490N/mm^2。

当抗拉强度试验结果有 1 个试件的抗拉强度小于规定值时，再取 6 个试件进行复验。复验结果，当仍有 1 个试件的抗拉强度小于规定值时，应确认该批钢筋接头为不合格品。对于不合格品采取补强焊接后，可提交二次验收。

第三节 钢筋的机械连接工艺

钢筋的机械连接是最近几年迅速发展的一项钢筋连接技术。钢筋机械连接是通过连接件的机械咬合作用或钢筋端面的承压作用，使两根钢筋能够传递力的连接方法。

一、钢筋机械连接的一般规定

工程实践证明：钢筋机械连接接头，不仅质量比较可靠、现场操作简单、施工速度较快、无明火作业、不受气候影响、适应性很强和节约大量能源，而且可用于可焊性较差的钢筋。这是我国从"九五"期间就开始推广应用的新技术之一，这项新技术在工程领域应用被誉为钢筋连接技术的一场革命。

（一）钢筋机械连接的分类及适用范围

钢筋机械连接是通过机械手段将两根钢筋对接，其连接方法、分类及适用范围见表3-15。

表 3-15　钢筋机械连接方法、分类及适用范围

机械连接的方法		适 用 范 围	
		钢筋级别	钢筋直径（mm）
钢筋套筒挤压连接		HRB335，HRB400	16～40
		RRB400	16～40
钢筋锥螺纹套筒连接		HRB335，HRB400	16～40
		RRB400	16～40
钢筋全效粗直径直螺纹套筒连接		HRB335，HRB400	16～40
钢筋滚压直螺纹套筒连接	直接滚压	HRB335，HRB400	16～40
	挤肋滚压		16～40
	剥肋滚压		16～50

（二）钢筋机械连接接头的等级

钢筋机械连接接头，根据抗拉强度及高应力和大变形下的反复拉压性能的差异，接头应分为Ⅰ级、Ⅱ级和Ⅲ级三个等级。

（1）Ⅰ级钢筋机械连接接头

钢筋接头抗拉强度不小于被连接钢筋实际抗拉强度或 1.10 倍钢筋抗拉强度标准值,并具有高延性及反复拉压性能。

（2）Ⅱ级钢筋机械连接接头

钢筋接头抗拉强度不小于被连接钢筋抗拉强度标准值,并具有高延性及反复拉压性能。

（3）Ⅲ级钢筋机械连接接头

钢筋接头抗拉强度不小于被连接钢筋屈服强度标准值的 1.35 倍,并具有高延性及反复拉压性能。

（三）对机械连接接头的要求

（1）Ⅰ级、Ⅱ级和Ⅲ级钢筋机械连接接头的变形性能,应符合表 3-16 的规定。

表 3-16　钢筋机械连接接头的变形性能

机械接头的等级		Ⅰ级、Ⅱ级	Ⅲ级
单向拉伸	非弹性变形（mm）	$u \le 0.10 (d \le 32)$ $u \le 0.15 (d > 32)$	$u \le 0.10 (d \le 32)$ $u \le 0.15 (d > 32)$
	总伸长率（%）	$\delta_{sgt} \ge 4.0$	$\delta_{sgt} \ge 2.0$
高应力反复拉压	残余变形（mm）	$u_{20} \le 0.30$	$u_{20} \le 0.30$
大变形反复拉压	残余变形（mm）	$u_4 \le 0.30$ $u_8 \le 0.60$	$u_4 \le 0.60$

注：u_2—接头的非弹性变形；u_{20}—接头经高应力反复拉压 20 次后的残余变形；u_4—接头经大变形反复拉压 4 次后的残余变形；u_8—接头经大变形反复拉压 8 次后的残余变形；δ_{sgt}接头试件的总伸长率。

（2）对于直接承受动力荷载的结构构件,接头应满足设计要求的抗疲劳性能。当无专门具体要求时,对连接 HRB335 级钢筋的接头,其疲劳性能应能经受应力幅为 100N/mm²,最大应力为 180N/mm² 的 200 万次循环加载。对连接 HRB400 级钢筋的接头,其疲劳性能应能经受应力幅为 100N/mm²、最大应力为 190N/mm² 的 200 万次循环加载。

（3）接头性能等级的选定,应符合下列规定:①混凝土结构中要求充分发挥钢筋强度或对接头延性要求较高的部位,应采用Ⅰ级钢筋或Ⅱ级钢筋。②混凝土结构中钢筋应力较高但对接头延性要求不高的部位,可以采用Ⅲ级钢筋。

二、钢筋套筒挤压连接

钢筋套筒挤压连接是将两根待连接钢筋插入特制的钢质连接套筒内,再采用专用挤压机在常温下对连接套筒进行加压,使钢质连接套筒产生塑性变形后与待连接钢筋端部形成机械咬合,从而形成可靠的钢筋连接接头。这种连接方法主要适用于直径为 16 ~40mm 的热轧 HRB335 级、HRB400 级带肋钢筋的连接。

钢筋套筒挤压连接,又分为钢筋径向挤压连接和钢筋轴向挤压连接两种作业方式。

（一）钢筋套径向挤压连接

钢筋套筒径向挤压连接,是采用挤压机沿着径向（即与套筒轴线垂直方向）,从套筒中间依次向两端挤压套筒,使套筒产生塑性变形后,使之紧密地咬合带肋钢筋的横肋,从而实现钢筋的连接（图 3-34）。这种挤压连接方法适用于带肋钢筋的连接,可以连接 HRB335 和 HRB400 级直径为 12 ~40mm 钢筋。

当不同直径的带肋钢筋采用挤压接头方式连接时,如果套筒两端的外径和壁厚相同,被连接两根钢筋的直径相差不应大于5mm。钢筋套筒径向挤压连接,其施工工艺为:钢筋套筒检验→进行钢筋下料→将钢筋套入长度定出标记→套筒套入钢筋→安装挤压机→开动液压泵→加压套筒至接头成型→卸下挤压机→接头外形检查。

（二）钢筋套筒轴向挤压连接

钢筋套筒轴向挤压连接是沿钢筋轴线冷挤压金属套筒,从而把插入套管里的两根待连接的热轧带肋钢筋紧紧地连成一体(图3-35)。这种挤压连接方法适用于一、二级抗震设防的地震地和非地震区的钢筋混凝土结构工程的钢筋连接,可连接 HRB335、HRB400 级直径为 20 ~ 32mm 竖向、斜向和水平钢筋。

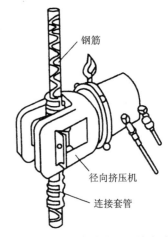

图 3-34　径向套筒挤压连接方式

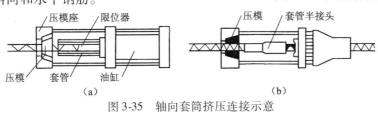

（a）

（b）

图 3-35　轴向套筒挤压连接示意

（a）钢筋半接头挤压;（b）钢筋连接挤压

钢筋套筒一般是在专门加工厂家生产的,套筒的材料和几何尺寸应符合接头规格及技术要求(表3-17),并应有材料质量合格证明书和出厂合格证,其外观质量检查要求表面不得有影响性能的裂缝、折叠、分层等缺陷。套管的标准屈服承载力和极限承载力应比钢筋大10%以上,套管的保护层厚度不宜小于15mm,净距不宜小于25mm。当所用套管外径相同时,钢筋直径相差不宜大于两个级差。

表 3-17　钢套筒的规格和尺寸

钢套筒型号	钢套筒尺寸(mm)			压接标志道数
	外径	壁厚	长度	
C40	70.0	12.0	240	8×2
C36	63.5	11.0	216	7×2
C32	57.0	10.0	192	6×2
C28	50.0	8.0	168	5×2
C25	45.0	7.5	150	4×2
C22	40.0	6.5	132	3×2
C20	36.0	6.0	120	3×2

在进行钢筋套筒挤压连接中,要严格施工操作规程,规范施工操作工艺。挤压操作应由经过培训持上岗证的工人进行,最好做到定人、定机操作。在正式挤压连接操作前,应按《钢筋焊接及验收规程》(JGJ 18—2003)中的要求进行有关参数的选择,如表3-18和表3-19所示。

表3-18　同规格钢筋连接时的参数选择

连接钢筋规格（mm）	钢套筒的型号	压模的型号	压痕最小直径允许范围（mm）	压痕最小总宽度（mm）
40～40	G40	M40	60～63	≥80
36～36	G36	M36	54～57	≥70
32～32	G32	M32	48～51	≥60
28～28	G28	M28	41～44	≥55
25～25	G25	M25	37～39	≥50
22～22	G22	M22	32～34	≥45
20～20	G20	M20	29～31	≥45

表3-19　不同直径钢筋的挤压参数

钢筋直径（mm）	20	22	25	28	32	36	40
外径×长度（mm）	36×120	40×132	45×150	50×168	56×192	63.5×216	70×240
压模型号	M20	M22	M25	M28	M32	M36	M40
挤压道数（每侧）	3	3	4	5	6	7	8
挤压力（kN）	450	500	600	600	650	740	800
油压（MPa）	40	44	53	53	57	48	52
压痕直径（mm）	28～30	32～34	37～39	42～44	47～49	53～56	59～62

注：油压及挤压力可根据钢筋的材质及尺寸公差进行适当调整。

（三）钢筋套筒挤压连接的质量检查

钢筋套筒挤压连接的质量检查，主要包括外观检查和拉力试验。

1. 钢筋套筒挤压连接的外观检查

外观检查采用专用工具或游标卡尺进行检测。钢筋连接端的肋纹完好无损，连接处无油污、水泥等的污染。要检查接头挤压的道数和压痕尺寸：钢筋端头离套筒中心不应超过10mm，压痕间距宜为1～6mm，挤压后的套筒接头长度为套筒原长度的1.10～1.15倍，挤压后套筒接头外径，用量规测量应能通过。量规不能从挤压套管接头外径通过的，可更换压模重新挤压一次，压痕处最小外径为套管原外径的0.85～0.90倍。挤压接头处不得有裂纹，接头弯折角度不得大于4°。

2. 钢筋套筒挤压连接的拉力试验

以同批号钢套筒且同一制作条件的500个接头为一个验收批，不足500个仍为一个验收批，从每验收批接头中随机抽取3个试件进行拉力试验。如试验结果中有1个试件不符合要求，应再抽取6个试件进行复验。如仍有1个试件不符合要求，则该验收批接头判定为不合格。

三、钢筋锥螺纹套筒连接

（一）钢筋锥螺纹套筒连接的连接原理

钢筋锥螺纹套筒连接是将两根待连接钢筋的端部和套筒预先加工成锥形螺纹，然后用力矩扳手将两根钢筋端部旋入套筒形成机械式钢筋接头（图3-36）。这种连接方式能在施工现场连接HPB235、HRB335、HRB400级直径为16～40mm的同直径或异直径的竖向、水平和任意倾角的钢筋,并且不受钢筋有无螺纹及含碳量大小的限制。当连接异直径钢筋时,所连接钢筋直径之差不应超过9mm。

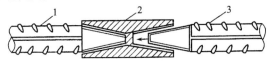

图 3-36 钢筋锥螺纹套筒连接示意图

1—已连接的钢筋;2—锥螺纹套筒;3—未连接的钢筋

（二）钢筋锥螺纹套筒连接的特点及适用范围

钢筋锥螺纹套筒连接具有连接速度快、轴线偏差小、施工工艺简单、安全可靠、无明火作业、不污染环境、节约钢材、节省能源、可全天候施工、有利文明施工等特点,有明显的技术经济效益。适用于按一、二级抗震设防的一般工业与民用房屋及构筑物的现浇混凝土结构,尤其适用梁、柱、板、墙、基础的钢筋连接施工。但不得用于预应力钢筋或经常承受反复动荷载及承受高应力疲劳荷载的结构。

对于直接承受动荷载的结构构件,其接头还应满足抗疲劳性能等设计要求。

（三）钢筋锥螺纹加工和连接的基本规定

（1）钢筋应当先调直后再进行下料。钢筋下料可用钢筋切断机或砂轮锯,但不能采用气割方法下料。在进行钢筋下料时,要求切口端面与钢筋轴线垂直,端头不得挠曲或出现马蹄形。

（2）加工好的钢筋锥螺纹的锥度、牙形、螺距等,必须与连接套筒的锥度、牙形、螺距一致,并应进行质量检验。

（3）钢筋经检验确实符合设计要求后,方可在套丝机上加工锥螺纹。为确保钢筋的套丝质量,操作人员必须坚持持证上岗制度。操作前应先调整好定位尺,并按钢筋规格配置相应的加工导向套。对于大直径钢筋要分次加工到规定的尺寸,以保证螺纹的精度和避免损坏加工机具。

（4）在进行钢筋套丝时,必须采用水溶性切削冷却润滑液,当钢筋的施工气温低于0℃时,应掺入质量分数为15%～20%的亚硝酸钠,不能采用全损耗系统用油（机油）作冷却润滑剂。

（5）钢筋连接前的检查工作。在连接钢筋之前,先回收钢筋待连接端的保护帽和连接套上的密封盖,并检查钢筋规格是否与连接套规格相同,检查锥螺纹头是否完好无损,有无杂质。

（6）在连接钢筋时,先把上好连接套的一端钢筋对正轴线,拧到被连接的钢筋上,再用力矩扳手按规定的力矩数值把钢筋接头拧紧,但不得用力过大超过规定,以防止损坏接头螺纹。拧紧后的接头应用油漆标记,以防止出现钢筋接头漏拧现象。锥螺纹钢筋的连接方法,如图3-37所示。

（7）在构件的受拉区段内,同一截面连接接头数量不宜超过钢筋总数的50%;受压区不受此限制。连接接头的错开间距应大于500mm,保护层不得小于15mm,钢筋间净距应大于50mm。

（四）钢筋锥螺纹套筒连接的质量检查

钢筋锥螺纹套筒连接的抗拉强度必须大于钢筋的抗拉强度。锥形螺纹可用锥形螺纹旋切机加工;钢筋用套丝机进行套丝。钢筋接头拧紧力矩值见表3-20。

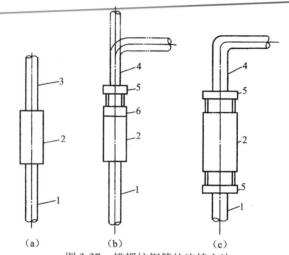

图 3-37 锥螺纹钢筋的连接方法
(a)同直径钢筋的连接;(b)单向可调接头的连接;(c)双向可调接头的连接
1、3、4—钢筋;2—连接套筒;5—可调连接器;6—锁母

表 3-20 钢筋接头拧紧力矩值

钢筋直径(mm)	16	18	20	22	25	28	32	36	40
拧紧力矩值(N·m)	118	145	177	216	275	275	314	343	343

钢筋锥螺纹套筒连接的接头质量,应符合以下要求:

(1)对连接套应有出厂合格证及质量保证书。每批接头的基本试验应有试验报告,连接套应有钢印标记。

(2)钢筋套丝牙型质量必须与牙型规格吻合,锥螺纹的完整牙数不得小于表3-21中的规定值;钢筋锥螺纹小端的直径必须在卡规的允许误差范围内,连接套筒的规格必须与钢筋规格一致。

表 3-21 钢筋锥螺纹的完整牙数

钢筋直径(mm)	16~18	20~22	25~28	32	36	40
最少完整牙数	5	7	8	10	11	12

(3)对已加工的丝扣要按现行规范要求进行逐个自检,如图3-38所示。自检合格后,由质检员再按3%的比例进行抽检,如有1根不合格,要加倍进行抽检。

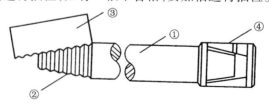

图 3-38 钢筋套丝的检查
1—钢筋;2—锥螺纹;3—牙形规;4—卡规

（4）钢筋接头的拧紧力矩值检查。按每根梁、柱构件抽验 1 个接头；板、墙、基础底板构件每 100 个同规格接头作为一批，不足 100 个接头也作为一批。每批抽验 3 个接头，要求抽验的钢筋接头 100% 达到规定的力矩值。如发现 1 个接头不合格，必须加倍抽验，再发现 1 个接头达不到规定力矩值，则要求该构件的全部接头重新复拧到符合质量要求为止。

如果复检时仍发现不合格接头，则该接头必须采取贴角焊缝补强，将钢筋与连接套焊在一起，焊缝高不小于 5mm。连接好的钢筋接头螺纹，不准有一个完整螺纹外露。

四、钢筋直螺纹套筒连接

（一）钢筋直螺纹套筒连接的连接原理

钢筋直螺纹套筒连接是通过钢筋端头特制的直螺纹和直螺纹套管，将两根钢筋咬合在一起。与钢筋锥螺纹套筒连接的技术原理相比，相同之处都是通过钢筋端头的螺纹与套筒内螺纹合成钢筋接头，主要区别在钢筋等强技术效应上。

（二）钢筋直螺纹套筒连接的连接形式

钢筋直螺纹套筒连接的连接形式有两种：滚压直螺纹接头和镦头直螺纹接头。

1. 滚压直螺纹接头

滚压直螺纹连接，也称为 GK 型锥螺纹钢筋连接，是在钢筋端头沿着径向采用压模施加压力，使钢筋端头应力增大，产生一定的塑性变形，形成一个圆锥体，而后采用冷压螺纹（滚丝）工艺加工成钢筋直螺纹端头，套筒采用快速成孔切削成内螺纹钢套筒。

这种对钢筋端部的预压硬化处理方法，使其强度比钢筋母材可提高 10%～20%，同时也可使螺纹的强度得到相应的提高，弥补了因加工锥螺纹减小钢筋截面而造成接头承载力下降的缺陷，从而可提高锥螺纹接头的强度。

钢筋端头预压应进预压机（GK40 型）进行，操作时采用的压力值、油压值和预压成型次数，应符合产品供应单位通过检验确定的技术参数要求，如表 3-22 所示。

表 3-22　预压操作时压力值、油压值及预压成型次数

钢筋直径（mm）	压力值范围（kN）	GK 型机油压值范围（MPa）	预压成型次数
16	620～720	24～28	1
18	680～780	26～30	1
20	680～780	26～30	1
22	680～780	26～30	2
25	990～1090	38～42	2
28	1140～1250	44～48	2
32	1400～1510	54～58	2
36	1610～1710	62～66	2
40	1710～1820	66～70	2

2. 镦头直螺纹接头

这种直螺纹接头是在钢筋端头先采用设备顶压的方式使其直径（镦头）增加，使钢筋端头应力增大，而后采用套丝工艺加工成等直径螺纹端头，套筒采用快速成孔切削成内螺纹钢

套筒,简称为镦头直螺纹接头或镦粗切削直螺纹接头。钢筋镦头的外形示意图,如图3-39所示。

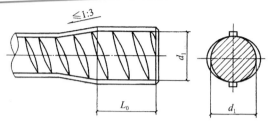

图3-39　钢筋镦头的外形示意图

　　在钢筋端部进行镦粗加工时,应先调直、后下料,切口端面应与钢筋轴线垂直,不得有马蹄形或挠曲。钢筋镦粗后的镦粗量参考数据见表3-23。丝头长度及质量检验要求如表3-24和表3-25所示。钢筋镦头直螺纹加工艺,如图3-40所示。

表3-23　钢筋的镦粗量参考表

钢筋直径（mm）	16	18	20	22	25	28	32	36	40
镦粗压力（MPa）	12～14	15～17	17～19	21～23	22～24	24～26	26～28	28～30	29～31
镦粗基圆直径 d_1（mm）	19.5～20.5	21.5～22.5	23.5～24.5	24.5～25.5	28.5～29.5	31.5～32.5	35.5～36.5	39.5～40.5	44.5～45.5
镦粗缩短尺寸（mm）	12±3	12±3	12±3	15±3	15±3	15±3	18±3	18±3	18±3
镦粗长度（mm）	16～18	18～20	20～23	22～25	25～28	28～31	32～35	36～39	40～43

表3-24　直螺纹丝头的长度（mm）

钢筋直径(mm)	16	18	20	22	25	28	32	36	40
标准型丝头长度	16	18	20	22	25	28	32	36	40
加长型丝头长度	41	45	49	53	61	67	75	85	93

表3-25　直螺纹丝头质量检验要求

序号	检验项目	检验方法	检　验　质　量　要　求
1	外观质量	目测	牙形饱满、牙顶宽超过0.6mm秃牙部分累计长度不超过1个螺纹周长
2	外形尺寸	卡尺或专用量具	丝头的长度必须满足设计的要求,标准型接头的丝头长度,其公差为+1P（P为螺距）
3	螺纹大径	光面轴用量规	通端量规应能通过螺纹的大径,而止端量规则不能通过螺纹的大径
4	螺纹中径及小径	通端螺纹环规	能够顺利旋入螺纹并达到要求的旋合长度
		止端螺纹环规	允许环规与端部螺纹部分旋合,旋入量不应超过3P（P为螺距）

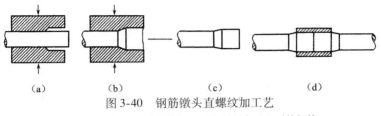

（a）　　　　　　（b）　　　　　　（c）　　　　　　（d）

图 3-40　钢筋镦头直螺纹加工艺

（a）夹紧钢筋；（b）冷镦扩粗；（c）切削丝头；（d）对接钢筋

（三）钢筋直螺纹套筒连接的特点

以上两种方法都能有效地增强钢筋端头母材的强度，使直螺纹接头与钢筋母材等强。这种接头形式使结构强度的安全度和地震情况下的延性具有更大的保证，钢筋混凝土截面对钢筋接头百分率放宽，大大地方便了设计与施工；等强直螺纹接头施工采用普通扳手旋紧即可，如果螺纹拧少 1～2 丝，不影响接头强度，省去了锥螺纹力矩扳手检测和疏密质量检测的繁杂程度，可提高施工工效；套筒的丝距比锥螺纹套筒的丝距少，可节省套筒钢材；此外，还有设备简单、经济合理、应用范围广等优点。

五、钢筋机械连接的其他新技术

钢筋的机械连接除常用的以上几种外，目前处于研制开发阶段的新技术有：等强钢筋锥螺纹连接技术、整形滚压直螺纹连接技术、直接滚压直螺纹连接技术和削肋滚压直螺纹连接技术、GK 型锥螺纹钢筋接头连接技术、镦粗型锥螺纹钢筋连接技术等。

（一）等强钢筋锥螺纹连接技术

为克服钢筋锥螺纹接头强度较低的缺陷，将钢筋端头事先进行冷压加工，然后再在经过增强处理的钢筋段上制作螺纹，这样可以使锥体的强度与钢筋母材强度相等。

等强锥螺纹连接套筒的类型，主要有标准型（主要用于 HRB335 级、HRB400 级带肋钢筋）、扩口型（用于钢筋难以对接的施工）、正反螺纹型（主要用于钢筋不能转动时的施工）等。

套筒的抗拉设计强度不应低于钢筋抗拉设计强度的 1.2 倍。为确保接头强度大于现行国家标准中 A 级的标准，接头抗拉设计强度应取钢筋母材实测抗拉强度或取钢筋母材标准抗拉强度的 1.10 倍。

（二）整形滚压直螺纹连接技术

整形滚压直螺纹连接技术，先将钢筋表面的纵肋和横肋通过挤压机，经过 2～3 次挤压后成为圆形截面（即整形），然后再利用滚丝机在圆形钢筋的表面上加工出直螺纹。这种经整形后形成的滚压直螺纹接头，可以达到与钢筋母材等强度的目的。

整形滚压直螺纹连接技术，其基本原理是通过钢材侧向整形加工后，提高了钢筋的抗拉强度，利用强度的提高来补偿因整形处理削减的钢筋横截面。

（三）直接滚压直螺纹连接技术

直接滚压直螺纹连接技术，是将Ⅱ级或Ⅲ级钢筋不经任何处理，直接利用滚丝机进行滚丝，从而形成所需要的螺纹规格，然后再用连接套筒进行连接。

直接滚压直螺纹连接技术，其钢筋接头的最大优点是工序简单、成本较低。但其最大的缺点是：滚丝机按不同规格标准丝头调整好以后，很难适应我国生产钢筋横截面尺寸公差过大的问题，有待于进一步改进。

（四）削肋滚压直螺纹连接技术

削肋滚压直螺纹连接技术，是在滚压螺纹前先将纵肋和横肋部分切平，以便减少纵肋和横肋对滚丝的不良影响，从而也增加滚丝轮的寿命。

工程实践证明，削肋和滚压直螺纹可在同一台设备上完成，操作比较方便，质量较为稳定，有较大的发展前途。

（五）GK 型锥螺纹钢筋接头连接技术

GK 型锥螺纹钢筋接头连接技术，是在钢筋连接端部加工前，先对其连接端部沿径向通过压模施加压力，使其产生塑性变形，从而形成一个圆锥体，然后按照普通锥螺纹的加工工艺，将顶压后的圆锥体加工成锥形外螺纹，再穿入带锥形内螺纹的钢套筒，用力矩扳手将钢筋拧紧，即可完成钢筋的连接。

这种钢筋接头由于钢筋端部在预压过程中产生塑性变形，根据钢材冷却硬化的原理，预压变形后的钢筋端部材料强度，比钢筋母材的强度可提高 10% ~ 20%，因而使钢筋锥螺纹的强度也得到相应提高，弥补了因加工锥螺纹减小钢筋截面而造成接头承载力下降的缺陷，从而可提高锥螺纹钢筋接头的强度。在不改变主要工艺的前提下，可以使钢筋锥螺纹接头部位的强度大于钢筋母材的实测极限强度值。

在进行钢筋预压时，将端头插入预压机的上、下压模之间，在预压机的高压作用下，上、下两压模沿钢筋端径向合拢，使钢筋端头产生塑性变形（图 3-41）。

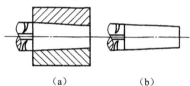

（a）　　　　　（b）

图 3-41　钢筋端头顶压示意图

（a）钢筋插入压模；（b）变形后的钢筋端头

GK 钢筋锥螺纹接头应用检测规进行质量检验，应符合现行规范的要求。在一般情况下，质检人员应按要求对每种规格的钢筋接头抽检 10%，如果有一个端头不合格，则应对该加工批全数检查。不合格钢筋端头应二次顶压或部分切除重新顶压，经再次检验合格方可进行下一步的套螺纹加工。

顶压后钢筋端头圆锥体小端的直径大于表 3-26 中 B 尺寸并且小于 A 尺寸为合格。GK 钢筋锥螺纹接头预压检验标准如表 3-26 所示。

表 3-26　GK 钢筋锥螺纹接头预压检验标准

检测规简图	钢筋直径（mm）	A 值（mm）	B 值（mm）
	16.0	17.0	14.5
	18.0	18.5	16.0
	20.0	19.0	17.5
	22.0	22.0	19.0
	25.0	25.0	22.0
	28.0	27.0	24.5
	32.0	31.5	28.0
	36.0	35.5	31.5
	40.0	39.5	35.0

（六）镦粗型锥螺纹钢筋连接技术

镦粗型锥螺纹钢筋接头，在未进行加工锥螺纹之前，先对钢筋的连接端部在常温下进行镦粗处理,然后将镦粗段加工成锥螺纹头,再将钢筋螺纹头穿入已加工有锥形内螺纹的钢套筒,最后采用力矩扳手将钢筋和钢套筒拧紧成为一体。

镦粗型锥螺纹钢筋接头的加工流程为:调直→下料→镦粗→套螺纹→逐个检查套螺纹质量→合格螺纹头加塑料保护套→贮存待用。

螺纹头的加工利用专用套螺纹机进行,其加工方法和质量检验与普通锥螺纹相同。经过镦粗处理的钢筋接头,不仅接头处的截面尺寸大于母材,而且接头强度也大于相应钢筋母材的强度。镦粗锥螺纹钢筋的锥坡度为 1/10,其性能完全可满足 A 级的要求。我国生产的部分镦粗锥螺纹套筒接头(A 级)规格尺寸,如表 3-27 所示。

表 3-27　国产的部分镦粗锥螺纹套筒接头(A 级)规格尺寸

钢筋接头示意图	钢筋公称直径（mm）	锥螺纹尺寸（mm）	l	L	D
	20	ZM24×2.5	25	60	34
	22	ZM26×2.5	30	70	36
	25	ZM29×2.5	35	80	39
	28	ZM32×2.5	40	90	43
	32	ZM36×2.5	45	100	48
	36	ZM40×2.5	50	110	52
	40	ZM44×2.5	55	120	56

六、机械连接接头的现场检验

钢筋机械连接接头的现场检验应按验收批进行。对于同一施工条件下采用同一批材料的同等级、同形式、同规格的钢筋接头,以 500 个接头为一个检验批,不足 500 个也作为一个检验批。对每一个检验批,必须随机取 3 个试件做单向拉伸试验,按设计要求的接头性能 A、B、C 等级进行检验和评定。

第四章　钢筋的冷加工工艺

钢筋的冷加工就是在常温条件下对钢筋所进行的加工。经过冷加工的钢筋,不仅可以提高其强度和硬度,而且增加其长度、节约钢材用量。如果用于钢筋混凝土结构和预应力混凝土结构中时,也可以充分发挥钢筋抗拉强度高的优势。

钢筋冷加工有三种基本方法,即冷拉、冷拔和冷轧。钢筋冷拉和冷拔是最常用的钢筋冷加工方法。钢筋冷轧是用Ⅰ级钢筋在钢筋两个相互垂直的面上交替轧扁,以提高钢筋的强度,改善钢筋与混凝土的黏结能力。但是,钢筋的冷轧工艺只局限于加工Ⅰ级钢筋,所以使其适用范围受到很大限制。

第一节　钢筋的冷拉工艺

在建筑工程的钢筋施工中,冷拉是钢筋冷加工的主要方法,即将钢材在常温下进行强力拉伸,使之产生一定的塑性变形,从而提高钢材的屈服强度,这个过程称为钢筋的冷拉强化。

一、钢筋冷拉的基本原理

图 4-1 所示为普通热轧钢筋的拉伸应力-应变曲线。图中,$oabde$ 是其拉伸特征曲线。在常温下冷拉钢筋,使拉应力超过屈服点 a,钢筋由弹性阶段,经过流幅,进入强化阶段,达到 c 点,然后卸载。由于钢筋产生了塑性变形,曲线沿着 co_1 下降至 o_1 点,co_1 与 oa 平行,oo_1 为塑性变形。如立即重新加载,这时应力-应变曲线则沿 o_1cde 变化,此时钢筋的屈服点上升至 c 点,并明显高于原来的屈服点 a。

冷拉到强化阶段再卸载,用这种方法提高钢筋的屈服强度,称为"冷作硬化"。其基本原理是:在进行冷拉的过程中,钢筋内部结晶面产生滑移,晶格发生变化,内部组织改变,因而屈服强度提高,但塑性降低。

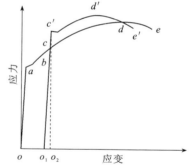

图 4-1　普通钢筋的拉伸应力-应变曲线

如经过一段时间后再次对钢筋进行拉伸,钢筋的拉伸特征曲线变化为 $o_1c'd'e'$,其屈服点为 c',c' 在 c 点的上方,屈服点又一次提高,这种现象称为"冷拉时效"。新屈服点 c' 并非保持不变,而是随时间的延长而有所提高。其原因是冷拉后的钢筋有内应力存在,内应力会促进钢筋内的晶体组织调整,使屈服强度进一步提高。这个晶体组织调整的过程称为"时效",钢筋的"时效"又分为"自然时效"和"人工时效"。

"冷作硬化"和"冷拉时效"的结果是,由于热轧钢筋的强度标准值是根据其屈服强度确定的,所以它的强度标准值得到提高,从而强度设计值也得到提高,但其塑性有所降低。对于 HPB235 级、HRB335 级和 HRB400 级钢筋,在常温下一般要经过 $15 \sim 20d$ 才能完成"冷拉时效";如果在 100℃ 条件下,只需要 2h 就可以完成"冷拉时效"。

为了加速时效过程,必要时可利用蒸汽或电热对冷拉后的钢筋进行人工时效,尤其是对HRB400级冷拉钢筋,在自然时效难以达到时效效果的情况下,宜采用人工时效。将钢筋加热到150~200℃,经过5~20min,即可完成时效过程。

在进行人工时效的过程中,加热温度不宜过高,否则会得到相反的结果。如加热至450℃冷拉钢筋的强度反而会有所降低,塑性却有所增加;当加热至700℃时,冷拉钢筋会恢复到冷拉前的力学性能。因此,用作预应力的钢筋如需要焊接时,应在焊接后进行冷拉,以免因焊接产生高温使冷拉后的钢筋强度降低。

图4-1中的c点是钢筋冷拉中的关键技术数据,当c点的位置选择适当时,即成为冷拉钢筋的控制应力,oo_2即为相应的冷拉伸长。钢筋冷拉后,强度提高、塑性降低、脆性增大。钢筋屈服强度的提高与冷拉率有关,在一定限度内,冷拉率越大,则强度越高。

但是,钢筋冷拉后应有一定塑性,屈服强度与抗拉强度应保持一定比值,这个比值称为"屈强比",以使钢筋有一定的强度储备和软钢特性。所以,不同钢筋的冷拉应力和冷拉率应符合表4-1中的要求。

表4-1　冷拉控制应力及最大冷拉率

钢筋级别	钢筋直径(mm)	冷拉控制应力(N/mm²)	最大冷拉率(%)
HPB235	≤12	280	10.0
HRB335	≤25	450	5.5
	28~40	430	
HRB400	8~40	500	5.0

冷拉适用于HPB235级、HRB335级和HRB400级热轧钢筋。冷拉钢筋主要用于受拉钢筋,如冷拉HRB335级和HRB400级钢筋通常用于预应力筋,冷拉HPB235级钢筋用于非预应力的受拉钢筋。

冷拉钢筋在一般情况下不用于受压钢筋,如果用于受压钢筋时,也不利用冷拉后强度的提高。在有冲击荷载的动力设备基础、制作构件吊环及低温(负温)条件下,不得使用冷拉钢筋。

冷拉钢筋是钢筋施工中常用的加工方法,不仅能提高钢筋的强度设计值,而且还因长度伸长会节省钢材10%~15%,同时也会完成钢筋的调直和除锈等工作。

二、钢筋冷拉的施工机具

钢筋冷拉设备主要由拉力设备、承力结构、钢筋夹具及测量装置等部分组成。在建筑工程施工中,冷拉钢筋最常用的冷拉设备是卷扬机式钢筋冷拉机、阻力轮式钢筋冷拉机、液压式钢筋冷拉机和丝杆式钢筋冷拉机等。

(一)卷扬机式钢筋冷拉机

1. 卷扬机式钢筋冷拉机的组成

卷扬机式钢筋冷拉机,主要由卷扬机、滑轮组、导向滑轮、钢筋夹具、槽式台座、测力装置、液压千斤顶、冷拉小车等组成(图4-2)。这种冷拉机设备简单、效率较高、成本较低,是工程中普遍采用的一种冷拉机。

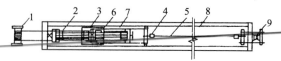

图 4-2　卷扬机式钢筋冷拉机组成示意图

1—卷扬机;2—滑轮组;3—冷拉小车;4—钢筋夹具;5—钢筋;6—回程滑轮组;

7—传力架;8—槽式台座;9—液压千斤顶

2. 卷扬机式钢筋冷拉机的性能

卷扬机式钢筋冷拉机的主要技术性能包括:卷扬机型号规格、滑轮直径及门数、钢丝绳直径、卷扬机速度、测力器形式和冷拉钢筋直径等。卷扬机式钢筋冷拉机的具体技术性能指标见表 4-2。

表 4-2　卷扬机式钢筋冷拉机的主要技术性能

项　　目	粗钢筋冷拉	细钢筋冷拉	项　　目	粗钢筋冷拉	细钢筋冷拉
卷扬机型号规格	JJM-5(5t 慢速)	JJM-3(3t 慢速)	钢丝绳直径(mm)	24.0	15.5
滑轮直径及门数	计算确定	计算确定	测力器形式	千斤顶式测力器	千斤顶式测力器
卷扬机速度 (m/min)	小于 10	小于 10	冷拉钢筋直径 (mm)	12 ~ 36	6 ~ 12

3. 卷扬机式钢筋冷拉机的计算

采用卷扬机冷拉设备进行钢筋冷拉时,其冷拉质量如何,主要是控制卷扬机的拉力 Q 和钢筋冷拉的速度 v。

（1）卷扬机的拉力 Q

卷扬机的拉力 Q 可按式(4-1)进行计算,即

$$Q = Tm\eta - F \tag{4-1}$$

式中　Q——卷扬机冷拉设备的拉力(kN);

　　　T——卷扬机的牵引力(kN);

　　　m——滑轮组的工作线数;

　　　η——滑轮组的总效率,见表 4-3;

　　　F——设备阻力,由冷拉小车与地面摩擦力及回程装置阻力组成,一般可取 5 ~ 10kN。

为确保拉力满足施工需要,设备拉力 Q 应大于或等于钢筋冷拉时所需最大拉力 $N = \sigma_{cs} A_s$ 的 1.2 ~ 1.5 倍。

表 4-3　滑轮组的总效率 η

滑轮组数	3	4	5	6	7	8
工作线数	7	9	11	13	15	17
总效率	0.88	0.85	0.83	0.80	0.77	0.74

（2）钢筋冷拉的速度 v

钢筋冷拉的速度 v 可按式(4-2)进行计算,即

$$v = \pi D n / m \tag{4-2}$$

式中　v——钢筋冷拉的速度(m/min);

　　　D——卷扬机卷筒直径(m);

　　　n——卷扬机的转速(r/min);

　　　m——滑轮组的工作线数。

　　为使钢筋在冷拉中充分均匀变形,确保冷拉的质量均匀性,钢筋冷拉的速度不宜过快,一般以不大于 1.0m/min 为宜。

　　(二)阻力轮式钢筋冷拉机

　　阻力轮式钢筋冷拉机由支承架、阻力轮、电动机、绞车轮子(绞轮)、变速箱等组成,主要适用于冷拉直径为 6~8mm 的盘圆钢筋,其冷拉率一般控制为 6%~8%。阻力轮式钢筋冷拉机的组成及工作原理,如图 4-3 所示。

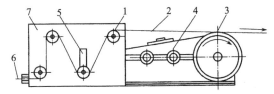

图 4-3　阻力轮式钢筋冷拉机的组成及工作原理

1—阻力轮;2—钢筋;3—绞轮;4—变速箱;5—调节槽;6—钢筋;7—支承架

　　阻力轮式钢筋冷拉机启动后,绞车轮子(绞轮)以 40m/min 的圆周速度将围绕其上的钢筋强力送入冷拉机进行调直。钢筋通过 4 个阻力轮时,被绞车轮子拉长而达到冷拉的目的。其中一个阻力轮可以调节高度,用以改变对钢筋的压力,从而改变拉伸阻力以达到控制冷拉率的目的。绞车轮子(绞轮)的直径一般为 550mm,阻力轮是固定在支承架上的滑轮,其直径一般为 100mm。

　　(三)液压式钢筋冷拉机

　　液压式钢筋冷拉机主要由两台电动机分别带动高压和低压油泵,使高、低压力油通过液压管路、液压控制阀进入液压张拉缸,从而完成钢筋拉伸和回程动作。液压式钢筋冷拉机的结构,如图 4-4 所示。

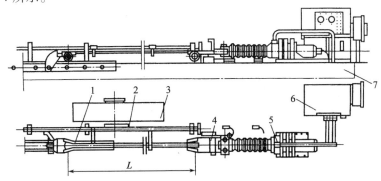

图 4-4　液压式钢筋冷拉机的结构

1—尾端挂钩夹具;2—翻料架;3—装料小车;4—前端夹具;5—液压张拉缸;6—泵阀控制器;7—混凝土基座

　　液压式钢筋冷拉机能正确测定钢筋冷拉率和冷拉应力,容易实现钢筋冷拉自动控制,设备布置比较紧凑,操作起来比较平稳,冷拉过程噪声很小,但这种钢筋冷拉机行程较短,使用范围受到一定限制。

表4-4为液压式钢筋冷拉机的主要技术性能,可以根据施工中的实际需要进行选用。

表4-4 液压式钢筋冷拉机的主要技术性能

项 目	单 位	性能参数	项 目	单 位	性能参数
冷拉钢筋直径	mm	12 ~ 18	冷拉速度	m/s	0.04 ~ 0.05
冷拉钢筋长度	mm	9000	回程速度	m/s	0.05
最大压力	kN	320	工作压力	MPa	32
液压缸直径	mm	220	台班产量	根/台班	700 ~ 720
液压缸行程	mm	600	油箱容量	L	400
液压缸截面积	cm²	380	总重量	kg	1250
油泵性能	型号		ZBD40	油泵性能	型号		CB – B50
	压力	MPa	21		压力	MPa	2.5
	流量	L/min	40		流量	L/min	50
	电动机型号		Y 型 6 级		电动机型号		Y 型 4 级
	电动机功率	kW	7.5		电动机功率	kW	2.2
	电动机转速	r/min	960		电动机转速	r/min	1430

(四)丝杆式钢筋冷拉机

丝杆式钢筋冷拉机由电动机、丝杠、横梁、减速器、测力器及活动螺母等组成,其结构如图4-5所示。

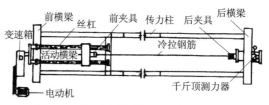

图 4-5　丝杆式钢筋冷拉机的构造示意图

电动机启动后,经过 V 带传动和减速器之后,再通过齿轮传动,使两根丝杠旋转,从而使丝杠上的活动螺母移动,并通过夹具将钢筋拉伸。

三、钢筋冷拉的施工工艺

钢筋冷拉的主要工序有钢筋上盘、放圈、切断、夹紧夹具、冷拉钢筋、观察钢筋伸长控制值、停止冷拉、放松夹具、捆扎堆放。

钢筋冷拉的伸长长度可用标尺测量,测力计可用电子秤或附有油表的液压千斤顶或弹簧测力计。测力计一般应设置在张拉端定滑轮组处,如果需要在固定的一端设置测力计时,必须设防护装置,以避免钢筋断裂时损坏测力计。

为确保施工安全,冷拉时钢筋应缓缓拉伸、慢慢放松,并要防止出现斜拉,正对钢筋两端不允许站人,在冷拉钢筋时不允许人员跨越钢筋。

为确保钢筋的冷拉符合现行施工规范的要求,在整个钢筋冷拉的过程中,应按照以下操作要点进行冷拉:

(1)对所需冷拉的钢筋炉号、原材料进行检查,不同厂家和不同批号的钢筋应当分别进行冷拉,不得出现混乱。

（2）在钢筋进行冷拉前，应对冷拉机具、设备，特别是测力计进行校验和复核，并做好冷拉记录，以确保钢筋冷拉质量。

（3）在钢筋进行正式冷拉前，应用冷拉应力 10% 左右的拉力，先将钢筋拉直，然后测量其长度再进行冷拉。

（4）在钢筋冷拉的过程中，为使钢筋变形充分、均匀，冷拉的速度不宜过快，一般以 0.5 ~ 1.0m/min 为宜。当达到规定的控制应力或冷拉长度后，一般稍停 1 ~ 2min，待钢筋变形基本稳定后，再放松钢筋。

（5）当钢筋在低温（负温）条件下冷拉时，其施工环境温度不宜低于 -20℃。如果采用控制应力方法冷拉时，冷拉控制应力应较常温提高 30MPa；采用控制冷拉率方法冷拉时，冷拉率与常温下相同。

（6）冷拉钢筋伸长的起点应以钢筋发生初应力时为准。对初应力的判断如无仪表观测时，可观测钢筋表面的浮锈或氧化铁皮，以开始剥落时进行计量。

（7）预应力钢筋应先对焊、后冷拉，以免对焊焊接时因高温而使钢筋冷拉后的强度降低。如果焊接接头被拉断，可以切除该焊区总长约 200 ~ 300mm，重新焊接后再进行冷拉，但一般不得超过两次。

（8）钢筋时效一般可采用自然时效，即钢筋冷拉后在常温（15 ~ 20℃）情况下，放置 7 ~ 14d 就可使用。

（9）由于钢筋冷拉后其晶体间的间隙增大、性质尚未稳定，遇水后很容易变脆且生锈，因此钢筋冷拉后应防止雨淋和水湿。

四、钢筋冷拉的控制方法

在钢筋进行冷拉的施工过程中，冷拉控制的基本方法，主要有控制冷拉率和控制冷拉应力两种。

（一）控制冷拉率的方法

钢筋的冷拉率是指钢筋冷拉伸长数值与钢筋冷拉前长度的比值，这是钢筋冷拉非常重要的技术指标。控制冷拉率的操作方法非常简单，只需要按照规定的冷拉率控制值，将钢筋拉伸到一定的长度即可。

钢筋冷拉率控制数值需通过试验确定。在确定同炉批钢筋冷拉率控制值时，其试样不得少于 4 个，在万能试验机上按表 4-5 中规定的冷拉应力对每个试件进行张拉，记录其相应的伸长率，并取其平均值作为该批钢筋实际采用的冷拉率控制值。如果用这种试验求出的冷拉率控制值低于 1%，则取 1% 作为其冷拉率控制值。HPB235 级钢筋的冷拉率控制值一般不通过试验确定，可直接选用 8% 作为其冷拉率控制值。

表 4-5　测定冷拉率时钢筋的冷拉应力

钢筋级别	钢筋直径（mm）	冷拉控制应力（N/mm²）	最大冷拉率（%）
HPB235	≤12	310	10.0
HRB335	≤25	480	5.5
	28 ~ 40	460	
HRB400	8 ~ 40	530	5.0

当为多根连接的钢筋,也用控制冷拉率的方法冷拉时,仍用冷拉率控制值计算总长度值,但冷拉后多根钢筋中的每根钢筋的冷拉率均不得超过表4-1中的规定。

不同批号的钢筋,不宜采用控制冷拉率的方法进行冷拉。

当冷拉率控制值确定后,则可根据需冷拉钢筋的长度求出冷拉时的伸长值。当钢筋冷拉到规定的伸长数值后,应当停车2~3min,待钢筋变形充分发展后,方可放松钢筋,结束冷拉。

控制冷拉率法冷拉钢筋,施工非常简单,但当钢筋质量不均匀时,冷拉后钢筋的力学性能也不一致。有时,冷拉率虽然满足设计要求,但强度可能达不到要求,这样就出现钢筋强度或高或低。如果用于预应力钢筋时,就会出现在张拉过程中或在张拉后发生断裂,接头偏离规定的位置,锚具无法使用等缺陷。因此,作预应力用的钢筋进行冷拉时,多采用控制冷拉应力的方法。

(二)控制冷拉应力方法

在采用控制冷拉应力的方法冷拉钢筋时,应按表4-1中的数值取用冷拉应力,并在冷拉后检查其冷拉率。如果钢筋已达到表4-1中的控制应力,而冷拉率未超过表中的最大冷拉率,则认为合格;如果钢筋已达到表4-1中的最大冷拉率,而冷拉应力未达到表中的控制应力值,则认为不合格。

多根连接的钢筋,用控制冷拉应力的方法冷拉时,其控制应力和每根钢筋的冷拉率,也应都符合表4-1中的规定。

(三)冷拉钢筋的质量检验

冷拉钢筋应按施工规范要求进行检验,每批冷拉钢筋(钢筋直径小于12mm的同钢号和同直径每100kN为一批,直径大于14mm的每200kN为一批)中,在任选的两根钢筋上,各取两个试件分别进行拉伸试验和冷弯试验,其质量应符合表4-6中的各项指标。如果有一项达不到规定的标准值,则要加倍取样重新试验,如果仍有一项指标达不到规定值,则判定该批冷拉钢筋不合格。在进行冷弯试验时,不得出现裂纹、鳞落和断裂现象;在进行拉伸试验时,应将冷拉后的钢筋放置24h以上再进行。

表4-6　冷拉钢筋的力学性能

强度等级	钢筋直径 d（mm）	屈服强度（N/mm²）	抗拉强度（N/mm²）	伸长率 δ_{10}（%）	冷弯性能	
					弯心直径	弯曲角度
HPB235	6~12	280	370	11	3d	180°
HRB335	6~12	450	510	10	3d	90°
	28~40	430	490	10	4d	90°
HRB400	8~40	500	700	8	5d	90°

注:钢筋直径大于25mm的冷拉HRB335和HRB400级钢筋,冷弯弯心直径增加1d。

五、钢筋冷拉的实例

【例4-1】　现拟采用控制冷拉应力的方法冷拉HRB400级、直径为32mm的钢筋,如果采用电动慢速卷扬机冷拉,试选用冷拉设备。

【解】　冷拉设备可根据钢筋冷拉时所需最大拉力确定。

(1)计算钢筋所需最大拉力

直径32mm的钢筋,查表可得钢筋截面面积$As=804.2mm^2$;查表可知HRB400级钢筋

的冷拉控制应力 $\sigma_{cs} = 500\mathrm{N/mm^2}$。

则此钢筋所需的最大拉力 $N = \sigma_{cs}A_s = 500 \times 804.2 = 402100\mathrm{N} = 402.1\mathrm{kN}$。

（2）选择卷扬机和滑轮组

如果选用50kN的慢速电动卷扬机，查表可得卷直径为400mm，转速为8.7r/min；选用6门滑轮组，查有关表格可知6门滑轮组的工作线数 $m = 13$，滑轮组的总效率 $\eta = 0.80$，设备阻力取为10kN。

则设备拉力 $Q = Tm\eta - F = 50 \times 13 \times 0.80 - 10 = 510\mathrm{kN} > 402.1\mathrm{kN}$。

且 $Q/N = 510/402.1 = 1.24 > 1.2$，满足要求，选用的卷扬机和滑轮组合适。

（3）钢筋冷拉速度计算

钢筋冷拉速度 $v = \pi Dn/m = 3.14 \times 0.40 \times 8.7/13 = 0.84\mathrm{m/min} < 1.0\mathrm{m/min}$，满足要求。

第二节　钢筋的冷拔工艺

钢筋的冷拔是用强力使直径为 6 ~ 8mm 的 HPB235 级光圆钢筋，在常温下通过特制的直径逐渐减小的钨合金拔丝模孔（由于拔丝模孔的直径比钢筋直径小 0.5 ~ 1.0mm，所以经过多次拉拔），拔制成比原钢筋直径小的钢丝，称之为冷拔低碳钢丝。

一、冷拔低碳钢丝的性质和用途

冷拔钢筋通过拔丝模（图 4-6）时，钢筋受到拉力和钨合金模孔挤压力的双向作用，使钢筋产生塑性变形以改变其物理力学性能。冷拉与冷拔的主要区别是：冷拉是纯拉伸的线应力，而冷拔是纵向拉伸与横向压缩共同作用的立体应力。

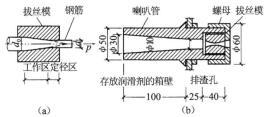

图 4-6　拔丝模的构造与装法

（a）拔丝模的构造；（b）拔丝模装在喇叭管内

与冷拉的钢筋相比，冷拉是纯粹的纵向拉伸应力，而冷拔既有纵向拉伸应力，还有横向挤压应力。光圆钢筋经过强力拉拔、挤压缩径后，钢筋内部晶格产生滑移，冷拔低碳钢丝的强度显著增加，抗拉强度标准值可提高50% ~ 90%，所以能大量节约钢材。冷拔低碳钢丝，具有十分明显硬性钢的特征，其塑性大幅度降低，没有明显的屈服阶段。

按冷拔低碳钢丝的材质不同，可以分为甲级和乙级两种钢丝。甲级冷拔低碳钢丝，主要用于预应力混凝土构件的预应力筋；乙级冷拔低碳钢丝，主要用于焊接网、焊接骨架、架立筋、箍筋、构造钢筋和预应力混凝土构件中的非预应力筋。

二、冷拔低碳钢丝的施工机具

钢筋冷拔机是进行低碳钢丝冷拔的专用设备，这类设备种类很多，但是应用在建筑工程中的主要有:卧式钢筋冷拔机和立式钢筋冷拔机。

（一）卧式钢筋冷拔机

卧式钢筋冷拔机是低碳钢丝冷拔最常用的设备,具有构造简单、操作方便等优点,多用于现场施工工地钢丝的冷拔。卧式钢筋冷拔机,又分为单卷筒和双卷筒两种,双卷筒卧式钢筋冷拔机生产效高。双卷筒卧式钢筋冷拔机的构造,如图4-7所示。

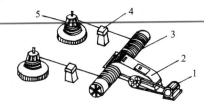

图4-7 双卷筒卧式钢筋冷拔机的构造

1—电动机;2—变速箱;3—卷筒;4—拔丝模盒;5—承料器

（二）立式钢筋冷拔机

立式钢筋冷拔机是由电动机通过变速箱使卷筒进行旋转,以强力冷拔钢筋使其直径逐渐变小的钢筋加工机械。

建筑工程中常用的立式钢筋冷拔机,其型号、规格及主要技术性能,见表4-7。

表4-7 立式钢筋冷拔机的主要技术性能

项 目		型 号		
		1/800 型	4/650 型	4/550 型
卷筒个数及直径（个/mm）		1/800	4/650	4/550
最大进料钢材直径（mm）		14.0	8.0	6.5
最小成品钢丝直径（mm）		6.0	3.0	3.0
钢材抗拉强度（MPa）		1300	1450	900 ~ 1200
成品卷筒的转速（r/min）		24	40 ~ 80	60 ~ 120
成品卷筒的线速度（m/min）		60	80 ~ 160	104 ~ 207
卷筒电动机	型号	JR125-8	Z2-02	ZJTT-W81-A/6
	功率（kW）	95	40	40
	转速（r/min）	730	1000 ~ 2000	400 ~ 1320
外形尺寸	长度（mm）	9725	15440	14490
	宽度（mm）	3340	4150	3290
	高度（mm）	2020	3700	3700
质量（kg）		4500	20125	12085

三、冷拔低碳钢丝的工艺过程

（一）钢筋冷拔的工艺过程

钢筋冷拔的工艺过程比较简单,归纳起来主要包括:轧头→剥壳→润滑→拔丝。

（1）轧头。由于拔丝模孔的直径小于钢筋直径,在开始通过拔丝模孔时,钢筋的端头必须经轧头机压细,才能穿过模孔至卷扬机。

（2）剥壳。未经过处理的钢筋,其表面有一层较硬的氧化铁渣壳,不仅容易损伤拔丝模孔的内壁,而且会使钢筋表面产生沟纹,严重影响冷拔钢丝的质量,有时甚至会被拔断。因此,在进入拔丝模孔之前,要用除锈剥壳机对钢筋进行剥壳处理。

（3）润滑。由于钢筋在拔丝模孔内要受到很大的挤压力和摩阻力,很容易造成对拔丝模孔内壁的损伤,在钢筋进入拔丝模孔前通过润滑剂箱,使钢筋表面涂一层润滑剂,这样可大大降低摩阻力,避免对拔丝模孔的损伤。

(4)拔丝。拔丝是利用一定的拉力将钢筋从拔丝模中缩小直径拔出。在工程上一般常采用慢速电动卷扬机,其冷拔的速度要适当,速度过快易造成断丝。

(二)钢筋冷拔的具体操作

(1)钢筋冷拔前应对原材料进行必要的检验。对于钢号不明或无出厂证明的钢筋,应按有关规定取样检验。遇到截面不规则的扁钢、带刺、过硬、潮湿的钢筋,不得用于钢筋的冷拔,以免损坏拔丝模和影响冷拔钢丝的质量。

(2)在钢筋冷拔前,必须对钢筋进行端部轧头和除锈处理。除锈装置可利用冷拔机卷筒和盘条的转架,其中设 3 ~ 6 个单向错开或上下交错排列的带槽剥壳轮,钢筋经过上下左右的反复弯曲,即可将钢筋表面的锈除掉。另外,也可以使用与钢筋直径基本相同的废拔丝模,以机械的方法进行除锈。

(3)为便于钢筋穿过拔丝模,钢筋的端部要轧得细一点,其长度大约为 150 ~ 200mm,轧压至直径比拔丝模孔小 0.5 ~ 0.8mm,这样可使钢筋顺利穿过拔丝模孔。为减少钢筋压头的次数,可用对焊的方法将钢筋连接,但应将焊缝处的凸缝用砂轮打磨光滑,以保证在冷拔时不出现阻挡,保护冷拉设备及拔丝模。

(4)在正式进行钢筋冷拔之前,应按照常规对冷拔设备进行检查,并做空载运转试验。在安装拔丝模时,要分清拔丝模的反正面,安装后应将固定螺栓拧紧。

(5)为减少冷拔拉力的损失和拔丝模的损耗,在冷拔时应涂以润滑剂,一般是在拔丝模前面安装一个润滑盒,使钢筋经过黏结润滑剂后再进入拔丝模。润滑剂的配方为:动物油(羊油或牛油):肥皂:石蜡:生石灰:水 = 0.15 ~ 0.20 : 1.6 ~ 3.0 : 1 : 2 : 2。

(6)拔丝的速度宜控制在 50 ~ 70m/min。钢筋连拔一般不宜超过三次,如果还需要再冷拔,应对钢筋进行消除内应力处理,即采用 600 ~ 800℃ 的温度进行退火处理,使钢筋变软。待加热至规定的温度后,将钢筋取出埋入砂中,使其按规定方法缓慢冷却,冷却的速度应控制在 150℃/h 以内。

(7)钢筋冷拔后的成品,应随时检查砂孔、沟痕、夹皮等缺陷,以便随时更换拔丝模或调整转速,确保冷拔钢丝的质量。

四、冷拔低碳钢丝的冷拔控制

材料试验证明:影响钢筋冷拔质量的主要因素为原材料质量和冷拔总压缩率。为了稳定冷拔低碳钢丝的质量,要求原材料按厂家、钢号、直径分别堆放和使用。因此,在冷拔钢筋施工中,冷拔总压缩率和冷拔次数是主要控制指标。

(一)冷拔次数的影响

钢筋的冷拔次数应适宜,冷拔次数过多,易使钢筋变脆,并且降低冷拔机的生产率;冷拔次数过少,每次压缩过大,不仅使拔丝模的损耗增加,而且易产生回丝和事故。所以冷拔次数主要取决于钢筋冷拔机的拉力大小及钢筋是否被拉断。

(二)总压缩率的影响

冷拔后钢筋的抗拉强度,随着冷拔总压缩率的增大而成比例地提高,与冷拔的次数关系不大。但压缩率越大,冷拔次数越多,钢材的塑性越低。为了保证冷拔低碳钢丝强度和塑性的相对稳定,必须控制总压缩率。

在进行钢筋冷拔的过程中,钢丝的总压缩率和冷拔次数,可参考表4-8中的数值。

表4-8 钢丝的总压缩率和冷拔次数参考值

项次	钢丝直径 d（mm）	盘条直径 d_0（mm）	冷拔总压缩率（%）	冷 拔 次 数					
				第1次	第2次	第3次	第4次	第5次	第6次
1	5.0	8.0	61.0	6.5 7.0	5.7 6.3	5.0 5.7	5.0		
2	4.0	6.5	62.5	5.5 5.7	4.6 5.0	4.0 4.5	4.0		
3	3.0	6.5	78.7	5.5 5.7	4.5 5.0	4.0 4.5	3.5 4.0	3.0 3.5	3.0

注:总压缩率 = $(d_0^2 - d^2)/d_0^2 \times 100\%$。

五、冷拔低碳钢丝的质量检查

冷拔低碳钢丝应进行质量检查,主要有外观检查和力学性能测定。

（一）外观检查

冷拔低碳钢丝的外观检查,要求表面无锈蚀、无伤痕、无裂纹和油污。甲级冷拔低碳钢丝直径的允许偏差,应符合表4-9中的要求。

表4-9 甲级冷拔低碳钢丝直径的允许偏差

项次	钢丝直径（mm）	直径偏差不大于（mm）	备　　注
1	3	±0.06	检查时,应同时测量冷拔低碳钢丝两个垂直方向的直径
2	4	±0.08	
3	5	±0.10	

（二）力学性能

外观检查合格后,应进行有关力学性能和冷弯性能测定,力学性能主要包括抗拉强度和伸长率两项。甲级冷拔低碳钢丝,应当按规定取样进行检验;乙级冷拔低碳钢丝,可采用同直径钢丝每50kN为一个批次,分批抽样检验,其力学性能要求见表4-10。冷弯时不得有裂纹、脱落或断裂现象。

表4-10 冷拔低碳钢丝力学性能要求

项次	钢丝级别	钢丝直径（mm）	抗拉强度（N/mm²）		伸长率（标距100mm）（%）	反复弯曲（180°）次数
			Ⅰ级	Ⅱ级		
			不小于			
1	甲级	5	650	600	3.0	4
		4	700	650	2.5	4
2	乙级	3~5	550		2.0	4

注:1. 甲级钢丝采用符合Ⅰ级热轧钢标准的圆盘条钢筋进行拔制。
2. 甲级钢丝主要用于预应力筋,乙级钢丝主要用于焊接网、焊接骨架、箍筋和构造钢筋。
3. 预应力冷拔低碳钢丝经机械调直后,其抗拉强度标准值应降低50N/mm²。

第三节　钢筋的冷轧工艺

钢筋的冷轧工艺是近几年发展起来的一种新型、高效、节能建筑用钢材,它是以普通碳素钢或低合金钢热轧盘圆钢筋为母材,通过钢筋冷轧机的加工而成。钢筋冷轧工艺生产的成品,包括冷轧带肋钢筋和冷轧扭钢筋两种。

一、钢筋冷轧的特点及应用

（一）冷轧带肋钢筋的特点及应用

冷轧带肋钢筋是热轧圆盘条经冷轧或冷拔减径后在其表面冷轧成三面或二面月牙形横肋的钢筋。这类钢筋具有明显的三大优点:（1）抗拉强度高:其抗拉强度比热轧线材提高50%～100%;（2）塑性比较好:一般冷拔钢筋的伸长率为2.5%,冷轧带肋钢筋的伸长率大于4.0%;（3）黏结强度大:与混凝土的黏结强度可提高2～6倍。

冷轧带肋钢筋可用于没有振动荷载和重复荷载的工业与民用建筑,也可用于一般构筑物的钢筋混凝土和先张法预应力混凝土中小型结构构件,还可用作砖混房屋的圈梁、构造柱及砌体配筋。

（二）冷轧扭钢筋的特点及应用

冷轧扭钢筋又称为冷轧变形钢筋,它是用低碳钢钢筋经冷轧扭工艺制成,钢筋表面呈连续螺旋形,表面光滑无裂痕。

冷轧扭钢筋具有冷拔低碳钢丝的某些性能,同时其力学性能大大提高,塑性虽然有所下降,但比冷拔钢筋要好。由于冷轧钢筋有连续不断螺旋曲面,使钢筋与混凝土之间能产生较强的机械咬合力和法向应力,可明显提高两者之间的黏结强度。

材料试验证明:其力学性能与其母材相比,极限抗拉强度与混凝土的握裹力,分别提高了1.67倍和1.59倍。冷轧扭钢筋与普通热轧圆盘条钢筋相比,可以节省钢材36%～40%,节省工时1/3,降低施工费用15%左右,技术经济效益比较明显。

冷轧扭钢筋适用于一般房屋和一般构筑物的冷轧扭钢筋混凝土结构工程的设计与施工,尤其适用于现浇钢筋混凝土楼板。目前,冷轧扭钢筋混凝土结构件,主要以板类和梁等受弯曲构件为主。

二、钢筋冷轧所用的机具

冷轧带肋钢筋所用的机具,各国均有所不同。我国常用的是冷轧带肋钢筋生产线,其中最主要的机械是冷轧带肋钢筋成型机。

（一）冷轧带肋钢筋生产线

冷轧带肋钢筋生产线是由多种机具组合而成的生产线,主要由对焊机、放线架、除锈机、润滑机、冷轧带肋钢筋成型机、拉拔机、应力消除机构、收线机及电气操作系统等组成。

（二）冷轧带肋钢筋成型机

冷轧带肋钢筋成型机,是冷轧带肋钢筋生产线中关键的设备,主要有主动式冷轧带肋钢筋成型机和被动式冷轧带肋钢筋成型机两种。在建筑工程中应用较多的是被动式冷轧带肋钢筋成型机,其构造如图4-8所示。

被动式冷轧带肋钢筋成型机,主要由机架、调整手轮、传动箱、轧辊组等组成。而轧辊组是冷轧机中最关键的部件,它是由三个互成120°、具有孔槽的辊片、支承轴、压盖和调整垫等构成的,如图4-9所示。

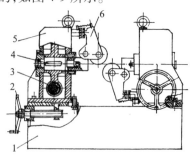

图 4-8　被动式冷轧带肋钢筋成型机
1—机架;2—手柄;3—传动系统;4—主轴;
5—箱体;6—轧辊组

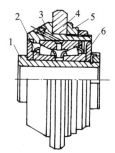

图 4-9　冷轧带肋钢筋成型机轧辊组
1—支承座;2—轴承;3—轧辊座;4—轧辊;
5—压盖;6—调整垫

冷轧带肋钢筋成型机是通过三个互成120°带有孔槽的辊片,来完成钢筋的直径缩小或成型。每一冷轧机由两套轧辊组所组成。而两套轧辊组中的辊片交错60°,从而实现两次变形。

三、钢筋冷轧的加工工艺

(一)冷轧带肋钢筋的加工工艺

冷轧带肋钢筋的加工工艺非常简单,是将热轧圆盘钢筋经冷轧或冷拔减小直径后,在其表面用轧辊冷轧成三面或二面带肋的钢筋。

(二)冷轧扭钢筋的加工工艺

冷轧扭钢筋生产装置主要由放盘架、调直机、轧机、扭转装置、切断机、落料架、冷却系统和控制系统等组成。

冷轧扭钢筋的加工工艺程序为:圆盘钢筋从放盘架上引出后,经过调直机调直,并清除其表面的氧化薄膜,再经过轧机将圆盘钢筋轧扁;在轧辊的推动下,强迫钢筋通过扭转装置,从而形成表面为连续螺旋曲面的麻花状钢筋,再穿过切断机的圆切刀刀孔进入落料架的料槽;当钢筋触到定位开关后,切断机将钢筋切断落到架上。

冷轧扭钢筋的长度控制,可调整定位开关在落料架上的位置而实现。钢筋的调直、扭转及输送的动力,均来自轧辊在轧制钢筋时产生的摩擦力。

四、钢筋冷轧的质量控制

(一)冷轧带肋钢筋的质量控制

(1)冷轧带肋钢筋应符合国家标准《冷轧带肋钢筋》(GB 13788—2008)中的规定。冷轧带肋钢筋的肋应呈月牙形,横肋应沿钢筋横截面周围上均匀分布,其中三面肋钢筋有一面的倾角必须与另两面反向,二面肋钢筋有一面的倾角必须与另一面反向。

(2)650级和800级冷轧带肋钢筋一般是成盘供应,成盘供应的冷轧带肋钢筋每盘由一根组成,550级冷轧带肋钢筋可以成盘供应、也可以成捆供应,直条成捆供应的冷轧带肋钢筋,每捆应由同一炉号组成,且每捆的重量不宜大于500kg。成捆钢筋的长度,可根据工程需要而确定。

（3）对进场（厂）的冷轧带肋钢筋,应按钢号、级别、规格分别堆放和使用,并应有明显的标志,不得在室外露天储存。

（4）对进场（厂）的冷轧带肋钢筋,应按现行规定进行检查和验收,其检查结果应符合《冷轧带肋钢筋混凝土结构技术规程》（JGJ 95）中的要求。

（5）经过调直的钢筋,表面不得有明显擦伤;钢筋调直后,不应有局部弯曲,每米长度的弯曲度不应大于4mm,总弯曲度不大于钢筋总长度的4%。

（6）冷轧带肋钢筋不宜在环境温度低于－30℃时使用;550级钢筋不得采用冷拉方法调直,用机械调直对钢筋表面不得有明显擦伤。

（7）冷轧带肋钢筋的化学成分,应符合表4-11中的规定;冷轧带肋钢筋的力学性能和工艺性能,应符合表4-12中的规定;冷轧带肋钢筋反复弯曲试验的弯曲半径,应符合4-13中的规定;冷轧带肋钢筋的尺寸、重量及允许偏差,应符合表4-14中的规定。

表 4-11　冷轧带肋钢筋的化学成分

级别代号	钢筋牌号	化学成分（%）					
		C	Si	Mn	V、Ti	S	P
CRB550 CRB650	Q215	0.09～0.15	≤0.30	0.25～0.55	—	≤0.050	≤0.045
	Q235	0.14～0.22	≤0.30	0.30～0.65	—	≤0.050	≤0.045
CRB800	24MnTi	0.19～0.27	0.17～0.37	1.20～1.60	Ti:0.01～0.05	≤0.045	≤0.045
	20MnSi	0.17～0.25	0.40～0.80	1.20～1.60		≤0.045	≤0.045
CRB970	41MnSiV	0.37～0.45	0.60～1.10	1.00～1.40	V:0.05～0.12	≤0.045	≤0.045
	60	0.57～0.65	0.17～0.37	0.50～0.80	—	≤0.035	≤0.035

表 4-12　冷轧带肋钢筋的力学性能和工艺性能

钢筋牌号	屈服强度 ≥（MPa）	抗拉强度 ≥（MPa）	伸长率（%）≥		弯曲试验 180°	反复弯曲 次数	应力松驰 初始应力相当于公称 抗拉强度70%1000h 的松驰率（%）≤
			$A_{11.3}$	A_{100}			
CRB550	500	550	8.0	—	D = 3d	—	—
CRB650	585	650	—	4.0	—	3	8
CRB800	720	800	—	4.0	—	3	8
CRB970	875	970	—	4.0	—	3	8

注:表中 D 为弯心直径,d 为钢筋公称直径。

表 4-13　冷轧带肋钢筋反复弯曲试验的弯曲半径（mm）

钢筋公称直径	4	5	6
弯曲半径	10	15	15

表 4-14　冷轧带肋钢筋的尺寸、重量及允许偏差

公称直径（mm）	公称横截面积（mm²）	重量		横肋中点高		横肋 1/4 处高 h_1（mm）	横肋顶宽 b（mm）	横肋间隙		相对肋面积≥
		理论重量（kg/m）	允许偏差（%）	h（mm）	允许偏差（mm）			l（mm）	允许偏差（%）	
4.0	12.6	0.099								
4.5	15.9	0.125				0.30	0.24	4.0		0.036
5.0	19.6	0.154				0.32	0.26	4.0		0.039
5.5	23.7	0.186				0.32	0.26	4.0		0.039
6.0	28.3	0.222		±0.10 −0.05		0.40	0.32	5.0		0.039
6.5	33.2	0.261				0.40	0.32	5.0		0.039
7.0	38.2	0.302				0.46	0.37	5.0		0.045
7.5	44.2	0.347				0.46	0.37	5.0		0.045
8.0	50.3	0.395	±4.0			0.55	0.44	6.0	±15	0.045
8.5	56.7	0.445				0.55	0.44	6.0		0.045
9.0	63.6	0.499				0.55	0.44	7.0		0.045
9.5	70.8	0.556				0.75	0.60	7.0		0.052
10.0	78.5	0.617				0.75	0.60	7.0		0.052
10.5	86.5	0.679		±0.10		0.75	0.60	7.0		0.052
11.0	95.0	0.746				0.75	0.60	7.4		0.52
11.5	103.5	0.815				0.85	0.68	7.4		0.056
12.0	113.1	0.888				0.95	0.76	8.4		0.056
						0.95	0.76	8.4		0.056

注：横肋顶宽 b（mm）列统一为 −0.2d。

（8）冷轧带肋钢筋混凝土结构的混凝土强度等级不宜低于 C20；预应力冷轧带肋钢筋混凝土结构构件的混凝土强度等级不宜低于 C25；处于室内高湿度或露天冷轧带肋钢筋混凝土结构的混凝土强度等级不宜低于 C30。

（二）冷轧扭钢筋的质量要求

（1）冷轧扭钢筋的所用原材料必须经过检验，应符合《碳素结构钢》（GB/T 700—2006）及《低碳钢热轧圆盘条》（GB/T701）中的规定。

（2）冷轧扭钢筋的轧扁厚度对力学性能有很大影响，应控制在允许范围内，其螺距也应符合规范的要求。

（3）冷轧扭钢筋轧制品的检验应按《冷轧扭钢筋混凝土构件技术规程》（JGJ 215—2006）中的有关规定进行，严格检验成品，严把质量关。

（4）冷轧扭钢筋成品不宜露天堆放，以防止钢筋产生锈蚀。钢筋成品储存时间不宜过长，尽量做到随轧制随使用。

（5）当采用冷轧扭钢筋时，处于室内正常环境中的构件，其混凝土强度等级不宜低于 C20 处于露天或室内潮湿环境中的构件，其混凝土强度等级不宜低于 C25。

（6）冷轧扭钢筋的轧扁厚度和节距，应符合表 4-15 中的规定；冷轧扭钢筋的规格及截面参数，应符合表 4-16 中的规定；冷轧扭钢筋的力学性能，应符合表 4-17 中的规定；冷轧扭钢筋的混凝土最小厚度，应符合表 4-18 中的规定；纵向受拉冷轧扭钢筋的最小锚固长度，应符合表 4-19 中的规定。

表 4-15　冷轧扭钢筋轧扁厚度和节距

冷轧扭钢筋类型	标志直径(mm)	轧扁厚度(mm)不小于	节距(mm)不大于
Ⅰ型	6.5	3.7	75
	8.0	4.2	95
	10	5.3	110
	12	6.2	150
	14	8.0	170
Ⅱ型	12	8.0	145

表 4-16　冷轧扭钢筋的规格及截面参数

标志直径(mm)	公称截面面积(mm²)	公称重量(kg/m)	等效直径 d_0(mm)	截面周长(mm)
Ⅰ型	6.5	29.5	0.232	6.1	23.4
	8.0	45.3	0.356	7.6	30.0
	10	68.3	0.536	9.2	36.4
	12	93.3	0.733	10.9	42.5
	14	132.7	1.042	13.0	49.2
Ⅱ型	12	97.8	0.768	11.2	51.5

注:(1)Ⅰ型为矩形截面,Ⅱ型为菱形截面。(2)等效直径 d_0 为由公称截面面积等效为圆形截面的直径。

表 4-17　冷轧扭钢筋的力学性能

抗拉强度标准值(MPa)	抗拉强度设计值(MPa)	抗压强度设计值(MPa)	弹性模量(MPa)	伸长率δ(%)	冷弯180°(弯心直径 $D=3d$)
≥580	360	360	1.9×10^5	≥4.5	受弯曲部位表面不得产生裂纹

表 4-18　冷轧扭钢筋的混凝土最小厚度(mm)

环境条件	构件类别	混凝土强度等级		
		C20	C25 及 C30	≥C35
室内正常环境	板	15		
	梁	25		
露天或室内潮湿环境	板	—	25	15
	梁	—	35	25
埋入土中	基础	35		

表 4-19　纵向受拉冷轧扭钢筋的最小锚固长度

混凝土强度等级	C20	C25	≥C30
最小锚固长度(mm)	$45d$	$40d$	$35d$

第五章 钢筋冬季施工工艺

钢筋混凝土工程连续施工是确保其整体性、均质性和经济性的关键,尤其是处于高寒地区的大中型钢筋工程,经常遇到跨年度施工问题,因此,钢筋在冬季低温下施工有时是不可避免的。如我国的东北三省冬季施工一般三至六个月,工程工期和工程量所占比重最高者可达30%以上。

根据许多工程统计,由于进行冬季施工而省下的开支、贷款利息、设备折旧、管理费等,要比冬季施工增加的费用多五倍以上,而建筑物提前完工的收益尚未计入。在追求经济效益的今天,理应克服这一天然的弊端,推广冬季钢筋混凝土施工。

但是,工程实践充分表明,钢筋混凝土冬季施工在客观上存在着难度及复杂性,加之建筑施工队伍技术水平高低不一,在这个季节进行施工容易出现工程质量问题。因此,在工程即将进入冬季前要做好防范工作,在施工期间做好控制工作都是非常必要的,是保证工程质量必需的措施。

第一节 钢筋冬季施工概述

材料试验证明,钢筋随着施工环境温度的降低,其屈服点、硬度和抗拉强度均有所提高,但其伸长率和冲击韧性明显下降,存在着显著的冷脆倾向。影响钢筋冷脆倾向的因素很多,如钢筋的化学成分、质量缺陷和冷拉程度等,特别是当钢筋存在质量缺陷时,在某些不利因素的综合影响下,就很可能会发生脆性断裂。因此,对于钢筋在冬季低温的应用和力学性能应引起足够重视。

一、钢筋在冬季低温下的应用

(一)钢筋在冬季低温下的选用

(1)对于在低温下承受静荷载作用的钢筋混凝土结构构件,其主要受力钢筋可选用符合国家标准及设计、施工规范规定的热轧钢筋、余热处理钢筋、热处理钢筋、高强度圆形钢丝、钢绞线、冷拉钢筋、冷轧带肋钢筋和冷拔低碳钢丝等。

(2)对于在低温(负温)下直接承受中、重级工作制起重机的构件,其主要受力钢筋的选用原则是:

① 当温度在 $-20℃$ 至 $-50℃$ 时,可选用热轧钢筋、余热处理钢筋、高强度圆形钢丝、钢绞线,不宜采用冷拉钢筋、冷轧带肋钢筋和冷拔低碳钢丝。

② 当温度在 $-20℃$ 至 $-40℃$ 时,除有可靠的试验依据外,宜选用较小直径且碳、合金元素为中、下限的钢筋。

(二)结构构造与施工工艺

工程实践充分证明,影响结构低温脆断的因素除材料本身和使用温度外,还与结构构造与施工工艺密切相关,合理的结构构造和保证良好的施工质量,是减少钢筋低温脆断的重要措施之一。在一般低温情况下,结构构造与施工工艺的选用,应符合下列要求:

（1）设计在低温（负温）下使用的结构时，应在构造上避免使钢筋产生严重的缺陷和出现缺口。钢筋应尽量选用直径较小的，且在结构中分散配置，不应采用排列密的焊接配筋。在预应力混凝土构件中，不宜采用无黏结预应力的构造形式，后张法施工的预应力混凝土构件，孔道灌浆一定要确保密实，以保证混凝土与钢筋黏结牢固、共同工作，不得使钢筋预应力降低而失效。

（2）在低温（即负温）下使用的钢筋焊接接头，应当优先选用闪光对焊接头、机械连接接头，也可选用气压焊接头、电渣压力焊接头和电弧焊接头，这样可在构造上防止在接头处产生偏心受力状态。在整个焊接的施工过程中，应当严格防止产生过热、烧伤、咬伤和裂纹等缺陷。

（3）钢筋的挤压接头、锥螺纹连接接头，如果在低温（负温）下施工或使用，必须经过低温（负温）试验验证。

（4）对于在寒冷地区缺乏使用经验的特殊构造和在特殊条件下使用的结构，以及能使预应力钢筋产生刻痕或咬伤的锚具夹具，一般也应当进行构造、构件和锚夹具的低温性能试验，合格后才能正式施工。

（5）对在低温（负温）条件下使用的钢筋，在施工过程中要加强管理和检验。钢筋在运输、加工过程中注意防止出现撞击、刻痕等现象，特别是在使用 HRB500 级钢筋及其他高强度钢筋时尤其更加注意。

二、钢筋在低温下的力学性能

材料试验证明：钢筋在不同的温度下均具有不同的力学性能，尤其在低温（负温）情况下，与常温情况下有着明显的区别。在低温（负温）下，随着温度的降低，钢筋的屈服点（或屈服强度）和抗拉强度均有所提高，但其伸长率和冲击韧性则降低。

（一）低温（负温）下钢筋的力学性能

工业与民用建筑工程中常用各种钢筋在不同温度下的强度、塑性和冲击韧性，分别见表5-1 和表5-2。

表 5-1　钢筋在不同温度下的强度和塑性

钢筋种类	钢筋直径（mm）	试验温度（℃）	屈服点（N/mm²）	抗拉强度（N/mm²）	断后伸长率（%）		
					δ_5	δ_{10}	δ_{100}
20MnSi	16	+20	382	579	30.0		
		0	392	592	29.8		
		−20	431	614	27.7		
		−40	437	632	24.0		
25MnSi	12	+20	425	648	28.6		
		0	450	683	—		
		−20	454	689	25.8		
		−40	461	694	23.0		
25MnSi	25	+20	454	617	28.8		
		0	—	—	—		
		−20	472	624	25.8		
		−40	482	625	23.4		

钢筋基础知识与施工技术

续表

钢筋种类	钢筋直径（mm）	试验温度（℃）	屈服点（N/mm²）	抗拉强度（N/mm²）	断后伸长率（%）		
					δ_5	δ_{10}	δ_{100}
20MnSiV	16	+20	519	698	27.9		
		0	—	—	—		
		−20					
		−40	563	735	27.6		
20MnTi	16	+20	493	657	30.3		
		0	—	—	—		
		−20					
		−40	524	688	28.8		
余热处理 20MnSi	16	+20	515	659	28.4		
		0	—	—	—		
		−20					
		−40	551	703	27.6		
45Si2MnTi	12	+20	567	836	22.5		
		0	584	855	22.1		
		−20	589	856	21.5		
		−40	604	886	21.5		
冷拔低碳钢丝	5	+20	509	603			5.75
		0	—	—			—
		−20	554	637			4.58
		−40	587	679			4.25
48Si2Mn	8.2	+20	1383	1530		8.96	
		0	—	—		—	
		−20	1451	1608		8.80	
		−40	1491	1628		8.90	
冷拉（20MnSi）	16	+20	466	544	25.0		
		0	480	551	25.4		
		−20	488	583	28.7		
		−40	488	586	26.3		
冷拉（25MnSi）	12	+20	550	649	26.3		
		0	576	679	21.3		
		−20	578	685	21.6		
		−40	587	696	21.3		
冷拉（40Si2MnV）	12	+20	745	912		16.1	
		0	—	—		—	
		−20	761	937		13.6	
		−40	800	949		11.9	

表 5-2 钢筋在不同温度下的冲击韧性

钢筋种类	钢筋直径（mm）	冲击韧性（J/cm²）			
		+20℃	0℃	−20℃	−40℃
20Mnsi	20	253	270	214	176
25MnSi	20	119	98	70	27
20MnSiV	25	174	158	128	107
20MnTi	25	179	169	152	113
余热处理 20MnSi	25	170	137	—	103

104

钢筋种类	钢筋直径（mm）	冲击韧性（J/cm²）			
		+20℃	0℃	−20℃	−40℃
40Si2MnV	22	55	47	26	18
45SiMnV	20	51	32	28	—
45Si2MnTi	20	36	—	25	11
冷拉（20MnSi）	20	211	206	175	128
冷拉（25MnSi）	20	105	105	21	15
冷拉（45Si2MnV）	25	25	25	10	6

从表 5-1 中的试验结果可知：

与常温（+20℃）相比较，在 −40℃ 温度条件下，热轧钢筋的屈服点提高幅度：HRB335 级、HRB400 级钢筋为 6% ~ 14%；HRB500 级钢筋约为 7%。抗拉强度提高幅度：HRB335 级、HRB400 级钢筋为 1% ~ 9%；HRB500 级钢筋约为 6%。余热处理 RRB400 级钢筋屈服点提高 15%，抗拉强度提高 13%。冷拔低碳钢丝屈服点提高 15%，抗拉强度提高 13%。

钢筋伸长率降低幅度：热轧 HRB335 级、HRB400 级钢筋为 19% ~ 20%；热轧 HRB500 级钢筋为 4%；余热处理 RRB400 级钢筋为 3%；冷拔低碳钢丝为 26%。

从表 5-2 中的试验结果可知：

在 −40℃ 温度条件下，各种钢筋的 V 形缺口冲击试验的冲击韧性：20MnSi 钢筋为 176J/cm²，25MnSi 为 27J/cm²，20MnSiV 为 107J/cm²，20MnTi 为 113J/cm²，45Si2MnTi 为 11J/cm²，余热处理钢筋为 103J/cm²。由此可知，热轧钢筋经冷拉后，冲击韧性要比冷拉下降 50% ~ 70%。

（二）影响钢筋低温力学性能的主要因素

材料试验证明：碳素钢及合金钢都以具有体心立方晶格的铁素体为基础，这种金属中的原子，随着温度的降低而热运动减弱，反映在力学性能方面为强度有所提高，塑性和冲击韧性降低，脆性增加，这种性质称为金属的冷脆性或冷脆倾向。

但是，影响钢筋冷脆性的因素是多方面的，主要有化学成分的影响、钢筋冷拉的影响、钢筋直径的影响、焊接连接的影响和工艺缺陷的影响等。

1. 化学成分的影响

从钢筋的主要技术性能中了解到，化学成分是决定钢筋强度的主要因素。对于碳素钢，碳元素是决定钢筋强度高低的主要化学成分，随着含碳量的增加，钢筋的强度增加，塑性及韧性降低，冷脆倾向也随之增加。对于合金钢，碳和其他合金元素（如锰、硅、钛等），决定钢筋的强度。随着钢筋强度的增加，塑性及韧性降低，冷脆倾向也随之增加。

2. 钢筋冷拉的影响

钢筋冷拉试验证明：经过冷拉后钢筋的屈服点明显提高，而钢筋的塑性和韧性降低，同时也增加了钢筋的冷脆倾向。钢筋经过冷拉后的塑性和冲击韧性，与冷拉的程度密切相关，通常随钢筋的冷拉率或冷拉应力的增大而降低，因而钢筋的冷拉程度越高，钢筋的冷脆倾向越大。

3. 钢筋直径的影响

对于同一钢种，当化学成分基本相同时，由于轧制规格不同，其力学性能往往不同，直径大的钢筋，轧制压缩比小，结构致密性差，产生冶金缺陷的概率则大，因而其塑性和冲击韧性偏低，强度自然也会偏低。由此可见,直径大的钢筋比直径小的钢筋对缺口的敏感性及冷脆倾向大。

4. 焊接连接的影响

钢筋经过焊接后,在高温的作用下,焊接接头区域的冶金组织发生变化,不仅易产生缺陷引起韧性降低,而且在焊接热循环过程中发生塑性应变引起热应变脆化,从而增加了冷脆倾向。

5. 工艺缺陷的影响

在钢筋运输、加工和储存等过程中,如果不按照有关规范进行,可能在钢筋表面造成质量缺陷,如刻痕、撞击伤痕和焊接缺陷等。由于这些质量缺陷的存在,很容易在钢筋有缺陷的地方产生应力集中,继而导致钢筋的脆断。

第二节　钢筋冬季施工工艺

通过以上对钢筋在低温下力学性能的分析,充分说明在不同的施工温度环境下,为确保钢筋的施工质量,必须采取相应的施工工艺。

一、钢筋冬季冷拉工艺

钢筋冷拉试验证明:在不同的温度下对钢筋冷拉,当冷拉应力一定时,冷拉率随着温度的降低而减小;当冷拉率一定时,冷拉应力随着温度的降低而提高。

如果采用规范规定的常温下冷拉控制应力,在低温(负温)条件下进行冷拉,然后在常温下进行拉力试验检验其强度,则会发现冷拉钢筋常温下的屈服点低于冷拉控制应力,不能满足设计规范中钢筋设计强度的要求。因此在低温(负温)下采用控制应力方法进行钢筋冷拉时,必须根据低温(负温)情况相应提高钢筋冷拉控制应力。

如果钢筋采用同一冷拉率在常温和低温下冷拉,冷拉后在常温下进行拉力试验检验其强度,发现低温(负温)冷拉钢筋与常温冷拉钢筋屈服点基本相同。因此,在低温(负温)下当采用控制冷拉率方法进行钢筋冷拉时,可采用常温下的冷拉率对钢筋进行冷拉。

为确保在低温(负温)下钢筋冷拉的质量,在具体操作中应遵守以下规定:

(1)在低温(负温)下采用控制应力方法冷拉钢筋时,其控制应力及最大冷拉率应符合表4-1中的规定。

(2)在低温(负温)下采用控制冷拉率方法冷拉钢筋时。其冷拉率应与常温下的冷拉率相同。所用控制冷拉率应在常温下由试验确定。测定同炉批钢筋冷拉率的冷拉应力,应符合表4-5中的规定。

试验时抽取的钢筋试样不应少于4个,取其试样试验结果的算术平均值作为该批钢筋实际应用的冷拉率。

(3)进行严格的质量验收。在低温(负温)下钢筋冷拉的质量验收,主要包括外观检查和力学性能试验,力学性能试验包括拉伸试验和弯曲试验。

① 质量验收抽取数量。外观检查应逐根进行。力学性能试验,应从每批冷拉的钢筋中抽取2根钢筋,在每根钢筋上取两个试样,分别进行拉伸试验和冷弯试验。

每批冷拉钢筋由不大于20t的同级别、同直径的冷拉钢筋组成。

② 钢筋的外观检查。钢筋的表面不得有裂纹和局部颈缩等质量缺陷。

③ 力学性能试验。如果试样在拉伸试验中,有1个试样的屈服点、抗拉强度和伸长率

的一项不符合规定值,或者在冷弯试验中,有 1 个试件产生裂纹或起层现象,应另取双倍数量的试样重新做各项试验,如果仍有 1 个试样不合格,则该批冷拉钢筋判为不合格品。

二、钢筋冬季闪光对焊工艺

闪光对焊焊接是钢筋焊接接长的最常用方法,但在低温(负温)的施工条件下,其焊接工艺与常温下有很大差异。为确保钢筋在低温(负温)下的焊接质量,应按照以下适用范围、焊接工艺、验收方法和注意事项进行施工。

(一)钢筋低温闪光对焊的适用范围

钢筋低温闪光对焊的适用范围,主要包括:

(1)热轧 HPB235 级、HRB335 级和 HRB400 级钢筋,钢筋直径范围为 10～40mm;

(2)热轧 HRB500 级钢筋,钢筋直径范围为 10～25mm;

(3)余热处理钢筋,钢筋直径范围为 10～25mm。

(二)钢筋低温闪光对焊的焊接工艺

1. 钢筋低温闪光对焊的焊接工艺

钢筋闪光对焊焊接试验证明:在施工环境温度低于 −5℃ 的条件下进行闪光对焊,宜采用预热闪光焊或闪光—预热—闪光焊工艺。当钢筋的端面比较平整时,宜采用预热闪光焊;当钢筋的端面不够平整时,宜采用闪光—预热—闪光焊。

对于 HRB400 级和 HRB500 级钢筋,必要时应在对焊机上进行焊后热处理,处理后要符合下列要求:

(1)待钢筋接头冷却至常温时,应将电极钳口调至最大间距,使接头居中,并重新将钢筋夹紧。

(2)对钢筋宜采用最低变压器级数,进行脉冲式通电加热。此过程包括通电和停歇时间,每次约 3s。

(3)钢筋焊接后进行热处理的温度应在 750～850℃ 范围内选择,随后应在施工环境温度下自然冷却。

当带有螺丝的端部与钢筋进行对焊时,宜事先对带有螺丝的端部进行预热,并适当减小调伸长度。钢筋一侧的电极应适当垫高,确保两者的轴线一致。

2. 钢筋低温闪光对焊的焊接参数

当钢筋采用闪光—预热—闪光焊工艺时,焊接中的留量可参见第 3 章相关章节。因为热轧钢筋与余热处理钢筋对焊接的要求不同,热轧钢筋焊接热影响区长度控制宜长些,尤其对于 HRB400 级钢筋,以减小温度梯度和延缓冷却速度;余热处理钢筋焊接热影响区长度控制宜短些,以使钢筋的冷却速度加快。因此,在低温(负温)下钢筋采用闪光对焊工艺时,应注意合理选择下述焊接参数:

(1)钢筋调伸长度

钢筋调伸长度以顶锻后不产生旁弯为准,并宜采用较大的调伸长度,余热处理钢筋应适当减小。

(2)变压器的级数

变压器级数的选择以闪光顺利为准,低温(负温)下宜采用较低的变压器级数,余热处理钢筋应适当提高。

（3）钢筋烧化留量

钢筋的一次烧化留量等于两钢筋在断料时端面的不平整度加切断机刀口严重压伤的部分；钢筋的二次烧化留量一般不小于 10mm。

（4）钢筋预热留量

钢筋预热程度的控制，宜采用预热留量和预热次数相结合的办法。①预热留量：热轧钢筋为 1~3mm，余热处理钢筋为 1~2mm；②预热次数：热轧钢筋为 1~5 次，余热处理钢筋为 1~4 次。每次接触预热的时间应为 1.5~2.0s，间歇时间应为 3~4s，即为接触时间的 1 倍以上。

（5）钢筋预锻留量

钢筋的预锻留量应为 4~13mm，其中有电顶锻留量约占 1/3 左右，并应随着钢筋直径的增大和钢筋级别的提高而增加。

（三）钢筋低温闪光对焊的验收方法

对于在低温（负温）下采用闪光对焊工艺钢筋的质量，必须按照现行规范的要求进行认真验收。其中主要包括外观检查和力学性能试验，力学性能试验又包括拉伸试验和弯曲试验。力学性能试验应按行业标准《钢筋焊接接头试验方法》（JGJ/T 27—2001）中的规定进行。

1. 钢筋接头抽样的规定

（1）按照《钢筋焊接接头试验方法》（JGJ/T 27—2001）中的规定，外观检查每批抽查 10% 的接头，并不得少于 10 个。

（2）力学性能试验，应从每批经外观检查合格的钢筋接头中切取 6 个试件，其中 3 个进行拉伸试验，另外 3 个进行弯曲试验。

（3）在同一台班内，由同一焊工完成的 300 个同级别、同直径钢筋焊接接头应作为一批。当同一台班内焊接的接头数量较少时，可在一周内累计计算。当累计仍不足 300 个接头时，则仍作为一批计算。

（4）焊接等长的预应力钢筋（包括螺丝端杆与钢筋）时，可按生产时同等条件制作模拟试件。螺丝端杆接头可只进行拉伸试验。

2. 钢筋接头的外观检查

（1）检查所有钢筋接头的外观，在钢筋的接头处不得有横向裂纹。

（2）与电极接触的钢筋外观表面：对于 HRB235 级钢筋不得有明显的烧伤；对于其他钢筋，均不得有烧伤。

（3）两根钢筋的轴线应在同一条直线上，接头处的弯折角不应大于 3°。

（4）钢筋接头处的轴线不得出现大的偏移，不应大于钢筋直径的 0.1 倍，且应不大于 2mm。

当试件中有 1 个接头不符合要求时，应对全部接头进行检查，剔除不合格的接头，切除热影响区后重新进行焊接。

3. 接头的力学性能试验

（1）钢筋接头的拉伸试验

根据行业标准《钢筋焊接接头试验方法》（JGJ/T 27—2001）中的规定，钢筋接头的拉伸试验结果应符合下列要求：

① 3 个热轧钢筋接头试件的抗拉强度，均不得小于该级别钢筋规定的抗拉强度值。3 个余热处理钢筋接头试件的抗拉强度，均不得小于热轧 HRB400 级钢筋抗拉强度

值570MPa。

② 在拉伸试验过程中,3个试件至少有2个断于焊缝之外,并呈延性断裂。

当检验结果有1个试件的抗拉强度小于上述规定,或有2个试件在焊缝或热影响区发生脆性断裂时,应再取6个试件进行复验。复验的结果,当仍有1个试件的抗拉强度小于规定,或有3个试件断裂于焊缝或热影响区,呈脆性断裂,应确认该批钢筋接头为不合格品。

模拟试件的检验结果不符合要求时,复验应从成品中再切取试件进行复验,其数量和要求与初始试验时相同。

(2)钢筋接头的弯曲试验

根据行业标准《钢筋焊接接头试验方法》(JGJ/T 27)中的规定,钢筋接头的弯曲试验结果应符合下列要求:

弯曲试验可在万能机或手动液压弯曲器上进行,并应将受压面的金属毛刺和镦粗变形的部分消除,且与母材的外表齐平,焊缝应处于弯曲的中心点,弯心直径应符合表3-4中的规定,弯曲至90°时,至少有2根试件不得发生破裂。

当检验结果有2个试件发生破裂,应再切取6个试件进行复验。复验的结果,当仍有3个试件发生破裂,应确认该批钢筋接头为不合格品。

(四)钢筋低温闪光对焊的注意事项

为确保钢筋低温闪光对焊的质量,在施工过程中应注意如下事项:

(1)焊接时应随时观察电源电压波动情况,当电源电压下降大于5%时,应采取提高焊接变压器级数的措施;当电源电压升高大于8%时,不得再进行焊接。

(2)钢筋的对焊机应经常维修保养和定期检修,以确保对焊机正常使用和钢筋对焊接头的质量。

(3)在钢筋焊接施工之前,应首先清除钢筋或钢板焊接部位与电极接触的钢筋表面上的锈斑、油污、灰尘和杂物等;当对焊的钢筋端部有弯折、扭曲或砸伤等质量缺陷时,应予以矫直或切除。

(4)在施工现场进行焊接时,如果风速超过7.9m/s时,应采取有效的遮蔽措施,或者不焊接。

(5)在焊接中当出现异常现象或焊接缺陷时,应及时查明原因,采取有效措施进行纠正或消除。

三、钢筋冬季电弧焊工艺

在钢筋工程焊接施工中,当环境温度低于−5℃的条件下进行钢筋对焊或电弧焊时,称为钢筋低温(负温)电弧焊焊接。钢筋的低温(负温)电弧焊,不同于常温下的电弧焊,其适用范围、注意事项、焊接工艺和质量验收应符合以下规定。

(一)钢筋低温(负温)电弧焊的适用范围

按照钢筋低温(负温)电弧焊的接头形式和工艺不同,主要分为帮条焊、搭接焊和坡口焊三种,它们的适用范围分别是:

(1)帮条焊的适用范围

对于热轧钢筋,钢筋直径为10～40mm;对于余热处理钢筋,钢筋直径为10～25mm。

(2)搭接焊的适用范围

对于热轧钢筋,钢筋直径为 10 ~ 40mm;对于余热处理钢筋,钢筋直径为 10 ~ 25mm。

(3)坡口焊的适用范围

对于热轧钢筋,钢筋直径为 18 ~ 40mm;对于余热处理钢筋,钢筋直径为 18 ~ 25mm。

(二)钢筋低温(负温)电弧焊的注意事项

工程实践证明,在钢筋低温(负温)电弧焊的施工过程中,应当特别注意的事项是:焊条的选择和焊前的准备。

1. 焊条的选择

钢筋低温(负温)电弧焊所用的焊条,对于焊接速度和焊接质量均有很大的影响。因此,钢筋低温(负温)电弧焊所用的焊条,其性能应符合《碳钢焊条》(GB/T 5117)、《低合金钢焊条》(GB/T 5118)中的规定,其型号应根据设计要求,如果设计中无规定时,可参考表5-3选用。

表5-3　钢筋电极焊焊条的型号

项　　　次	钢筋牌号	帮条焊、搭接焊	坡口焊
1	HPB235	E4303	E4303
2	HRB335	E4303	E5003
3	HRB400	E5003	E5003

当采用低氢型碱性焊条时,应当按照说明书的要求烘焙后才能使用;酸性焊条如果在运输或存放中受潮,使用前也应烘焙后才能使用。

2. 焊前的准备

(1)钢筋在焊接施工之前,必须清除钢筋或钢板焊接部位和电极接触的钢筋表面的锈斑、油污、灰尘和杂物等;当对焊的钢筋端部有弯折、扭曲或砸伤等质量缺陷时,应予以矫直或切除。

(2)钢筋接头采用帮条焊或搭接焊时,宜选用双面焊;当不能进行双面焊时,也可以采用单面焊。帮条焊或搭接焊的两根钢筋的重合焊接长度,见表5-4。

表5-4　帮条焊或搭接焊的两根钢筋的重合焊接长度

项　　　次	钢筋牌号	焊缝型式	帮条或搭接的长度
1	HPB235	单面焊 双面焊	$\geq 8d$ $\geq 4d$
2	HRB335、HRB400	单面焊 双面焊	$\geq 10d$ $\geq 5d$

(3)帮条的级别与主筋相同时,帮条直径可与主筋相同或小一个规格;帮条直径与主筋相同时,帮条的级别可与主筋相同或低一个级别。

(4)当采用帮条焊时,两根主筋之间的间隙应为 2 ~ 5mm。当采用搭接焊时,焊接端钢筋应按要求进行预弯折,并应使两根钢筋的轴线在同一轴线上。

(5)当采用坡口焊焊接工艺时,其准备工作应符合下列要求:

① 所焊接的坡口面应平顺,切口边缘不得有裂纹和较大的毛边、缺棱等质量缺陷。

② 当采用坡口平焊时,V 形坡口的角度为 55° ~ 65°;当采用坡口立焊时,坡口角度为

$40° \sim 55°$，其中下钢筋为 $0° \sim 10°$，上钢筋为 $35° \sim 45°$。

③钢垫板长度为 $40 \sim 60\text{mm}$，厚度为 $4 \sim 6\text{mm}$。当采用坡口平焊时，钢垫板的宽度应为钢筋直径加上 10mm；当采用坡口立焊时，钢垫板的宽度应等于钢筋直径。

④钢筋根部的间隙：当采用坡口平焊时，为 $4 \sim 6\text{mm}$；当采用坡口立焊时，为 $3 \sim 5\text{mm}$。最大间隙均不宜超过 10mm。

（6）为确保焊接操作安全和焊接质量，焊接地线与钢筋应接触良好，特别应注意防止因接触不良而烧伤主钢筋。

（7）在钢筋焊接的施工现场，当风速超过 7.9m/s 时，应采取有效的遮蔽措施。

（三）钢筋低温（负温）电弧焊的焊接工艺

钢筋低温（负温）电弧焊的焊接质量如何，关键在于根据钢筋级别、直径、接头形式和焊接位置，选择适宜的焊接工艺和焊接参数。

工程实践证明，在环境温度低于 $-5℃$ 的条件下进行钢筋电弧焊时，宜采用多层控温施焊工艺，与常温下焊接相比，应当增大焊接电流，降低焊接的速度。既要防止焊接后冷却速度过快，也要防止接头过热。

在钢筋低温（负温）电弧焊的焊接过程中，应及时进行清渣，焊缝表面应光滑，焊缝余高应平缓过渡，电弧凹坑应填补饱满。采用的焊接方式不同，对焊接工艺的要求也有所不同，对于帮条焊、搭接焊、坡口焊，应分别符合下列要求：

1. 帮条焊及搭接焊的工艺

（1）采用帮条焊工艺时，帮条与主筋之间应当用 4 点定位焊固定；采用搭接焊工艺时，应当用 2 点定位焊固定。定位焊缝距离帮条端部或搭接端部的距离应大于 20mm。

（2）在进行焊接时，应在帮条焊或搭接焊形成的焊缝中引弧；在端头的收弧前应填满电弧凹坑，并应使主焊缝与定位焊缝始端熔合良好。

当采用帮条焊或搭接焊时，第一层焊缝应在中间引弧。当采用坡口平焊时，应从中间向两端施焊；当采用坡口立焊时，应先从中间向上端施焊，再从下端向中间施焊。以后各层焊缝，采取控温施焊，层间的焊接温度宜控制在 $150 \sim 350℃$ 之间。

（3）帮条接头或搭接接头的焊缝厚度，应不小于 0.3 倍钢筋直径，焊缝的宽度不应小于主钢筋直径的 0.8 倍。焊缝的尺寸如图 5-1 所示。

（4）热轧钢筋多层施焊时，可采用回火焊道进行施焊；回火焊道的长度宜比前焊道后缩 $4 \sim 6\text{mm}$，如图 5-2（a）、图 5-2（b）所示。

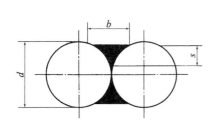

图 5-1 焊缝尺寸示意图
b—焊缝宽度；s—焊缝厚度；d—钢筋直径

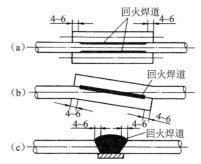

图 5-2 钢筋低温电弧焊回火焊道示意图
（a）帮条焊；（b）搭接焊；（c）坡口焊

2. 坡口焊的焊接工艺

(1)坡口焊的焊缝根部、坡口端面、钢筋及钢板之间应当熔合良好。在焊接过程中应当经常进行清渣。为了确保钢筋与钢垫板焊接牢固,在钢筋与钢垫板之间,应加焊二三层侧面焊缝。

(2)为防止钢筋接头过热,采用几个钢筋接头轮流进行施焊。

(3)焊缝的宽度应超过 V 形坡口边缘 2~3mm,余高也应为 2~3mm,并平缓过渡至钢筋表面。焊缝余高应分两层控温施焊。

(4)热轧钢筋多层施焊时,焊后可采用回火焊道进行施焊,其回火焊道的长度比前一焊道在两端后缩 4~6mm,如图 5-2(c)所示。

(5)如果发现钢筋接头中有弧焊凹坑、气孔及咬边等质量缺陷,应立即进行补焊。HRB400 级钢筋接头冷却后补焊时,需用氧乙炔预热。

(四)钢筋低温(负温)电弧焊的质量验收

钢筋低温(负温)电弧焊的质量验收,主要包括外观检查和拉伸试验。拉伸试验应按《钢筋焊接接头试验方法》(JGJ/T 27)中的规定进行。

1. 焊接接头的抽样数量

(1)钢筋焊接接头外观检查抽样:应在清理渣后逐个进行目测或量测。

(2)钢筋焊接接头拉伸试验抽样:从成品中每批切取 3 个接头进行拉伸试验。对于装配式结构节点的钢筋焊接接头,可按生产条件制作模拟试件。

在工厂焊接条件下,300 个同接头形式、同钢筋级别的接头为 1 批。在施工现场安装条件下,每 1 至 2 楼层中以 300 个同接头形式、同钢筋级别的接头为 1 批,不足 300 个时,仍作为 1 批。

2. 焊接接头的外观检查

钢筋低温(负温)电弧焊接头的外观检查,其结果应符合下列要求:

(1)钢筋接头焊缝表面应平整,不得有较大的凹陷或焊瘤。

(2)钢筋焊接接头区域不得有裂纹。

(3)钢筋接头的咬边深度、气孔、夹渣的数量和大小,以及接头尺寸的偏差,应符合表3-10 中的规定。

(4)坡口焊接头的焊缝余高为 2~3mm。

外观检查不合格的钢筋接头,经修整补强后可提交进行二次验收。

3. 焊接接头的拉伸试验

钢筋低温(负温)电弧焊接头的拉伸试验,其结果应符合下列要求:

(1)3 个接头试件均应断于焊缝之外,并至少有两个试件应呈延性断裂。

(2)3 个热轧钢筋接头试件的抗拉强度均不得小于该级别钢筋规定的抗拉强度值。余热处理钢筋接头试件的抗拉强度均不得小于该级别钢筋规定的抗拉强度值 570MPa。

当钢筋接头检验结果有 1 个试件的抗拉强度小于现行规定,或有 1 个试件断裂于焊缝处,或有两个试件发生脆性断裂时,应取 6 个试件进行复验。复验结果仍有 1 个试件强度小于现行规定,或有 1 个试件断裂于焊缝处,或有两个试件发生脆性断裂时,应确认该批钢筋接头为不合格品。

模拟试件的数量和要求应与从成品中切取的试件数量相同。当模拟试件结果不符合要求时,复验应从成品中切取,其数量和要求应与初试时相同。

四、钢筋冬季气压焊工艺

在钢筋工程焊接施工中,当环境温度低于 - 5℃的条件下进行钢筋对焊或气压焊时,称为钢筋低温(负温)气压焊焊接。钢筋的低温(负温)气压焊,也不同于常温下的气压焊,其适用范围、注意事项、焊接工艺和质量验收应符合以下规定。

(一)钢筋低温(负温)气压焊适用范围

钢筋低温(负温)气压焊适用范围,主要包括钢筋级别和钢筋直径、钢筋焊接位置两个方面:

(1)钢筋低温(负温)气压焊主要适用于热轧钢筋20MnSiV、20MnTi,钢筋的直径为14～40mm。

(2)钢筋低温(负温)气压焊主要适用于垂直位置、水平位置或倾斜位置的钢筋对焊。

当对焊连接的两根钢筋直径不同时,两直径之差不得大于7mm。

(二)钢筋低温(负温)气压焊注意事项

(1)钢筋采用低温(负温)气压焊施工时,对气源设备应采取保温防冻措施。当温度低于 - 15℃时,应对钢筋接头采取预热和保温缓降措施;当施工现场的风速超过 5.4m/s 时,应采取挡风措施。

(2)焊接所用氧气的质量应符合《工业氧》(GB/T 3863—2008)规定的要求,其纯度应大于99.2%。焊接所用乙炔的质量应符合现行国家标准《溶解乙炔》(GB 6819—2004)规定的要求,其纯度应大于98.0%。

(3)钢筋低温(负温)气压焊所用的主要设备有:供气装置、多嘴环管加热器、加压器和焊接夹具等。为确保气压焊的施工质量,这些主要设备应符合下列规定:

① 对供气装置的基本要求:供气装置包括氧气瓶、溶解乙炔瓶(或中压乙炔发生器)、干式回火防止器、减压器及胶管等。氧气瓶和溶解乙炔瓶的供气能力,应满足施工现场最大直径钢筋焊接时供气量的要求,当供气不能满足使用要求时,可多个瓶并联一起使用。

② 对多嘴环管加热器的基本要求:氧气和乙炔混合室的供气量,应能满足加热圈气体消耗量的需要。多嘴环管加热器应配备多种规格的加热圈,多束火焰应燃烧均匀,调整火焰应方便。

③ 对加压器的基本要求:加压器主要包括油泵、油管、油压表和顶压油缸等;其加压能力应达到现场最大直径钢筋焊接时所需要的轴向压力。

④ 对焊接夹具的基本要求:焊接用的夹具应能夹紧钢筋,当钢筋承受最大轴向压力时,钢筋与夹具之间不得产生相对滑移,应便于钢筋的安装定位,并在钢筋施焊的过程中保持刚度;活动夹具与固定夹具应同心,并且当不同直径钢筋焊接时,也应保持同心;活动夹具应保证施工现场最大直径钢筋焊接时所需要的足够有效行程。

(三)钢筋低温(负温)气压焊焊接工艺

(1)在钢筋接头施焊前,其端面应当切平,并与钢筋轴线相垂直;在钢筋端部两倍直径长度范围内如果有水泥等附着物,应将其清除干净;钢筋边角毛刺及端面上的铁锈、油污和氧化膜等要认真清除,并打磨使钢筋呈现出金属光泽,不得有氧化现象,这样才能确保钢筋焊接的质量。

（2）在安装夹具和钢筋时，应将两根钢筋分别夹紧，并使两根钢筋的轴线在同一条直线上，钢筋安装完毕后应加压顶紧，两根钢筋之间的局部缝隙不得大于 3mm。

（3）根据焊接的钢筋直径和焊接设备等，选用一次加压法、二次加压法或三次加压法焊接工艺。在两钢筋缝隙密合和镦粗的过程中，对钢筋施加的轴向压力，按钢筋截面面积计，一般应为 30～40MPa。

（4）钢筋低温（负温）气压焊的焊接工艺应符合下列要求：

① 气压焊开始阶段宜采用碳化焰，对准两根钢筋的接缝处集中加热，并使其内焰包住缝隙，并应防止钢筋端面产生氧化。

② 在确认两根钢筋的缝隙完全密合后，应改用中性焰，以压焊面为中心，在两侧各 1 倍钢筋直径长度范围内往复宽幅加热。钢筋端面的加热温度应当控制在 1150～1250℃ 范围内，钢筋镦粗区表面的加热温度应当稍高于该温度，并应当随着钢筋直径大小而产生的强度梯度确定。

③ 通过最终的加热加压，应使钢筋接头镦粗区形成规定的形状，然后停止加热，稍微停留一段时间，减除施加的压力，拆下焊接用的夹具。

（5）在钢筋接头加热的过程中，当在钢筋端面缝隙完全密合之前发生夹头中断现象时，应将钢筋取下重新打磨、安装，然后点燃火焰进行焊接。当发生在钢筋端面缝隙完全密合之后，可以继续加热加压进行焊接。

（6）在钢筋焊接生产过程中，焊接操作工人应按规定进行自检，当发现焊接缺陷时，应查找原因、采取措施、及时消除。

（四）钢筋低温（负温）气压焊质量验收

钢筋低温（负温）气压焊焊接完毕后，应对焊接质量进行检查和验收，主要包括外观检查和力学性能试验，力学性能试验包括拉伸试验和弯曲试验。力学性能试验应参照《钢筋焊接接头试验方法》（JGJ/T 27）中的规定进行。

1. 钢筋低温（负温）气压焊的抽样数量

（1）钢筋低温（负温）气压焊的接头，应逐个接头进行外观检查。

（2）钢筋低温（负温）气压焊的接头，应从每批钢筋接头中随机切取 3 个接头进行拉伸试验，根据工程需要，也可另切取 3 个接头进行弯曲试验。

在一般构筑物中，以 200 个接头为一批；在现浇钢筋混凝土房屋结构中，同一楼层中应以 200 个接头为一批，不足 200 个接头仍应作为一批。

2. 钢筋低温（负温）气压焊的外观检查

钢筋低温（负温）气压焊的焊接接头外观检查结果，应符合下列要求：

（1）两根钢筋的偏心量不得大于钢筋直径的 0.15 倍，且不得大于 4mm。当不同直径钢筋焊接时，应按小直径钢筋计算。当偏心量大于规定值时，应切除重新焊接。

（2）两根钢筋的轴线应在同一条直线上，且轴线的弯折角不得大于 3°，当大于规定值时，应重新加热进行矫正。

（3）接头镦粗的直径不应小于钢筋直径的 1.4 倍，当小于这个规定时，应重新加热进行镦粗。

（4）接头镦粗的长度不应小于钢筋直径的 1.0 倍，且凸出的部分平缓圆滑。当小于这个规定时，应重新加热镦长。

3. 钢筋低温(负温)气压焊的力学试验

(1)钢筋低温(负温)气压焊的焊接接头拉伸试验结果,应符合下列要求:

3 个试件的抗拉强度均不得小于该级别钢筋规定的抗拉强度值,并应拉断于压焊面之外,呈延性断裂。

当有 1 个试件不符合要求时,应再随机切取 6 个试件进行复验,复验如果仍有 1 个试件不符合要求,应确认该批钢筋接头为不合格品。

(2)钢筋低温(负温)气压焊的焊接接头弯曲试验,应符合下列要求:

在进行弯曲试验时,应将试件受压面的凸出部分消除,并应与钢筋母材的外表面齐平。钢筋的弯心直径应当按表 5-5 中的数值选用。

表 5-5　气压焊接头弯曲试验弯心直径

钢筋牌号	弯心直径	
	$d \leqslant 25mm$	$d > 25mm$
HPB235	$2d$	$3d$
HRB335	$4d$	$5d$
HRB400	$5d$	$6d$

注:d 为钢筋的直径,单位:mm。

钢筋接头弯曲试验可在万能试验机或手动液压弯曲试验器上进行,压焊面应处在弯曲中心点。当弯曲至 90°时,3 个试件不得在压焊面发生破断。

钢筋接头的弯曲试验结果,当有 1 个试件不符合要求,应再随机切取 6 个试件进行复验。复验结果,当仍有 1 个试件不符合要求时,应确认该批钢筋接头为不合格品。

五、钢筋低温电渣压力焊工艺

电渣压力焊是利用电流通过液体熔渣所产生的电阻热进行焊接的一种熔焊方法。与电弧焊相比,具有工效高、成本低的显著特点,我国在一些高层建筑施工中已取得很好的效果,并且也是在钢筋低温(负温)条件下焊接常用的方法之一。

钢筋的低温(负温)电渣压力焊,也不同于常温下的电渣压力焊,其适用范围、注意事项、焊接工艺等方面应符合以下规定。

(一)钢筋低温(负温)电渣压力焊的适用范围

钢筋低温(负温)电渣压力焊主要适用于以下范围:

(1)热轧钢筋,钢筋的直径为 14 ~ 40mm。

(2)适用于现浇钢筋混凝土结构(如柱、墙、烟囱等)竖向(倾斜度在 4∶1 范围内)受力钢筋的连接,不得用于梁、板等构件中水平钢筋的连接。

(二)钢筋低温(负温)电渣压力焊的注意事项

(1)钢筋低温(负温)电渣压力焊,与常温条件下相比,应适当增加焊接电流、通电时间及接头保温时间。

(2)当焊接用的电源电压下降大于 5%时,不宜再进行焊接。

(3)焊剂应根据钢筋级别选用,一般可采用 HJ431 或其他性能合适的焊剂。焊剂应存放在干燥的库房内,当焊剂受潮时,在使用前应在 250 ~ 300℃温度下烘焙 2h。在焊接使用中回收的焊剂,应清除混入的熔渣和杂物,并要与新的焊剂混合均匀后再使用。

(4)宜采用次级空载电压较高的交流或直流焊接电源,焊机容量应根据所焊接的钢筋直径而确定。

(5)焊接所用的夹具应具有一定的刚度,在最大允许荷载下应移动灵活,操作起来比较便利,焊剂罐的直径应与所焊接钢筋直径相适应。焊机中的电压表、时间显示器应当配备齐全。

(三)钢筋低温(负温)电渣压力焊的焊接工艺

钢筋低温(负温)电渣压力焊的工艺过程和操作应符合下列要求:

(1)焊接夹具的上下钳口应夹紧于上、下钢筋的适当位置,钢筋一经夹具夹紧,不得再出现晃动现象。

(2)焊接时进行引弧,可以采用铁丝圈或焊条引弧法,也可以采用直接引弧法。

(3)在引燃电弧后,先进行电弧过程,电弧后转变为电渣过程的延时,最后在断电的同时,迅速下压上钢筋,挤出熔化的金属和熔渣,并敲去渣壳,使四周的焊包比较均匀,凸出钢筋表面的高度应大于或等于4mm,其接头如图5-3所示。

(4)钢筋接头焊接完毕后,应停歇适当的时间,才可以回收焊剂和卸下焊接夹具。

(5)钢筋低温(负温)电渣压力焊的主要焊接参数包括:焊接电流、焊接电压和通电时间。一般是在常温下焊接工艺参数的基础上进行适当调整。

(6)在进行电渣压力焊的生产过程中,焊接操作工人应对所焊接头进行自检,当发现有偏包、弯折、烧伤等焊接缺陷时,应查找原因、采取措施、及时消除。

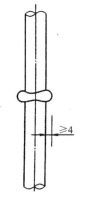

图5-3　钢筋低温电渣压力焊接头示意

六、钢筋冬季焊接注意事项

钢筋在低温(负温)的冬季施工,是属于一种特殊气候条件下的操作,对于操作的要求不同于常温情况。为确保钢筋的焊接质量符合现行规范的要求,在焊接施工过程中应注意如下事项:

(1)冷拉钢筋采用闪光对焊或电弧焊工艺时,应在钢筋冷拉前进行。

(2)在直接承受中级、重级工作制起重机的钢筋混凝土构件中,受力钢筋不得采用绑扎接头,且不宜采用焊接接头,除端头进行锚固外,不得在钢筋上焊有任何附件。

(3)当设计允许采用闪光对焊时,对非预应力筋和预应力筋均应当除去截面处焊接的毛刺和卷边。在钢筋直径45倍区段范围内,焊接接头截面面积占受力钢筋总截面面积不得超过25%。

(4)设计中需要进行疲劳验算的钢筋混凝土构件,不得采用有焊接接头的冷拉 HRB500 级钢筋。

(5)轴心受拉和小偏心受拉杆件中的钢筋接头,均应采用焊接。普通混凝土中直径大于22mm 的钢筋和轻骨料混凝土中直径大于20mm 的 HPB235 级钢筋及直径大于25mm 的 HRB335、HRB400 级钢筋的接头,均宜采用焊接。

（6）对于轴心受压和偏心受压柱子中的受压钢筋的接头,当钢筋直径大于 25mm 时,也应采用焊接。

（7）对于有抗震要求的受力钢筋接头,宜优先采用焊接或机械连接。当采用焊接接头时,应符合下列规定:

① 纵向钢筋的接头,对于有一级抗震要求的,应采用焊接接头;对于有二级抗震要求的,宜采用焊接接头。

② 框架底层柱、剪力墙的加强部位纵向钢筋接头,对于有一、二级抗震要求的,应采用焊接接头;对于有三级抗震要求的,宜采用焊接接头。

③ 钢筋接头不宜设置在梁端、柱端的箍筋加密区范围内。

（8）当受力钢筋采用焊接接头时,设置在同一构件内的焊接接头应相互错开。在任一钢筋焊接接头的中心至长度为钢筋直径 d 的 35 倍且不小于 500mm 的区段 L 内,如图 5-4 所示。同一根钢筋上也不得有两个接头,在该区段内有接头的受力钢筋截面面积占受力钢筋总截面面积的百分率,应符合下列规定:

① 非预应力筋。受拉区的钢筋不宜超过 50%,受压区和装配式构件连接处不限制。

② 预应力筋。受拉区不宜超过 25%,当有可靠保证措施时,可以放宽至 50%;受压后和后张法的螺丝端杆不限制。

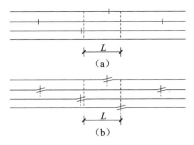

图 5-4　焊接接头的设置示意图
（a）对焊接头;（b）搭接焊接头
注:图中所示 L 区段内有接头的钢筋面积按两根计。

（9）以上的钢筋接头应设置在受力较小的部位,且在同一根钢筋全长上宜少设接头。承受均布荷载作用的屋面板、楼板、檩条等简支受弯曲的构件,当在受拉区内配置的受力钢筋少于 3 根时,可在跨度两端各 1/4 范围内设置一个焊接接头。

（10）焊接接头距离钢筋的弯折处,不应小于钢筋直径的 10 倍,且不宜位于构件的最大弯矩处。

第六章 钢筋的配料与代换

钢筋的配料与代换都是在工程施工中经常遇到的问题,如果钢筋配料与代换不符合结构设计要求,不仅不能满足建筑结构的设计功能,而且还会产生不安全因素。因此,在钢筋工程施工中必须高度重视,严格按现行有关规定进行。

第一节 钢筋的配料

钢筋因弯曲或弯曲会使其长度变化,在配料中不能直接根据图纸中尺寸下料;必须了解对混凝土保护层、钢筋弯曲、弯钩等规定,再根据图中尺寸计算其下料长度。

钢筋配料是钢筋工程施工中最重要的环节,即根据混凝土结构构件的配筋图,计算各类钢筋的直线下料长度、总根数及钢筋总质量,然后编制、填写钢筋配料单,作为钢筋备料加工的依据。

钢筋配料是根据结构施工图,先绘出各种形状和规格的单根钢筋简图并加以编号,然后分别计算钢筋下料长度、根数及质量,填写配料单,申请加工。

一、钢筋下料长度的计算原则

钢筋下料长度的计算,应当根据钢筋所需长度、保护层的厚度、钢筋量度差值、弯钩增加长度等原则进行。

（一）钢筋所需长度

钢筋混凝土结构施工图中所标注的钢筋长度是指受力钢筋外边缘至外边缘之间的长度,即外包尺寸。外包尺寸是钢筋施工中量度钢筋长度的基本依据,其大小是根据构件尺寸、钢筋形状及保护层厚度确定的。

（二）保护层的厚度

混凝土保护层厚度是指受力钢筋外边缘至混凝土构件表面的距离,其功能主要是使混凝土结构中的钢筋免于大气的锈蚀作用,从而提高钢筋混凝土结构构件的耐久性。混凝土保护层厚度应当符合设计规定,如果设计中无具体要求时,纵向受力钢筋混凝土保护层最小厚度见表6-1。

表6-1 纵向受力钢筋的混凝土保护层最小厚度(mm)

环境类别		板、墙、壳			梁			柱		
		≤C20	C25~C45	≥C50	≤C20	C25~C45	≥C50	≤C20	C25~C45	≥C50
一		20	15	15	30	25	25	30	30	30
二	a	—	20	20	—	30	30	—	30	30
	b	—	25	20	—	35	30	—	35	30
三		—	30	25	—	40	35	—	40	35

注:基础中纵向受力钢筋的混凝土保护层厚度不应小于40mm;当无垫层时,不应小于70mm。

（三）钢筋量度差值

钢筋在弯曲的过程中，其外边缘伸长，内边缘缩短，钢筋的中轴线则保持弯曲前的长度不变。但在钢筋施工图中习惯标注的是外包尺寸，同时弯曲处又成圆弧形，因此弯曲钢筋的量度尺寸大于下料尺寸，弯曲后的钢筋，外包尺寸与钢筋中轴线长度之间存在一个差值，这个差值称为钢筋的量度差值。在计算钢筋下料长度时，必须从外包尺寸中扣除这个量度差值，才能确保钢筋的轴线实际长度准确下料。

钢筋弯曲处的量度差值，随着弯曲角度和钢筋级别的增大而增加。钢筋弯曲调整值的计算如图 6-1 所示。

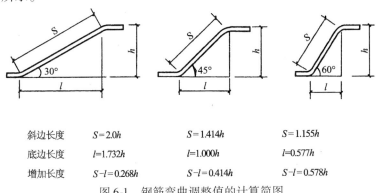

斜边长度	$S=2.0h$	$S=1.414h$	$S=1.155h$
底边长度	$l=1.732h$	$l=1.000h$	$l=0.577h$
增加长度	$S-l=0.268h$	$S-l=0.414h$	$S-l=0.578h$

图 6-1 钢筋弯曲调整值的计算简图

为方便钢筋下料长度的计算，经大量钢筋弯曲试验，总结出不同弯曲角度的调整值，可供实际工程中参考。钢筋弯曲 90° 和 135° 时的弯曲调整值见表 6-2，钢筋一次弯折、弯起30°、45° 和 60° 时的弯曲调整值见表 6-3。

表 6-2 钢筋弯曲 90° 和 135° 时的弯曲调整值

弯折角度 （°）	钢筋级别	弯曲调整值	
		计算公式	取值
90°	HPB235 HRB335 HRB400	$\Delta = 0.215D + 1.215d$	1.75d 2.08d 2.29d
135°	HPB235 HRB335 HRB400	$\Delta = 0.822D - 0.178d$	0.38d 0.11d 0.07d

注：弯曲直径：HPB235 级钢筋为 2.5d，HRB335 级为 4.0d，HRB400 级为 5.0d。

表 6-3 钢筋一次弯折、弯起 30°、45° 和 60° 的弯曲调整值

弯折弯起角度 （°）	钢筋一次弯折的弯曲调整值		钢筋一次弯折的弯曲调整值	
	计算公式	弯曲直径按 5d	计算公式	弯曲直径按 5d
30°	$\Delta = 0.006D + 0.270d$	0.30d	$\Delta = 0.012D + 0.280d$	0.34d
45°	$\Delta = 0.022D + 0.436d$	0.55d	$\Delta = 0.043D + 0.457d$	0.67d
60°	$\Delta = 0.054D + 0.631d$	0.90d	$\Delta = 0.108D + 0.685d$	1.23d

（四）弯钩增加长度

现行施工规范中规定：对于 HPB235 级钢筋，其末端弯钩应当弯制成 180°，其弯弧内直径不应小于钢筋直径的 2.5 倍，弯钩的弯后平直部分长度不应小于钢筋直径的 3 倍。这样，钢筋下料长度必然要大于钢筋的外包尺寸，计算每个弯钩应增加的一定长度，称为钢筋弯钩增加长度。经推导计算，180°弯钩每个弯钩增加长度为 6.25 倍的钢筋直径。常用钢筋弯钩及弯折形式，如图 6-2 所示。

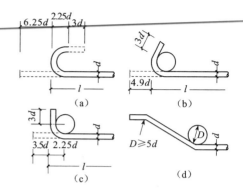

图 6-2　常用钢筋弯钩及弯折形式
（a）半圆（180°）弯钩；（b）斜（135°）弯钩；（c）直（90°）弯钩；（d）钢筋中间部分弯钩
l—钢筋设计长度；d—钢筋直径；D—弯曲直径

在实际工程中，钢筋端部的弯钩有半圆钩（即 180°）、直弯钩（即 90°）和斜弯钩（即 135°）三种，这三种弯钩形式各种规格钢筋弯钩增加的长度可参考表 6-4。

表 6-4　各种规格钢筋弯钩增加长度参考表

钢筋直径 d（mm）	半圆弯钩（mm）		半圆弯钩（不带平直部分）（mm）		直弯钩（mm）		斜弯钩（mm）	
	1 个弯钩增加长度	2 个弯钩增加长度	1 个弯钩增加长度	2 个弯钩增加长度	1 个弯钩增加长度	2 个弯钩增加长度	1 个弯钩增加长度	2 个弯钩增加长度
6	40	75	20	40	35	70	75	150
8	59	100	25	50	45	90	95	190
10	60	115	30	60	50	100	110	220
10	65	125	35	70	55	110	120	240
12	75	150	40	80	65	130	145	290
14	90	175	45	90	75	150	170	340
16	100	200	50	100	—	—	—	—
18	115	225	60	120	—	—	—	—
20	125	250	65	130				
22	140	275	70	140				
25	160	315	80	160	—	—	—	—
28	175	350	85	190				
32	200	400	105	210				
36	225	450	115	230				

（五）箍筋的下料长度

除焊接封闭环式箍筋外，箍筋的末端应设置弯钩，弯钩的形式应符合设计要求；当设计无具体要求时，应符合下列规定：

（1）箍筋弯钩的弯弧内直径，除应满足与受力钢筋的弯钩和弯折的规定外，还应不小于受力钢筋的直径。

（2）箍筋弯钩的弯折角度，对于一般结构，不应小于 90°，对有抗震等要求的结构，应为 135°。

（3）箍筋弯后平直部分长度，对于一般结构，不宜小于箍筋直径的 5 倍，对有抗震等要求的结构,不应小于箍筋直径的 10 倍。

(4)箍筋的弯钩形式,如设计无要求时,可按图 6-3(b)、(c)加工;有抗震要求的结构,应按图 6-2(a)加工。

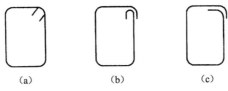

图 6-3　箍筋示意图

(a)135°/135°;(b)90°/180°;(c)90°/90°

箍筋弯钩的增加值,可以按表 6-5 中的数值选用,也可以将箍筋弯钩增加长度和弯折量度差值并为一项箍筋调整值,如表 6-6 所示。计算时将箍筋外包尺寸或内包尺寸加上相应的箍筋调整值即为箍筋下料长度。

表 6-5　箍筋弯钩增加值

箍筋的形式(°)	箍筋弯钩增加值
135/135	$14d(24d)$
90/180	$14d(24d)$
90/90	$11d(21d)$

注:表中括号中的数据为抗震要求时的增加值;d 为箍筋直径。

表 6-6　箍筋下料调整值

箍筋量度方法	箍筋直径(mm)			
	4 ~ 5	6	8	10
量外包尺寸	40	50	60	70
量内包尺寸	80	100	120	150 ~ 170

二、钢筋配料计算实例

【例 6-1】　某建筑物第一层中共有 5 根 L_1 梁,梁的配筋如图 6-4 所示。试计算梁中各钢筋的下料长度,并编制钢筋配料单。

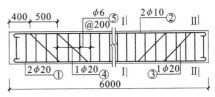

【解】　钢筋的下料长度计算如下:

① 号钢筋端头保护层厚度为 10mm,则钢筋外包尺寸为:$6000 - 2 \times 10 = 5980$mm。

② 号钢筋的下料长度为:

$$5980 + 2 \times 6.25d = 5980 + 2 \times 6.25 \times 20 = 6230 \text{mm}$$

同理,②号钢筋的下料长度为 6110mm。

③ 号钢筋的端头平直段长度为 $400 - 10 = 390$mm;斜段的长度为(梁高 -2 倍的保护层厚度)×

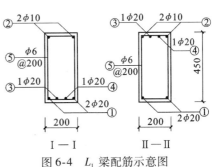

图 6-4　L_1 梁配筋示意图

$1.41 = (450 - 2 \times 25) \times 1.41 = 564$mm；中间直线段长度为：$6000 - 2 \times 400 - 2 \times 400 = 4400$mm。

则③号钢筋的下料长度为：$(390 + 564) \times 2 + 4400 - 4 \times 0.5d + 2 \times 6.25d = 6518$mm。

同理，④号钢筋的下料长度为 6518mm。

⑤号钢筋的外包尺寸，其宽度为梁的宽度扣除两个保护层厚度，再加上两个箍筋的直径，即 $200 - 2 \times 25 + 2 \times 6 = 162$mm；其高度为 $450 - 2 \times 25 + 2 \times 6 = 412$mm，⑤号钢筋的下料长度为 $(162 + 412) \times 2 - 3 \times 2d + 100 = 1212$mm。

根据以上计算编制钢筋配料单，便可进行备料加工。某建筑物 L_1 梁的钢筋配料单，如表 6-7 所示。

表 6-7　某建筑物 L_1 梁钢筋配料单

构件名称	钢筋编号	钢 筋 简 图	直径（mm）	下料长度（mm）	单位根数	合计根数	重量（kg）
L_1 梁（5 根）	①	5980	20	6230	2	10	154
	②	5980	10	6110	2	10	37.6
	③	90　564　4400　564　390　400　400	20	6518	1	5	80.0
	④	890　564　3400　564　890	20	6518	1	5	80.0
	⑤	162　412	6	1212	31	155	41.7

在钢筋加工之前，根据施工图纸按不同构件提出配料单，作为钢筋加工的依据，同时也是签发工程任务单和限额领料的依据。

为了方便钢筋加工，使操作工人一看就懂、照牌制作，每一编号钢筋都要写一块加工牌，如图 6-5 所示。在加工牌中应注明工程名称、构件编号、钢筋规格、下料长度、总加工根数及钢筋简图尺寸。某一编号的钢筋加工完毕以后，应当将钢筋加工牌绑在钢筋上，以便进行识别和使用时方便。

图 6-5　钢筋加工牌示意图

【例 6-2】 几种常用形状的钢筋下料计算

【解】 1. 手枪式箍筋的下料长度计算

手枪式箍筋（图 6-6）的下料长度计算式为：所有箍筋的外皮周长或箍筋的内皮周长 + 箍筋的调整值 $-4d$，其中 d 为钢筋的直径。

根据计算式及表 6-5，手枪式箍筋的下料长度计算式为：

$$(312 + 212) \times 2 + (192 + 87) + 50 - 6 \times 4 = 1353\text{mm}$$

2. 内外套箍筋的下料长度计算

内外套箍筋（图 6-7）的下料长度计算原理是一样的，当已知箍筋的边长后，根据箍筋的计算式，就可以计算出其下料长度，其关键是如何准确地计算出内箍筋的边长 c。

根据"勾股定理"和钢筋工在实际工作中的经验，内箍筋的边长 c 的计算可归纳为如下

计算式,供钢筋加工中参考:

(1)箍筋直径为 5～6mm:当外箍筋长度 a 为外皮尺寸时, $c = 0.73a$;当外箍筋长度 a 为内皮尺寸时, $c = 0.71a$。

(2)箍筋直径为 8mm:当外箍筋长度 a 为外皮尺寸时, $c = 0.75a$;当外箍筋长度 a 为内皮尺寸时, $c = 0.74a$。

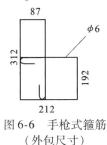

图 6-6　手枪式箍筋
（外包尺寸）

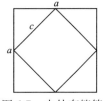

图 6-7　内外套箍筋
计算示意图

3. 百叶结钢筋下料长度的计算

百叶结形状的钢筋一般应用很少。圆角形的百叶结钢筋(图 6-8(a))主要用于天沟中,钢筋的直径为 4～8mm;方角形的百叶结钢筋(图 6-8(b))主要用于水箱等构件中,钢筋的直径为 6～8mm。

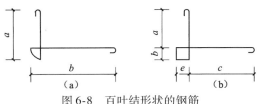

图 6-8　百叶结形状的钢筋
(a)圆角形的百叶结钢筋;(b)方角形的百叶结钢筋

百叶结形状的钢筋下料长度的计算式分别为:

圆角百叶结形状的钢筋下料长度 $= a + b +$ 弯钩增加长度 $+ 30\text{mm}$

方角百叶结形状的钢筋下料长度 $= (a + c) + (c + b) \times 2 +$ 弯钩增加长度 $- 6d$

4. 吊环钢筋下料长度的计算

吊环钢筋(图 6-9)主要用于预制混凝土构件的起吊,其下料长度的计算式为:

吊环钢筋的下料长度 $= (D + d) \times 3.14/2 + 2(l + a) +$ 弯钩增加长度 $- 4d$

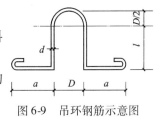

图 6-9　吊环钢筋示意图

三、配料计算的注意事项

(1)如果在钢筋设计图纸上没有注明钢筋配料的细节问题,一般可以按构造要求进行处理。

(2)在进行钢筋配料时,要考虑钢筋的形状和尺寸,在满足设计要求的前提下,配料要尽量有利于钢筋的加工和安装。

(3)在进行钢筋配料时,还要考虑施工需要的附加钢筋。如基础双层钢筋网中,为保证上层钢筋网的位置而设置的钢筋撑脚;如墙板双层钢筋网中,为固定间距而设置的钢筋撑或钢筋梯子凳;如柱子钢筋骨架增设的四面斜筋等。

第二节　钢筋的代换

在钢筋混凝土结构工程施工过程中,如果供应的钢筋品种、规格与设计图纸要求不符时,可以以其他品种和规格的钢筋代换。但在代换时,必须充分了解设计意图和代换钢筋的性能,明确原来设计中的钢筋在结构构件中的作用,严格遵守设计规范中的各项规定。对抗裂性要求较高的构件,不宜用光圆钢筋代替螺纹钢筋;钢筋代换时不宜改变构件中的有效高度。

一、钢筋代换的基本原则

当施工中遇有钢筋品种或规格与设计要求不符时,可以参照等强度代换的原则或等面积代换的原则进行钢筋代换。

(一)等强度代换的原则

等强度代换的原则,即不同种类的钢筋代换时,是按钢筋抗拉强度设计值相等的原则进行代换。如设计图中所用的钢筋设计强度为 f_{y1},钢筋总面积为 A_{a1},代换后的钢筋设计强度为 f_{y2},钢筋总面积为 A_{a2},按等强度代换原则,则

$$A_{a1}f_{y1} \leqslant A_{a2}f_{y2} \tag{6-1}$$

$$n_1 d_1 f_{y1} \leqslant n_2 d_2 f_{y2} \tag{6-2}$$

式中　A_{a1}——设计图中钢筋总面积(mm^2);

A_{a2}——代换钢筋的总面积(mm^2);

f_{y1}——设计图中钢筋设计强度(N/mm^2);

f_{y2}——代换钢筋的设计强度(N/mm^2);

n_1——原设计钢筋根数;

n_2——代换后钢筋根数;

d_1——原设计钢筋直径(mm);

d_2——代换后钢筋直径(mm)。

(二)等面积代换的原则

等面积代换的原则,相同种类和级别的钢筋代换,应按等面积原则进行代换。则

$$A_{a1} \leqslant A_{a2} \tag{6-3}$$

等面积代换,适用于结构构件的钢筋按构造配置或按照最小配筋率配置的情况。

二、钢筋代换的注意事项

当钢筋的品种、级别或规格需要变更时,应办理设计变更文件。当需要以其他钢筋进行代换时,必须征得设计单位同意,并应符合下列要求:

(1)不同种类钢筋的代换,应按钢筋受拉承载力设计值相等的原则进行。钢筋代换后

应满足现行规范规定的最小钢筋直径、根数、钢筋间距和锚固长度等方面的要求。

（2）对有抗震要求的框架钢筋需代换时，除应符合以上规定外，不宜以强度等级较高的钢筋代替原设计中的钢筋；对于重要的受力结构，不宜用 HPB235 级光圆钢筋代换 HRB335、HRB400 级变形钢筋。

（3）梁的纵向受力钢筋与弯起钢筋应分别代换，以确保正截面与斜截面的强度。偏心受压构件（如有吊车的厂房柱、框架柱等）或偏心受拉构件进行钢筋代换时，不取整个截面配筋量计算，应按受力面（受拉或受压）分别代换。

（4）当钢筋混凝土构件受到抗裂、裂缝宽度或挠度控制时，钢筋代换方案确定后，应重新进行刚度、裂缝的验算。

（5）预制混凝土构件的吊环，必须采用未经冷拉的 HPB235 级钢筋制作，严禁以其他钢筋代换。

（6）钢筋代换应体现经济、适用的原则，代换后的钢筋用量不宜大于原设计用量的 5%，也不得低于原设计用量的 2%。

（7）如果结构构件按裂缝宽度或挠度控制时，钢筋的代换需要进行裂缝宽度或挠度的验算。

钢筋代换后，不仅要符合以上规定，而且还应满足构造方面的要求，如钢筋间距、最小直径、最少根数、锚固长度、对称性等；另外，还应符合设计中提出的特殊要求，如冲击韧性、抗腐蚀性等。

第七章　钢筋的加工与安装

钢筋的加工与安装是钢筋工程施工中的主导施工过程,也是影响钢筋混凝土结构或构件质量的关键工序,主要包括钢筋调直、除锈、剪断、连接接长、弯曲成型等。由于每一道工序都关系到结构或构件的使用功能和使用寿命,所以都应当严肃认真地对待。

第一节　钢筋的调直工艺

钢筋在下料切断和弯曲成型之前,为了确保其下料长度的准确和成型正确,必须将圆盘钢筋和折弯的钢筋按规定方法进行调直,因此,钢筋的调直是钢筋加工过程中不可缺少的施工工序。

一、钢筋调直的冷拉控制

钢筋的调直可采用冷拉调直,也可采用调直切断机械进行。但是,钢筋采用冷拉调直只是为了调直,而不是为了冷拉提高钢筋强度,可用以下调直冷拉率进行控制。钢筋冷拉率的控制应符合以下规定:

对于 HPB235 级钢筋不宜大于 4%,对于 HRB335 和 HRB400 级钢筋不宜大于 1%。如果使用的钢筋无弯钩弯折要求时,调直冷拉率可适当放宽,HPB235 级钢筋不宜大于 6%,HRB335 和 HRB400 级钢筋不宜大于 2%。但对于不准采用冷拉钢筋的结构,钢筋冷拉调直率不得大于 1%。

二、钢筋调直的施工机具

为提高施工机械化水平,在大中型钢筋混凝土工程中,钢筋的调直宜采用钢筋调直切断机,它具有自动调直、定位切断、除锈、清垢等多种功能,是钢筋工程施工中最常用的加工机械。

（一）钢筋调直切断机的类型

钢筋调直切断机按调直原理不同,可分为孔模式和斜辊式;按传动原理不同,可分为液压式、机械式和数控式;按切断原理不同,可分为锤击式、轮剪式;按构造组成不同,可分为钢筋调直机、数控钢筋调直切断机、卷扬机拉直设备等。

（二）钢筋调直切断机的性能

由于钢筋调直切断机能自动调直和定尺切断钢筋,所以在我国应用比较广泛。目前,我国生产的钢筋调直切断机型号有:GT1.6/4、GT4/8、GT6/12、GTS3/8、GT10/16 等,其主要技术性能见表 7-1。

为便于选用和操作,下面着重介绍 GT4/8 型钢筋调直切断机、GTS3/8 型数控钢筋调直切断机。

表 7-1　钢筋调直切断机主要技术性能

技术参数名称	型	号		
	GT1.6/4	GT4/8	GT6/12	GTS3/8
调直切断钢筋直径(mm)	1.6~4	4~8	6~12	3~8
钢筋抗拉强度(MPa)	650	650	650	650
切断长度(mm)	300~3000	300~6500	300~6500	300~6500
切断长度误差(mm)	≤3	≤3	≤3	≤3
牵引速度(m/min)	40	40、65	36、45、72	30
调直卷筒转速(r/min)	2900	2900	2800	1430
送料、牵引辊直径(mm)	80	90	102	—
电机型号:调直	Y100L-2	Y132M-4	Y132S-2	J02-31-4
牵引	Y100L-6	Y132M-4	Y112M-4	J02-31-4
切断	Y100L-6	Y90S-6	Y90S-4	J02-31-4
外形尺寸:长(m)	3410	1854	1770	—
宽(m)	730	741	535	—
高(m)	1375	1400	1457	—
整机质量(kg)	1000	1280	1263	—
功率:调直(kW)	3	7.5	7.5	2.2
牵引(kW)	1.5	7.5	4.0	2.0
切断(kW)	1.5	0.75	1.1	2.2

(三)GT4/8 型钢筋调直切断机

1. 构造组成

GT4/8 型钢筋调直切断机主要由放盘架、调直筒、传动箱、切断机构、定尺板、承受架及机座等组成,其构造如图 7-1 所示。

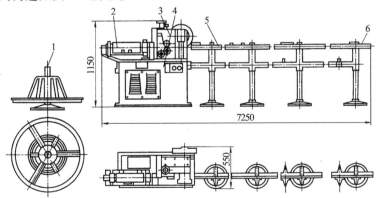

图 7-1　GT4/8 型钢筋调直切断机构造示意图

1—放盘架;2—调直筒;3—传动箱;4—机座;5—承受架;6—定尺板

2. 工作原理

GT4/8 型钢筋调直切断机的工作原理,如图 7-2 所示。电动机经 V 带轮驱动调直筒旋转,从而实现钢筋调直动作。另外,通过同一电动机上的另一带轮传动一对锥齿轮转动偏心轴,再经过两级齿轮减速后带动上压辊和下压辊相对旋转,从而实现钢筋调直和牵引运动。偏心轴通过双滑块机构,带动锤头上下运动,当上切刀进入锤头下面时,即受到锤头的敲击实现切断作业,上切刀再依赖拉杆重力作用完成回程。

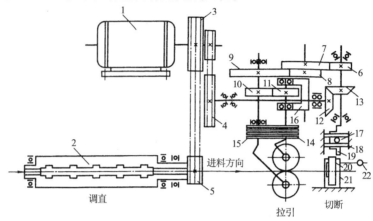

图 7-2　GT4/8 型钢筋调直切断机工作原理示意图
1—电动机;2—调直筒;3、4、5—胶带轮;6～11—齿轮;12、13—锥齿轮;
14、15—上下压辊;16—框架;17、18—双滑块;19—锤头;
20—上切刀;21—方刀台;22—拉杆

在钢筋调直过程中,方刀台和承受架上的拉杆相连,拉杆上装有定尺板,当钢筋端部顶到定尺板时,即将方刀台拉到锤头的下面,将钢筋切断。定尺板在承受架的位置,可按钢筋所需要的长度进行调整。

(四)GTS3/8 型数控钢筋调直切断机

GTS3/8 型数控钢筋调直切断机是一种比较先进的钢筋加工机械,其特点是利用光电脉冲及数字计数的原理,在调直机上加装有光电测量长度、根数控制、光电置零等装置,从而能自动控制钢筋的切断长度、切断根数和自动停止运转。GTS3/8 型数控钢筋调直切断机的工作原理,如图 7-3 所示。

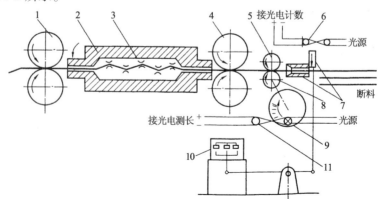

图 7-3　GTS3/8 型数控钢筋调直切断机的工作原理
1—进料压辊;2—调直筒;3—调直块;4—牵引轮;5—从动轮;6—摩擦轮;
7—光电盘;8、9—光电管;10—电磁铁;11—切断刀片

三、钢筋调直机的操作要点

（一）使用前的准备工作

（1）为确保钢筋调直操作中的安全和质量，调直切断机应安装在坚实的混凝土基础上，室外作业时应设置机棚，机械的旁边应有足够的堆放原料、半成品的场地。

（2）承受架料槽应当安装平直，其中心应对准导向筒、调直筒和下切刀孔的中心线。钢筋转盘架应安装在距离调直机 5~8m 处。

（3）按照所要调直的钢筋直径，选用适宜的调直模，调直模的孔径应比要调直钢筋直径大 2~3mm。首尾两个调直模必须放在调直筒的中心线上，中间三个可偏离中心线。一般先使钢筋有 3mm 的偏移量，经过试调直后如发现钢筋仍然有慢弯现象，通过逐步调整偏移量来纠正，直至将钢筋能调直为止。

（4）根据钢筋直径的大小选择适当的牵引辊的槽宽，一般要求在钢筋夹紧后上下辊之间有 3mm 左右的间隙。牵引辊的夹紧程度应保证钢筋能顺利地被牵引前进，也不会有明显的转动，但在钢筋切断的瞬间，允许钢筋与牵引辊之间有一定的滑动现象。

（5）根据活动切刀的位置适当调整固定切刀，上下切刀的刀刃间隙不应大于 1mm，侧向间隙应不大于 0.10~0.15mm。

（6）新安装的钢筋调直机首先要检查电气系统和零件有无损坏，各部的连接及连接件是否牢固可靠，各转动部分是否运转灵活，传动和控制系统的性能是否符合要求，以上各方面一切符合要求后，方可进行试运转。

（7）在正式开始工作前，要将钢筋调直机空载运转 2h，然后检查轴承的温度，查看锤头、切刀或切断齿轮等部件工作是否正常，确认无异常状况后，方可送料并试验调直和切断能力。

（8）以上准备工作全部完成，特别是钢筋的除锈、调直和切断完全正常后，才能正式开始操作。

（二）调直机的操作要点

（1）钢筋在正式操作前，首先应用手扳动飞轮，检查机械的传动机构和工作装置，并调整不当的间隙，紧固不牢的螺栓。

经检查确认无误后启动进行空运转。在空运转中检查轴承的情况，应没有异常的响声，齿轮啮合是否良好，待运转正常后方可允许正式进行作业。

（2）在钢筋调直模未固定牢靠、防护罩未封盖好之前，不可急于穿入钢筋，以防开机后调直模甩出砸伤操作人员。

（3）在钢筋正式送料前，应将不直的钢筋端部切掉，在导向筒的前部安装一根 1m 左右的钢管，钢筋必须先穿过钢管再穿入导向筒和调直筒，以防止每盘钢筋在接近调直完毕时甩出伤人。

（4）在钢筋上盘、穿丝和引头切断时，必须停机后再进行，决不允许在运转的状态下操作。当钢筋穿入导向筒后，手和牵引辊必须保持一定的距离，以防止手指被卷入筒内。

（5）钢筋在切断 3~5 根后，应停机检查钢筋切断长度是否符合要求。当出现偏差时，应调整限位开关或定尺板。

（6）在操作的整个过程中，机械应当运转平稳，各部轴承温升正常。滑动轴承的温度最高不应超过 80℃，滚动轴承的温度最高不应超过 70℃。

（7）在机械运转的过程中，严禁打开各部的防护罩和调整间隙。如果发现有异常情况，应立即停机进行检查，不得勉强使用。

（8）为保护机械和增加使用寿命，在钢筋调直切断完成停机后，应立即松开调直筒的调直模，并使其回到原来的位置，同时使预压弹簧也回到原位。

（9）在钢筋调直切断完成停机后，要立即切断电源，检查钢筋加工是否符合设计的要求，将切断的钢筋按照规格和要求的根数整理好，并在规定的地点堆放整齐，把加工现场清理干净。

四、调直钢筋的质量要求

（1）调直切断后的钢筋长度应当符合设计要求，同一种钢筋的长度应当一致。对直径小于10mm的钢筋，其误差不得超过±1mm；对直径大于10mm的钢筋，其误差不得超过±2mm。

（2）调直后的钢筋表面不应有明显的擦伤，如果有擦伤现象，其伤痕不应使钢筋截面积减少5%以上。切断后的钢筋断口之处应当比较平直，不得出现撕裂现象。

（3）如果采用卷扬机拉直钢筋时，必须严格控制冷拉率。对于Ⅰ级钢筋，冷拉率不宜大于4%；对于Ⅱ～Ⅲ级钢筋及Ⅴ号钢筋，冷拉率不宜大于1%。

（4）当采用数控钢筋调直切断机时，其最大切断量应控制在4000根/h范围内，切断长度误差不大于2mm。

第二节　钢筋的切断工艺

钢筋切断是将已调直的钢筋，按照设计图中钢筋所需要的长度，采用一定的方法将其切断。在钢筋工程施工中，钢筋切断分为机械切断和人工切断两种。人工切断常采用手动切断机、克子和断线钳等工具，但生产效率低、加工质量差、安全性不高，一般应尽量采用机械切断。

一、钢筋切断机的种类

钢筋下料时必须按钢筋下料长度切断。钢筋切断可采用以上所讲钢筋调直切断机，也可用钢筋切断机或手动切断器。手动切断器只是用于切断直径小于16mm的钢筋；钢筋切断机可切断直径40mm的钢筋。

钢筋切断机按工作原理不同，可分为凸轮式和曲柄连杆式；按传动方式不同，可分为液压式和机械式；按结构形式不同，可分为手持式、立式、卧式和颚剪式。

在大中型建筑工程施工中，现已广泛应用钢筋切断机，它不仅生产效率高，劳动强度低，操作非常方便，而且能确保钢筋端面垂直钢筋轴线，不出现马蹄形或翘曲现象，便于钢筋进行对焊或机械连接。

目前，在工程中常用的机械式钢筋切断机的型号有：GQ25、GQ32、GQ40和GQ50型等；液压式钢筋切断机的型号有：DYJ-32、SYJ-16、GQ-12、GQ-20型等。

常用机械式钢筋切断机的主要技术性能见表7-2；常用液压式钢筋切断机的主要技术性能见表7-3。

表 7-2　常用机械式钢筋切断机的主要技术性能

技术参数名称	切断机型号				
	GQL40	GQ40	GQ40A	GQ40B	GQ50
切断钢筋直径(mm)	6~40	6~40	6~40	6~40	6~50
切断次数(次/min)	38	40	40	40	30
电动机型号	Y100L2-4	Y100L-2	Y100L-2	Y100L-2	Y132S-4
功率(kW)	3	3	3	3	5.5
转速(r/min)	1420	2880	2880	2880	1450
外形尺寸:长(mm)	685	1150	1395	1200	1600
宽(mm)	575	430	556	490	695
高(mm)	984	750	780	570	915
整机质量(kg)	650	600	720	450	950

表 7-3　常用液压式钢筋切断机的主要技术性能

类　型		电　动	手　动	手　持	
型　号		DYJ-32	SYJ-16	GQ-12	GQ-20
切断钢筋直径(mm)		8~32	16	6~12	6~20
工作总压力(kN)		320	80	100	150
活塞直径(mm)		95	36	—	—
最大行程(mm)		28	30	—	—
液压泵柱塞直径(mm)		12	8	—	—
单位工作压力(MPa)		45.5	79	34	34
液压泵输油率(L/min)		4.5	—	—	—
压杆的长度(mm)		—	438	—	—
压杆作用力(N)		—	220	—	—
贮油量(kg)		—	35	—	—
电动机	型号	Y 型		单相串激	单相串激
	功率(kW)	3.0	—	0.567	0.750
	转速(r/min)	1440			
外形尺寸	长度(mm)	889	680	367	420
	宽度(mm)	396	—	110	218
	高度(mm)	398	—	185	130
总重量(kg)		145	6.5	7.5	14

二、钢筋切断机的构造及工作原理

在建筑工程的钢筋施工中,常用的钢筋切断机有:机械卧式钢筋切断机、机械立式钢筋切断机、电动液压钢筋切断机和手动液压钢筋切断机等。由于它们的构造不同,其工作原理也有较大差异。

(一)机械卧式钢筋切断机

1. 机械卧式钢筋切断机的基本构造

机械卧式钢筋切断机由于结构简单、使用方便、效率较高、维护容易,所以在工程中得到广泛应用。机械卧式钢筋切断机主要由电动机、传动系统、减速机构、曲轴机构、机体和切断刀等组成,其基本构造如图 7-4 所示。

131

机械卧式钢筋切断机适用于切断 6～40mm 的普通碳素钢筋。

2. 机械卧式钢筋切断机的工作原理

机械卧式钢筋切断机的工作原理比较简单,它由电动机驱动,通过 V 带轮、圆柱齿轮减速带动偏心轴旋转;在偏心轴上装有连杆,连杆带动滑块和活动刀片在机座的滑道中往复运动,并和固定在机座上的固定刀片相配合剪切钢筋。机械卧式钢筋切断机的工作原理,如图 7-5 所示。

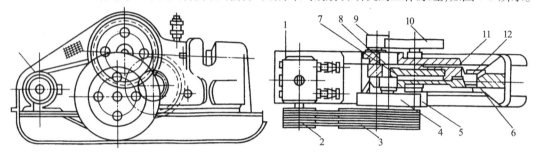

图 7-4　机械卧式钢筋切断机的构造示意图

1—电动机;2、3—V 带;4、5、9、10—减速齿轮;6—固定刀片;
7—连杆;8—曲柄轴;11—滑块;12—活动刀片

切断机上所用的固定刀片和活动刀片,应选用碳素工具钢并经热处理制成,以满足切断普通碳素钢筋的要求。固定刀片和活动刀片之间的间隙为 0.5～1mm,在刀口的两侧机座上应装有两个挡料架,以减少钢筋的摆动。

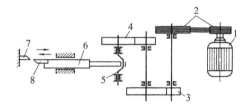

图 7-5　机械卧式钢筋切断机的工作原理图

1—电动机;2—带轮;3、4—减速齿轮;5—偏心轴;
6—连杆;7—固定刀片;8—活动刀片

(二)机械立式钢筋切断机

1. 机械立式钢筋切断机的基本构造

机械立式钢筋切断机与机械卧式钢筋切断机相比,在用途上和构造上均有所不同。这种钢筋切断机主要用于构件预制厂的钢筋加工生产线上固定使用,其构造主要由电动机、离合器操纵杆、活动刀片、固定刀片、电气开关和压料机构等组成,如图 7-6 所示。

2. 机械立式钢筋切断机的工作原理

机械立式钢筋切断机的工作原理是:由电动机的动力通过一对带轮驱动飞轮轴,经过三级齿轮减速后,再通过滑键离合器驱动偏心轴,实现活动刀片的往返运动,与固定刀片配合将钢筋切断。

离合器是由手柄控制其结合和脱离的,从而操纵活动刀片的上下运动。压料装置是通过手轮旋转,从而带动一对具有内梯形螺纹的斜齿轮使螺杆上下移动,从而可以压紧不同直径的钢筋,顺利地将钢筋切断。

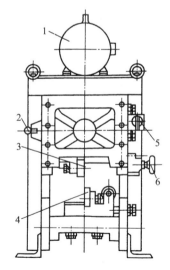

图 7-6　机械立式钢筋切断机的构造

1—电动机;2—离合器操纵杆;3—活动刀片;
4—固定刀片;5—电气开关;6—压料机构

（三）电动液压钢筋切断机

1. 电动液压钢筋切断机的基本构造

电动液压钢筋切断机的构造，要比机械钢筋切断机复杂一些。我国生产的电动液压钢筋切断机，主要由电动机、液压传动装置、操纵装置、活动刀片和固定刀片等组成。电动液压钢筋切断机构造，如图7-7所示。

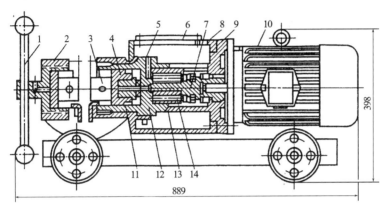

图7-7 电动液压钢筋切断机的构造示意图

1—手柄；2—支座；3—主刀片；4—活塞；5—放油阀；6—观察玻璃；7—偏心轴；
8—油箱；9—连接架；10—电动机；11—皮碗；12—液压缸体；
13—液压泵缸；14—柱塞

2. 电动液压钢筋切断机的工作原理

电动液压钢筋切断机的工作原理，如图7-8所示。电动机带动偏心轴旋转，偏心轴的偏心面推动和它接触的柱塞进行往返运动，使柱塞泵产生高压油压入液压缸体内，压力推动液压缸内的活塞，驱使活动刀片前进，活动刀片与固定在支座上的固定刀片交错，以较大的剪切力切断钢筋。

（四）手动液压钢筋切断机

1. 手动液压钢筋切断机的基本构造

手动液压钢筋切断机，是一种机体较小、使用方便、搬运灵活的机具，但由于工作压力较小，一般只能切断直径16mm以下的钢筋。机械卧式钢筋切断机的构造，如图7-9所示。

2. 手动液压钢筋切断机的工作原理

手动液压钢筋切断机的工作原理是：先将放油阀按顺时针方向旋

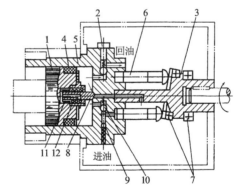

图7-8 电动液压钢筋切断机的工作原理图

1—活塞；2—放油阀；3—偏心轴；4—皮碗；5—液压缸体；6—柱塞；
7—推力轴承；8—主阀；9—吸油球阀；10—进油球阀；
11—小回位弹簧；12—大回位弹簧

紧，揿动压柱，柱塞即提升，吸油阀被打开，液压进入油室；提起压杆，液压油被压缩进入缸体的内腔，从而推动活塞前进，安装在活塞前端的活动刀片可将钢筋切断，钢筋切断后立即按逆时针方向旋开放油阀，在复位弹簧的作用下，压力油又流回油室，活动刀片便自动缩缸内。如此反复进行,便可按要求切断所需要的钢筋。

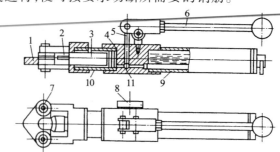

图 7-9　手动液压钢筋切断机的构造
1—滑轨;2—刀片;3—活塞;4—缸体;5—柱塞;6—压杆;7—拔销;
8—放油阀;9—贮油筒;10—回位弹簧;11—吸油阀

三、钢筋切断机的使用基本要求

(1)使用前应当认真检查刀片安装是否牢固,两刀片的间隙是否在 0.5~1mm 范围内,电气设备是否正常,所有零件是否拧紧,经过空车试运转正常后,方可使用。

(2)对于新投入使用的钢筋切断机,应先切断直径较细的钢筋,视察运转一切正常后再切断直径较大的钢筋,这样以利于设备的磨合。

(3)在切断钢筋时,必须要握紧切断的钢筋,以防止钢筋末端摆动或弹出伤人。在切断短钢筋时,靠近刀片的手和刀片之间的距离应大于150mm。

不允许用手直接送料,如果手握一端长度小于400mm 时,应当用套管或钳子夹住短筋送料,以防止钢筋弹出伤人。

(4)在进行切断钢筋时,必须是先调直后切断。在钢筋送料时,应在活动刀片退离固定刀片时进行,钢筋应放在刀刃的中部,并垂直于切断刀口。

(5)在切断机运转的过程中,不得对其进行修理和校正工作,不得随意取下防护罩,不得触及运转部位,不得将手放在刀刃切断位置,不得用手抹擦和嘴吹的方式清理铁屑,上述一切工作均必须在停机后进行。

(6)在切断钢筋的操作过程中,钢筋摆动周围和刀片附近,非操作人员不可停留。切断长料时,要注意钢筋摆动的方向,防止钢筋伤人。

(7)严格执行钢筋切断机的操作规程,禁止切断规定范围以外的钢筋和其他材料,也不允许切断烧红的钢筋及超过刀刃硬度的材料。

(8)当一次切断多根钢筋时,其总截面面积应在规定的范围以内。当切断低合金钢等特种钢筋时,应随时更换相应的高硬度刀片。

(9)钢筋切断作业完毕后,应及时清除刀具和刀具下边的杂物,并清洁切断机的机体;认真检查各部螺栓的紧固程度及三角皮带的松紧度;调整活动刀片与固定刀片之间的空隙,更换磨钝的刀片。

(10)在切断钢筋的操作过程中,如果发现机械有不正常现象或异常响声,或者出现刀片歪斜、间隙不合理等现象时,应当立即停止运转,进行认真检修或调整,不能使机械带病运转。

（11）在切断钢筋的操作过程中,操作者不能擅自离开岗位,在取放钢筋时既要注意自己,也要注意周围的人。已切断的钢筋要按要求堆放整齐,并防止个别钢筋切口突出,将人割伤。

（12）按有关规定定期保养,即对钢筋切断机需要润滑部位进行周期性维修保养;检查齿轮、轴承及偏心体的磨损程度,调整各部位的间隙。

（13）液压式钢筋切断机每切断一次,必须用手扳动钢筋,给活动刀片以回程压力,这样才能继续工作。

第三节　钢筋的弯曲工艺

钢筋弯曲是钢筋工程中非常重要的工序,其弯曲形状、尺寸和质量,不仅关系到钢筋混凝土结构和构件的质量与安全,而且也关系到施工速度、施工安全和工程造价。因此,在钢筋弯曲的过程中,应选用良好的弯曲机械,严格按现行规范进行操作。

一、钢筋弯曲机的种类

钢筋按计算的下料长度切断后,应按钢筋设计图纸、弯曲设备特点、钢筋直径、弯曲角度等进行画线,以便弯曲成设计的尺寸和形状。如果弯曲钢筋两边对称时,画线工作宜从钢筋中线开始向两边进行;当弯曲形状比较复杂的钢筋时,可先放出钢筋设计的实样,然后再照样进行弯曲。

钢筋弯曲宜采用钢筋弯曲机或钢箍弯曲机;当钢筋直径小于25mm时,少量的钢筋弯曲,也可以采用人工扳钩进行弯曲。钢筋弯曲机按传动方式,可分为机械式和液压式;按工作原理,可分为蜗轮蜗杆式和齿轮式;按结构形式,可分为台式和手持式。

在建筑工程上常用的钢筋弯曲机械,主要是钢筋弯曲机和钢箍弯曲机,其主要技术性能分别见表7-4和表7-5。

表 7-4　钢筋弯曲机的主要技术性能

技术参数名称		弯曲机型号				
		GW32	GW32A	GW40	GW40A	GW50
弯曲钢筋直径(mm)		6 ~ 32	6 ~ 32	6 ~ 40	6 ~ 40	25 ~ 50
钢筋抗拉强度(MPa)		450	450	450	450	450
弯曲速度(r/min)		10/20	8.8/16.7	5.0	9.0	2.5
工作盘直径(mm)		360	350	350	350	320
电动机	型号	YEJ100L-4	YEJ100L1-4	Y100L2-4	YEJ1002-4	Y112M-4
	功率(kW)	2.2	4.0	3.0	3.0	4.0
	转速(r/min)	1420	1420	1420	1420	1420
外形尺寸	长(mm)	875	1220	1360	1050	1450
	宽(mm)	615	1010	865	760	800
	高(mm)	945	865	740	828	760
整机质量(kg)		340	755	400	450	580

表 7-5　钢箍弯曲机的主要技术性能

技术参数名称		弯撬机型号			
		SGWK8B	GJG4/10	GJG4/12	LGW60Z
弯曲钢筋直径(mm)		4～8	4～10	4～12	4～10
钢筋抗拉强度(MPa)		450	450	450	450
工作盘转速(r/min)		18	30	18	22
电动机	型号	Y112M-6	Y100L1-4	YA100-4	-
	功率(kW)	2.2	2.2	2.2	3.0
	转速(r/min)	1420	1430	1420	1420
外形尺寸	长(mm)	1560	910	1280	2000
	宽(mm)	650	710	810	950
	高(mm)	1550	860	790	950

二、钢筋弯曲机的构造与工作原理

(一)蜗轮蜗杆式钢筋弯曲机

1. 蜗轮蜗杆式钢筋弯曲机的基本构造

蜗轮蜗杆式钢筋弯曲机的构造比较简单,主要由机架、电动机、传动装置、工作机构和控制系统等组成。其中工作机构是钢筋成型的主要机构,包括工作盘、插入座、夹持器、转轴等。为便于弯曲机的移动和运输,在机架的下部装有行走轮。蜗轮蜗杆式钢筋弯曲机的主要构造,如图 7-10 所示。

2. 蜗轮蜗杆式钢筋弯曲机的工作原理

蜗轮蜗杆式钢筋弯曲机的工作原理是:电动机的动力经 V 带轮、两对直齿轮及蜗轮蜗杆减速后,带动工作盘进行旋转;在工作盘上设有 9 个轴孔,中心孔用来插放中心轴,周围 8 个孔用来插放成型轴和轴套。在工作盘外的两侧还有插入座,各设有 6 个孔,用来插入挡铁轴。为了便于钢筋的移动,各工作台的两边还设有送料辊。

在进行钢筋弯曲时,根据钢筋需要弯曲的形状,将钢筋平放在工作盘中心轴和相应的成形轴之间,以及挡铁轴的内侧。当工作盘转动时,钢筋的一端被挡铁轴阻止不能转动,中心轴的位置不变,成型轴绕着中心轴做圆弧转动,则将钢筋推弯曲,直至钢筋的设计形状。钢筋的弯曲过程,如图 7-11 所示。

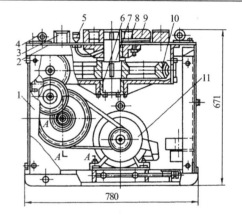

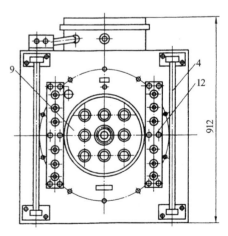

图 7-10　蜗轮蜗杆式钢筋弯曲机
构造示意图

1—机架;2—工作台;3—插座;4—滚轴;
5—油杯;6—蜗轮箱;7—工作主轴;
8—立轴承;9—工作盘;10—蜗轮;
11—电动机;12—孔眼条板

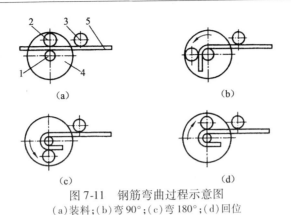

图 7-11　钢筋弯曲过程示意图

(a)装料;(b)弯 90°;(c)弯 180°;(d)回位

1—中心轴;2—成形轴;3—挡轴;4—工作盘;5—钢筋

　　我国现行施工规范中规定,当钢筋弯曲 180°弯钩时,钢筋的圆弧弯曲直径应不小于钢筋直径的 2.5 倍。因此,中心轴的直径也相应地制成 16～100mm 等 9 种不同规格,以适应弯曲不同直径钢筋的需要。

　　(二)齿轮式钢筋弯曲机

　　1. 齿轮式钢筋弯曲机的基本构造

　　齿轮式钢筋弯曲机是在蜗轮蜗杆式钢筋弯曲机的基础上改进而成的,主要由机架、电动机、齿轮减速器、工作机构和电气控制系统等组成。它改变了传统的蜗轮蜗杆的传动方式,并增加了角度自动控制机构及制动装置,操作更加方便,生产效率提高。齿轮式钢筋弯曲机的构造,如图 7-12 所示。

　　2. 齿轮式钢筋弯曲机的工作原理

　　齿轮式钢筋弯曲机的工作原理是:由一台带制动的电动机为动力,带动工作盘旋转。工作机构中的左、右两个插座,可以通过手轮进行无级调节,并和不同直径的成型轴及装料装置配合,能适应各种不同规格的钢筋弯曲成型。图 7-13 为齿轮式钢筋弯曲机的传动系统示意图。

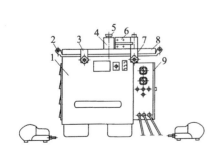

图 7-12　齿轮式钢筋弯曲机的构造示意

1—机架;2—滚轴;3、7—紧固手柄;

4—转轴;5—调节手轮;6—夹持器;

7—工作台;8—控制配电箱

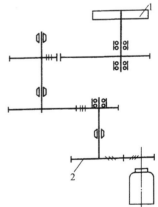

图 7-13　齿轮式钢筋弯曲机的传动系统

1—工作盘;2—减速器

钢筋弯曲角度的控制,是由自动控制机构和几个长短不一的限位销子相互配合而实现的。当钢筋被弯曲到预定的角度,限位销子触及行程开关,使电动机停机并反向旋转,恢复到原来位置,则完成一个钢筋弯曲工序。此外,电气控制系统还具有点动、自动状态、双向控制、瞬时制动、事故急停及系统短路保护、电动机过热保护等功能,为齿轮式钢筋弯曲机的长时间运转、操作安全、保证质量,提供了良好的条件。

(三)钢筋弯箍机

1. 钢筋弯箍机的基本构造

钢筋弯箍机是在钢筋弯曲机的基础上,经过改进而制成的适用于加工钢筋钢箍的一种专用机械,弯制箍筋特别方便,尤其是其弯曲角度可以任意调节,适用于各种箍筋的弯制。钢筋弯箍机的基本构造和钢筋弯曲机相似,其构造如图7-14所示。

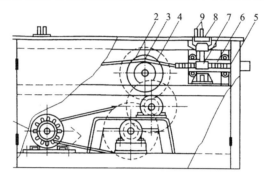

图7-14　钢筋弯箍机构造示意图
1—电动机;2—偏心圆盘;3—偏心铰;4—连杆;5—齿条;
6—滑道;7—正齿条;8—工作盘;9—心轴和成型轴

2. 钢筋弯箍机的工作原理

钢筋弯箍机的工作原理是:电动机的动力通过一双带轮和两对直齿轮减速使偏心圆盘转动。偏心圆盘通过偏心铰带动两个连杆,每个连杆又铰接着一根齿条,这样齿条沿滑道做往复直线运动。齿条又带动齿轮使工作盘在一定角度内做往复回转运动。

在工作盘上有两个轴孔,中心孔插入中心轴,另一孔插入成型轴。当工作盘转动时,中心轴和成型轴都随之转动。它与钢筋弯曲机一样,能将钢筋弯曲成所需的箍筋。

(四)液压式钢筋切断弯曲机

1. 液压式钢筋切断弯曲机的基本构造

液压式钢筋切断弯曲机,是运用液压技术对钢筋进行切断和弯曲成型的两用机械,其自动化程度比较高,操作比以上弯曲机更加方便。这种切断弯曲机主要由液压传动系统、切断机动、弯曲机构、电动机、机体等组成。液压式钢筋切断弯曲机的构造,如图7-15所示。

2. 液压式钢筋切断弯曲机的工作原理

液压式钢筋切断弯曲机的工作原理是:由一台电动机带动两组柱塞式液压泵,一组推动切断用活塞,从而将钢筋切断,另一组驱动回转液压缸,带动弯曲工作盘旋转,从而将钢筋弯曲。

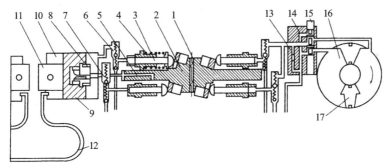

图 7-15　液压式钢筋切断弯曲机的构造示意图

1—双头电动机;2—轴向偏心泵轴;3—油泵柱塞;4—弹簧;5—中心油孔;6、7—进油阀;
8—中心阀柱;9—切断活塞;10—油缸;11—切刀;12—板弹簧;13—限压阀;
14—分配阀体;15—滑阀;16—回转油缸;17—回转叶片

三、钢筋弯曲机的操作基本要点

(1)根据钢筋弯曲加工的要求,钢筋弯曲直径是钢筋直径的不同倍数,不同直径的钢筋其弯曲直径也不能相同,弯曲时应根据钢筋直径来选用相应规格的心轴。一般中心轴的直径应是钢筋直径的 2.5～3 倍,钢筋在中心轴和成型轴间的空隙不应超过 2mm。

(2)为了适应钢筋直径与中心轴直径的变化,应在成型轴上加上一个偏心套,以调节中心轴、成型轴和钢筋三者之间的间隙。

(3)在弯曲直径为 20mm 以下的钢筋时,应在插入座上放置挡料架(即挡铁轴),并应设置轴套,以便弯曲过程中消除钢筋和挡料架之间的摩擦。

(4)在进行弯曲钢筋时,应当将钢筋挡架上的挡板紧贴要弯曲的钢筋,以保证钢筋弯曲形状和尺寸的正确。

(5)挡铁轴的直径和强度,不应小于被弯曲钢筋的直径和强度;没有经过拉直的钢筋,禁止在弯曲机上进行弯曲;作业时应注意钢筋放入的位置、长度和工作盘旋转方向,以防发生差错。

(6)在正式弯曲钢筋前,首先应进行空载试运转,运转中应无卡滞、异响声,各操作按钮灵活可靠;试运转合格后再进行负载试验,先弯曲小直径的钢筋,再弯曲较大直径的钢筋,确认一切运行正常后,方可投入正式弯曲。

(7)为保证钢筋弯曲质量和施工安全,钢筋弯曲机应由专人操作,其他无关人员不得随意操作。严禁在弯曲钢筋的作业半径内和机身不设固定销的一侧站人。弯曲好的半成品应及时整理并堆放整齐,弯头不要朝上。

(8)在钢筋弯曲的操作中,不允许更换弯曲附件(如中心轴、成型轴等),任何检修工作必须在停机后进行。

(9)在钢筋弯曲的操作中,要根据弯曲钢筋的直径更换配套齿轮,以便调整工作盘(主轴)的转速。当钢筋直径小于 18mm 时取高速,钢筋直径为 18～32mm 时取中速,钢筋直径大于 32mm 时取低速。一般工作盘(主轴)常放在慢速上,以便弯曲在允许范围内所有直径的钢筋。

(10)为使新钢筋弯曲机正常磨合,在开始使用的三个月内,一次最多弯曲的钢筋根数应不超过表 7-6 中的数值,最大弯曲钢筋的直径应不超过 25mm。

表7-6　不同转速弯曲机的钢筋弯曲根数

钢筋直径（mm）	工作盘（主轴）转速（r/min）			钢筋直径（mm）	工作盘（主轴）转速（r/min）		
	3.7	7.2	14		3.7	7.2	14
	可弯曲的钢筋根数				可弯曲的钢筋根数		
6	—	—	6	14	—	4	—
8	—	—	5	19	3	—	不能弯曲
10	—	—	5	27	2	不能弯曲	不能弯曲
12	—	5	—	32~40	1	不能弯曲	不能弯曲

（11）每次在钢筋弯曲后，应当及时清除铁锈和杂物等，检查机械的运转和部件磨损情况，并定期进行维修和保养。

（12）钢筋弯曲作业结束后，首先要将倒顺开关扳到零位，并立即切断电源，这是使钢筋弯曲机的规定，也是确保安全的良好习惯。

（13）钢筋加工的允许偏差应符合表7-7中的要求。

表7-7　钢筋加工的允许偏差

项　　　　目	允许偏差（mm）
受力钢筋顺长度方向全长的净尺寸	±10
弯起钢筋的弯折位置	±20
箍筋内的净尺寸	±5

第四节　钢筋的安装工艺

钢筋的安装是将绑扎好的钢筋骨架或加工成型的钢筋，按照设计施工图的要求准确安装在规定位置。钢筋安装的质量和速度，直接关系到钢筋混凝土结构或构件的质量和效率。因此，在钢筋安装的过程中必须严格按现行的规范进行操作，确保安装的钢筋、位置准确、施工简便、效率较高。

一、钢筋绑扎与安装的方法和要求

在钢筋绑扎和安装之前，应首先熟悉施工图纸，核对成品钢筋的级别、直径、形状、尺寸和数量等，与钢筋配料单、挂牌是否相符，并研究钢筋安装的顺序、方法和有关工种的配合，确定施工方法，同时准备绑扎用的铁丝、工具和绑扎架等。

为了缩短钢筋安装的工期，减少钢筋施工中的高空作业，在运输、起重等条件允许的情况下，钢筋骨架和钢筋网的安装应尽量采用先预制绑扎、后安装的方法。

钢筋绑扎的程序是：画线→摆筋→穿箍→绑扎→安装混凝土块等。在进行钢筋画线时，应注意钢筋的间距、数量，标明加密箍筋的位置。板构件摆筋顺序一般是先排主钢筋后排辅助钢筋；梁构件一般是先排纵向钢筋。在排放钢筋中，对有焊接接头和绑扎接头的钢筋，应符合规范的规定。有变截面的箍筋，应事先将箍筋排列清楚，然后再安装纵向钢筋。

钢筋绑扎应符合以下规定：

（1）凡是钢筋的交叉点，必须用铁丝将其扎牢。

（2）板和墙的钢筋网片，除靠外周两行钢筋的相交点全部扎牢外，中间部分的相交点可以间隔交错扎牢，但必须保证受力钢筋不发生位移。双向受力的钢筋网片，必须全部扎牢。

（3）梁和柱的钢筋，除设计有特殊要求外，一般情况下箍筋与受力筋应当垂直设置。箍筋弯钩叠合处，应沿受力钢筋方向错开设置。对于梁，箍筋的弯钩在梁截面左右错开50%；对于柱，箍筋弯钩在柱四角相互错开。

（4）柱中的竖向钢筋搭接时，角部钢筋的弯钩应与模板成45°（多边形柱为模板内角的平分角；圆形的柱子应与柱模板切线垂直）；中间钢筋的弯钩应与模板成90°；如采用插入式振捣器浇筑小型截面柱时，弯钩与模板的角度最小不得小于15°。

（5）板、次梁与主梁交叉处，板的钢筋在上，次梁的钢筋居中，主梁的钢筋在下；当有圈梁或垫梁时，主梁的钢筋在上。

钢筋搭接长度及绑扎点位置应符合以下规定：

（1）搭接长度的末端与钢筋弯曲处的距离不得小于钢筋直径的10倍，也不宜位于构件最大弯矩处。

（2）在受拉的区域内，HPB级钢筋绑扎接头的末端应做弯钩，HRB335和HRB400级钢筋可以不做弯钩。

（3）直径等于和小于12mm的受压HPB235级钢筋末端以及轴心受压构件中，任意直径的受力钢筋末端，可不做弯钩，但搭接长度不应小于钢筋直径的35倍。

（4）钢筋搭接处，都要应用铁丝在搭接中心和两端扎牢，绑扎的圈数要符合要求。

（5）绑扎接头的搭接长度，应根据其受力状况符合现行规范的要求。

二、绑扎钢筋网与钢筋骨架的安装

在进行绑扎钢筋网与钢筋骨架的安装时，为确保安装质量符合设计或施工规范的要求，应按以下规定进行安装：

（1）钢筋网与钢筋骨架的分段（块），应根据结构配筋的特点及起重运输能力而确定。一般钢筋网的分块面积以 $6\sim20m^2$ 为宜，钢筋骨架的分段长度宜为 $6\sim12m$。

（2）在钢筋网与钢筋骨架搬动、吊运、堆放和安装过程中，为防止由于各种因素的影响而使其发生歪斜变形，应采取适宜的临时加固措施。如图7-16所示为绑扎钢筋网的临时加固情况。

（3）钢筋网与钢筋骨架的吊点，必须根据其尺寸、形状、重量及刚度等实际情况而确定。宽度大于1m的水平钢筋网，一般宜采用四个吊点起吊；跨度小于6m的钢筋骨架，一般宜采用二个吊点起吊（图7-17（a））；跨度大、刚度差的钢筋骨架一般宜采用铁扁担（横式吊梁）四个吊点起吊（图7-17（b））。为了防止吊点处钢筋受力变形，可以采取兜底吊或加短钢筋。

（4）焊接网和焊接骨架沿受力钢筋方向的搭接接头，应位于构件受力比较小的部位，如果承受均布荷载的简支受弯曲构件，焊接网受力钢筋接头宜放置在跨度两端各1/4跨长度的范围内。

（5）当受力钢筋大于或等于16mm时，焊接网沿着分布钢筋方向的接头，宜辅以附加钢筋网，其每边的搭接长度不得小于15d（d为分布钢筋的直径），但不小于100mm。

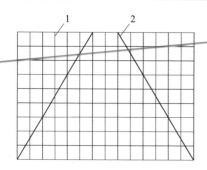

图 7-16　绑扎钢筋的临时加固
1—钢筋网；2—加固筋

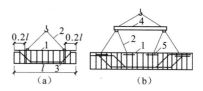

图 7-17　钢筋骨架的绑扎起吊
(a)二点绑扎；(b)采用铁扁担四点绑扎
1—钢筋骨架；2—吊索；3—兜底索；4—铁扁担；5—短钢筋

三、焊接钢筋骨架和焊接网的安装

（1）钢筋焊接网在进行运输时，应捆扎整齐、牢固，每捆的重量一般不应超过 2t，必要时应设置刚性支撑或支架。

（2）对于分期分批进场的钢筋焊接网，应当根据施工中所用时间、规格和施工要求进行堆放，并在钢筋上有明显的标志，以便钢筋的识别和快速查找。

（3）对于两端需要插入梁体内进行锚固的焊接网，如果网片纵向钢筋较细时，可利用网片的弯曲变形性能，先将焊接网的中部向上弯曲，使其两端先后插入梁内，然后再将焊接网片铺平；当焊接网的钢筋较粗不能弯曲时，可将焊接网的一端少焊 1～2 根横向钢筋，先插入该端，然后再插入另一端，必要时可采取绑扎方法补回所减少的横向钢筋。

（4）钢筋焊接网的钢筋规格、品种、性能、搭接和构造等方面，必须符合设计要求和其他有关规定。当两张钢筋网片搭接时，在搭接中心及两端应采用铁丝绑扎牢固。在附加钢筋与焊接网连接的每个节点处均应采用铁丝绑扎

（5）在进行钢筋焊接网安装时，下部的钢筋焊接网片应设置与保护层厚度相当的水泥砂浆块或塑料卡；板的上部钢筋焊接网片应在短向钢筋两端、沿长向钢筋方向每隔 600～900mm 设置一钢筋支墩（图 7-18）。

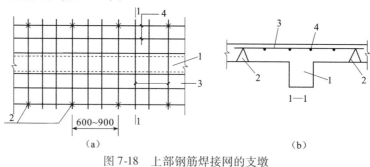

图 7-18　上部钢筋焊接网的支墩
1—梁；2—支墩；3—短向钢筋；4—长向钢筋

四、钢筋植筋安装的施工方法

在钢筋混凝土已硬化的结构上，按设计要求钻出一直径的孔洞，在孔洞内注入胶黏剂，然后再植入钢筋，待胶黏剂硬化后即完成植筋的施工。这种植筋施工新工艺犹如原有结构

中的预埋筋,能使所植入钢筋的技术性能得以充分利用。

用胶黏剂钢筋植筋的施工方法具有工艺简单、工期较短、造价较低、操作方便、强度适宜、质量较好等优点,为钢筋混凝土结构加固及解决所属混凝土钢筋安装提出了一个全新的处理技术。

(一)钢筋植筋安装所用的胶黏剂

目前,在建筑工程的钢筋植筋安装中,最常用的胶黏剂是喜利得 Hit-Hy150 胶黏剂,这种胶黏剂为软塑状的两个不同化学组分,分别装入两个管状箔包中,在两个包的端部设有特殊的连接器,然后再放入手动注射器中,扳动注射器可将两个箔包中的不同组分挤出,在连接器中相遇后,再通过混合器将两种不同化学组分混合均匀后,最终注入到所需要植筋的孔洞中。

喜利得 Hit-Hy150 胶黏剂在未混合前,两种不同的化学组分不会产生固化反应,将它们混合后就会发生化学反应,出现凝胶现象,并很快固化。这种胶黏剂凝固愈合时间随着基础材料的温度而变化,如表7-8 所示。

表 7-8 胶黏剂凝固愈合时间变化

基础材料温度 (℃)	凝固时间 (min)	愈合时间 (min)	基础材料温度 (℃)	凝固时间 (min)	愈合时间 (min)
-5	25	350	20	5	45
0	18	180	30	4	25
5	13	90	40	2	15

(二)钢筋植筋安装所用施工方法

在钢筋植筋的施工过程中,应按照正确的施工顺序进行,其施工顺序为:钻孔→清孔→填胶黏剂→植筋→凝胶。具体的施工过程如下:

(1)钻孔应使用配套冲击电钻。在进行正式钻孔时,应根据设计图纸在实地进行放线;在进行钻孔时,孔洞间距与孔洞深度应满足设计要求。

(2)在进行清孔时,先用吹气泵清除孔洞内的粉尘和复杂等,再用清孔刷子进行清孔。为将孔内粉尘清除干净,一般要经多次才能完成。但是,不得用水进行冲洗,以免残留在孔中的水分削弱胶黏剂的作用。

(3)使用专门的植筋注射器从孔洞底部向外均匀地把适量胶黏剂填注孔内,要特别注意不要将空气封在孔内,以免影响植筋的牢固度。

(4)按照顺时针方向把钢筋平行置于孔洞走向,并轻轻地植入孔洞中,直至插入孔洞的底部,使胶黏剂溢出。

(5)将钢筋外露端固定在模架上,使其不受外力的作用,直至钢筋、孔洞与胶黏剂三者凝结在一起,并派专人现场保护,使凝胶的化学反应时间在 15min 以上,固化时间在 1h 以上。

五、钢筋骨架安装的质量检查

钢筋骨架安装完毕后,应根据设计图纸对骨架安装的质量进行认真检查。主要检查:钢筋的钢号、直径、位置、形状、尺寸、根数、间距和锚固长度等是否正确;特别要注意钢筋的位置、搭接长度及混凝土保护层厚度是否符合要求;检查钢筋绑扎是否牢固,钢筋表面是否被污染等。

钢筋骨架安装质量要求及检验频度见表7-9,钢筋骨架安装位置的允许偏差和检验方法见表7-10。

表7-9　钢筋骨架安装质量要求及检验频度

项目	项目内容	质量要求	检验频度
主控项目	钢筋安装要求	钢筋安装时,受力钢筋的品种、级别、规格和数量,必须符合设计要求	检查数量:全数检查 检验方法:观察,钢尺检查
一般项目	钢筋安装允许偏差	钢筋安装位置的偏差应符合表7-10中的规定	检查数量:在同一检查批内,对梁、柱和独立基础,应抽查构件数量的10%,且不少于3件;对墙和板,应按有代表性的自然间抽查10%,且不少于3间;对大空间结构,墙可按相邻轴线间高度5m左右划分检查面,板可按纵、横轴线划分检查面,抽查10%,且均不少于3面

表7-10　钢筋骨架安装位置的允许偏差和检验方法

项　目			允许偏差(mm)	检验方法
绑扎钢筋网	长、宽		±10	钢尺检查
	网眼尺寸		±20	钢尺量连续三挡取最大值
绑扎钢筋骨架	长		±10	钢尺检查
	宽、高		±5	钢尺检查
受力钢筋	间距		±10	钢尺量两端、中间各一点,取最大值
	排距		±5	
	保护层厚度	基础	±10	钢尺检查
		柱、梁	±5	钢尺检查
		板、墙、壳	±3	钢尺检查
绑扎箍筋、横向钢筋间距			±20	钢尺量连续三挡取最大值
钢筋弯起点位置			20	钢尺检查
预埋件	中心线位置		5	钢尺检查
	水平高差		+3,0	钢尺和塞尺检查

注:1. 检查预埋件中心线位置时,应沿纵、横两个方向量测,并取其中的较大值。
　　2. 表中梁类、板类构件上部纵向受力钢筋保护层厚度的合格率应达到90%及以上,且不得有超过表中数值1.5倍的尺寸偏差。

钢筋工程属于隐蔽工程,在浇筑混凝土前应对钢筋及预埋件进行全面检查验收,并做好隐蔽工程施工记录,以便于工程的考核和最终验收。

第八章　钢筋的质量检验评定标准

钢筋是建筑工程中的主要受力材料,在结构构件中起着极其重要的作用,关系到建筑物的使用功能、使用寿命和使用者安全。因此,在钢筋工程的施工过程中,应严格进行钢筋的原材料、加工质量、安装固定等各方面的控制,确保钢筋质量完全符合现行规范和设计要求,创造出优良的工程。根据我国建筑工程的实际情况,钢筋的质量检验评定标准包括:钢筋混凝土结构的质量验收基本规定、钢筋工程质量验收评定标准和预应力工程质量验收评定标准三大部分。

第一节　钢筋混凝土结构质量验收的基本规定

在国家标准《混凝土结构工程施工质量验收规范》(GB 50204—2002,2011 版)中规定,钢筋混凝土工程包括混凝土、钢筋、模板、预应力、现浇混凝土结构和装配式混凝土结构等分项工程。因此,在钢筋工程的质量检验评定中,也应当遵守混凝土结构工程施工质量验收的基本规定。

1. 混凝土结构施工现场质量管理,应具有相应的施工技术标准、健全的质量管理体系、施工质量控制和质量检验制度。

混凝土结构施工项目的施工,应有切实可行的施工组织设计和施工技术方案,并报有关部门审查批准。

2. 混凝土结构子分部工程可根据结构的施工方法分为两类:现浇混凝土结构子分部工程和装配式混凝土结构子分部工程;根据结构的分类方法,还可分为钢筋混凝土结构子分部工程和预应力混凝土结构子分部工程等。

混凝土结构子分部工程,又可划分为模板、钢筋、混凝土、预应力、现浇结构和装配式结构等分项工程。各分项工程可以根据与施工方式一致,且便于控制施工质量的原则,按工作班、楼层、结构缝或施工段划分为若干检验批。

3. 对于混凝土结构子分部工程的质量验收,应在钢筋、预应力、混凝土、现浇结构或装配式结构等相关分项工程验收合格的基础上,进行质量控制资料检查及观感质量验收,并应对涉及结构安全的材料、试件、施工工艺和结构的重要部位进行见证检测或结构实体试验。

4. 分项工程的质量验收应在所含检验批验收合格的基础上,进行质量验收记录检查。

5. 分项工程的检验批质量验收应包括如下内容:

(1)在进行实物检查时,应按下列方式进行:

① 对原材料、构配件和器具等产品的进场复验,应按照进场的批次和产品的抽样检验方案执行。

② 对于混凝土、预制构件结构性能等,应按照国家现行有关标准和规定的抽样检验方案执行。

③ 对于采取计数检验的项目,应按照抽查总点数的合格点百分率进行检查。

（2）进行质量控制资料检查：主要包括原材料、构配件和器具等的产品合格证（中文质量合格证明文件、规格、型号及性能检测报告等）及进场复验报告、施工过程中重要工序的自检和交接检验记录、抽样检验报告、见证检测报告、隐蔽工程验收记录等。

6. 检验批合格质量应符合下列规定：

（1）主控项目的质量经抽样检验必须合格。

（2）一般项目的质量经抽样检验合格；当采用计数方式检验时，除有专门的要求外，一般项目的合格率应达到80%以上，且不得有严重的缺陷。

（3）具有完整的施工操作依据和质量验收记录。对于验收合格的检验批，应做出合格的标记，以避免混乱。

7. 检验批、分项工程、混凝土结构子分部工程的质量验收，可按照表8-1～表8-3的形式进行记录，质量验收程序和组织应符合国家标准《建筑工程施工质量验收统一标准》（GB 50300）中的规定。

表8-1　检验批质量验收记录

工程名称			分项工程名称		验收部位	
施工单位			专业工长		项目经理	
分包单位			分包项目经理		施工班组长	
施工执行标准名称及编号						
检查项目		质量验收规范的规定	施工单位检查评定记录		监理（建设）单位验收记录	
主控项目	1					
	2					
	3					
	4					
	5					
一般项目	1					
	2					
	3					
	4					
	5					
施工单位检查评定结果		项目专业质量检查员			年　月　日	
监理（建设）单位验收结论		监理工程师（建设单位项目专业技术负责人）			年　月　日	

检验批的质量验收记录应当由施工项目专业质量检查员填写,监理工程师(建设单位项目专业技术负责人)组织项目专业质量检查员等进行验收。

检验批质量验收记录表也可以作为施工单位自行检查评定的记录表格。

表 8-2　分项工程质量验收记录

工程名称		结构类型		检验批数	
施工单位		项目经理		项目技术负责人	
分包单位		分包单位负责人		分包项目经理	
序号	检验批部位、区段	施工单位检查评定结果	监理(建设)单位验收结论		
1					
2					
3					
4					
5					
6					
7					
8					
9					
检查结论	项目专业技术负责人 年　月　日		验收结论	监理工程师(建设单位项目专业技术负责人) 年　月　日	

各分项工程质量应由监理工程师(建设单位项目专业技术负责人)组织项目专业技术负责人等进行验收。

分项工程的质量验收在检验批验收合格的基础上进行。在一般情况下,两者具有相同或相近的性质,只是批量大小可能存在差异,因此,分项工程质量验收记录是各检验批质量验收记录的汇总。

混凝土结构子分部工程质量应由总监理工程师(建设单位项目专业负责人)组织施工项目经理和有关勘察、设计单位项目负责人进行验收。

由于模板工程在子分部工程验收时已经不在结构中,且结构实体的外观质量、尺寸偏差等项目的检验反映了模板工程的质量,因此,模板分项工程可不参与混凝土结构子分部工程质量的验收。

表 8-3　混凝土结构子分部工程质量验收记录

工程名称		结构类型		层数	
施工单位		技术部门负责人		质量部门负责人	
分包单位		分包单位负责人		分包技术负责人	

序号	分项工程名称	检验批数	施工单位检查评定	验收意见
1	钢筋分项工程			
2	预应力分项工程			
3	混凝土分项工程			
4	现浇结构分项工程			
5	装配式结构分项工程			
	质量控制资料			
	结构实体检验报告			
	观感质量验收			

验收单位	分包单位	项目经理	年　月　日
	施工单位	项目经理	年　月　日
	勘察单位	项目负责人	年　月　日
	设计单位	项目负责人	年　月　日
	监理(建设)单位	总监理工程师 (建设单位项目专业负责人)	年　月　日

第二节　钢筋工程质量验收评定标准

钢筋分项工程是对普通钢筋进场检验、钢筋加工、钢筋连接、钢筋安装等一系列技术工作和完成实体的总称。根据工程实践经验,钢筋分项工程所含的检验批可根据施工工序和验收的需要确定。

一、钢筋工程质量验收的一般规定

(1)当钢筋的品种、级别或规格需要进行变更时,必须办理设计变更文件,不经设计单位认可,施工单位不得擅自变更。

在混凝土结构工程的施工过程中,当施工单位缺乏设计中所要求的钢筋品种、级别或规格时,可以采取钢筋代换。为了保证对设计意图的理解不产生偏差,规定当需要进行钢筋代换时,应办理设计变更文件,以确保钢筋满足原结构设计的要求,并明确钢筋代换由设计单位负责。本条为强制性条文,必须严格执行。

(2)在浇筑混凝土之前,应进行钢筋隐蔽工程验收,其验收的主要内容包括以下几方面:

① 纵向受力钢筋的品种、规格、数量、位置、除锈情况和安装牢固程度等。

② 钢筋的连接方式、接头位置、接头数量、接头面积百分率、接头的牢靠程度等。

③ 钢筋骨架中的箍筋、横向钢筋的品种、规格、数量、位置、间距、除锈情况和安装牢固程度等。

④ 预埋件的规格、数量、位置和安装牢固程度等。

钢筋隐蔽工程反映钢筋分项工程施工的综合质量,在浇筑混凝土之前进行验收,是为了确保受力钢筋等的加工、连接和安装质量满足设计要求,并在结构中发挥其应有的作用。

二、钢筋工程原材料的质量检验

（一）一般项目

钢筋应平直、无损伤,表面不得有裂纹、油污、颗粒状或片状老锈。检查数量:进场时和使用前全数检查。检验方法:观察。

为了加强对钢筋外观质量的控制,钢筋进场时和使用前均应对其外观质量进行检查。弯折的钢筋不得敲击直后作为受力钢筋使用。钢筋表面不应有颗粒状或片状的老锈,以免影响钢筋强度和锚固性能。这项要求也适用于加工以后较长时间未使用而可能造成外观质量达不到质量要求的钢筋半成品的检查。

（二）主控项目

（1）钢筋进场时,应当按照现行国家标准《钢筋混凝土用钢 第 2 部分:热轧带肋钢筋》（GB1499.2—2007）等的规定抽取试件进行力学性能检验,其质量必须符合有关标准的规定。检查数量:按进场的批次和产品的抽样检验方案确定。检验方法:检查产品合格证、出厂检验报告和进场复验报告。

钢筋对混凝土结构构件的承载力是最重要的力学性能,对其质量应当严格要求。普通钢筋应符合现行国家标准《钢筋混凝土用钢 第 2 部分:热轧带肋钢筋》（GB 1499.2—2007）、《钢筋混凝土用钢 第 1 部分:热轧光圆钢筋》（GB 1499.1—2008）等的要求。在钢筋进场时,应检查产品合格证和出厂检验报告,并按有关规定进行抽样检验。本文为强制性条文,应严格执行。

（2）对有抗震设防要求的框架结构,其纵向受力钢筋的强度应满足设计要求;当设计无具体要求时,对一、二级抗震等级,检验所得的强度实测值应符合下列规定:

① 钢筋的抗拉强度实测值与屈服强度实测值的比值应不小于1.25。

② 钢筋的屈服强度实测值与钢筋强度标准值的比值应不大于1.30。

检查数量:按进场的批次和产品的抽样检验方案确定。检验方法:检查进场复验报告。

根据现行国家标准《混凝土结构设计规范》（GB 50010—2010）中的规定,按一、二级抗震等级设计的框架结构中的纵向受力钢筋,其强度实测值应满足本条的要求,其目的是为了保证在地震作用下,结构某些部位出现塑性铰以后,钢筋具有足够的变形能力。本条为强制性条文,应严格执行。

（3）当发现钢筋脆断、焊接性能不良或力学性能显著不正常等现象时,应对该批钢筋进行化学成分检验或其他专项检验。检验方法:检查化学成分等专项检验报告。

在钢筋分项工程的施工过程中,如果发现钢筋性能异常,应立即停止使用,并对同批钢筋进行专项检验。

三、钢筋工程中钢筋加工验收标准

(一)一般项目

(1)钢筋宜采用机械方法,也可以采用冷拉方法。当采用冷拉方法调直钢筋时,HPB235 级钢筋的冷拉率不宜大于 4%,HRB335 级、HRB400 级和 RRB400 级钢筋的冷拉率不宜大于 1%。检查数量:按每工作班同一类型钢筋、同一加工设备抽查不应少于 3 件。检验方法:观察、钢直尺检查。

盘条供应的钢筋在使用前需要进行调直。钢筋调直宜优先采用机械方法,以便有效地控制调直钢筋的质量;也可以采用冷拉的方法,但应控制钢筋的冷拉伸长率,以免影响钢筋的力学性能。

(2)钢筋加工的形状、尺寸应符合设计的要求,其偏差应符合表 8-4 中的规定。检查数量:按每工作班同一类型钢筋、同一加工设备抽查不应少于 3 件。检验方法:钢直尺检查。

表 8-4　钢筋加工的允许偏差

项　　目	允许偏差(mm)
受力钢筋顺长度方向全长的净尺寸	±10
弯起钢筋的弯折位置	±20
箍筋的内净尺寸	±5

本条提出了钢筋加工形状、尺寸偏差方面的要求。其中,箍筋的内净尺寸是新增项目,对保证受力钢筋和箍筋本身的受力性能都非常重要。

(二)主控项目

(1)受力钢筋的弯钩和弯折应符合下列规定:

① HPB235 级钢筋的末端应做 180°弯钩,其弯钩内直径不应小于钢筋直径的 2.5 倍,弯钩弯后的平直部分长度不应小于钢筋直径的 3 倍。

② 当设计要求钢筋末端需要做 135°弯钩时,HRB335 级、HRB400 级钢筋的弯弧内径不应小于钢筋直径的 4.0 倍,弯钩弯后的平直部分长度应符合设计要求。

③ 钢筋做不大于 90 的弯折时,弯折处的弯弧内径不应小小于钢筋直径的 5.0 倍。

检查数量:按每工作班同一类型钢筋、同一加工设备抽查不应少于 3 件。检验方法:钢直尺检查。

(2)除焊接封闭环式箍筋外,箍筋的末端应做弯钩,弯钩的形式应符合设计要求;当设计中无具体要求时,应符合下列规定:

① 箍筋弯钩的弯弧内直径除应满足上面第(1)项的规定外,还应不小于受力钢筋的直径。

② 箍筋弯钩的弯折角度,对于一般结构,不应小于 90°;对于有抗震要求的结构,应为 135°。

③ 箍筋弯折后的平直部分长度,对于一般结构,不宜小于箍筋直径的 5 倍;对于有抗震要求的结构,不应小于箍筋直径的 10 倍。

检查数量:按每工作班同一类型钢筋、同一加工设备抽查不应少于 3 件。检验方法:钢直尺检查。

以上两项主控项目对各种级别的普通钢筋弯钩、弯折和箍筋的弯弧内直径、弯折角度、弯后平直部分长度分别提出了具体要求。受力钢筋弯钩、弯折的形状和尺寸,对于保证钢筋与混凝土良好黏结、协同受力非常重要。根据构件受力性能的不同要求,合理地配置箍筋有利于保证混凝土构件的承载力,特别是对配筋率较高的柱子、受扭转的梁和有抗震设防要求的结构构件更为重要。

对于规定抽样检查的项目,应在全数观察的基础上,对重要部位和观察难以判定的部位进行抽样检查。抽样检查的数量通常采用"双控"的方法,即在按规定比例抽样的同时,还限定了检查的最小数量。

四、钢筋工程中钢筋连接验收标准

(一)一般项目

(1)钢筋的接头应当设置在受力较小处。同一纵向受力钢筋不应设置两个或两个以上接头。接头末端至钢筋弯起点的距离不应小于钢筋直径的 10 倍。

检查数量:全数检查。检验方法:观察,钢直尺检查。

受力钢筋的连接接头应设置在受力比较小的地方,同一钢筋在同一受力区段内不宜多次连接,以保证钢筋的承载安全、传递力的性能。

(2)在施工现场,应按国家行业标准《钢筋机械连接通用技术规程(附条文说明)》(JGJ 107—2010)及《钢筋焊接及验收规程》(JGJ 18—2003)中的规定,对钢筋机械连接接头、焊接接头的外观进行检查,其质量应符合有关规程的规定。

检查数量:全数检查。检验方法:钢直尺检查。

本条对施工现场的机械连接和焊接接头提出了外观质量要求。对全数检查的项目,通常均采用观察检查的方法,但对观察难以判定的部位,可辅以量测方法加以检查。

(3)当受力钢筋采用机械连接接头或焊接接头时,设置在同一构件内的接头应当相互错开,不能集中在同一个截面上。

纵向受力钢筋机械连接接头及焊接接头连接区段的长度为 $35d$(d 为纵向受力钢筋的较大直径),且不小于 500mm。凡接头中点位于该连接区段长度内的接头,均属于同一连接区段。同一连接区段内,纵向受力钢筋机械连接及焊接的接头面积百分率,为该区段内有接头的纵向受力钢筋截面面积与全部纵向受力钢筋截面面积的比值。

同一连接区段内,纵向受力钢筋的接头面积百分率应符合设计要求;当设计无具体要求时,应符合下列规定:

① 在受拉区内钢筋的接头面积的百分率不应大于 50%。

② 钢筋的接头不宜设置在有抗震设防要求的框架梁端、柱端的箍筋加密区;如果无法避开时,对等强度、高质量机械连接接头,接头面积的百分率不应大于 50%。

③ 直接承受动力荷载的结构构件,不宜采用焊接接头;当采用机械连接接头时,接头面积的百分率不应大于 50%。

检查数量:在同一检验批内,对梁、柱子和独立基础,应抽查构件数量的 10%且不少于 3件;对墙和板应按有代表性的自然间抽查 10%且不少于 3间;对大空间结构,墙可按相邻轴线间距 5m 左右划分检查面,板可按纵横轴线划分检查且均不少于 3间。

检验方法:观察、钢直尺检查。

本条给出了受力钢筋机械连接和焊接连接的应用范围、连接区段的定义以及接头面积百分率的限制。

(4)同一构件中相邻纵向受力钢筋的绑扎搭接接头应相互错开。绑扎搭接接头中钢筋的横向净距不应小于钢筋的直径,且不应小于25mm。

钢筋绑扎搭接接头连接区段的长度为$1.3l_1$(l_1为搭接长度),凡搭接接头中点位于该连接区段长度内的接头,均属于同一连接区段。同一连接区段内,纵向受力钢筋机械连接及焊接的接头面积百分率,为该区段内有接头的纵向受力钢筋截面面积与全部纵向受力钢筋截面面积的比值。

同一连接区段内,纵向受力钢筋的接头面积的百分率应符合设计要求;当设计无具体要求时,应符合下列规定:

① 对梁类、板类及墙体类构件,钢筋的接头面积的百分率不应大于25%。

② 对柱子类构件,钢筋的接头面积的百分率不应大于50%。

③ 当工程中确有必要增大接头面积百分率时,对于梁构件不应大于50%;对于其他构件,可根据实际情况放宽。

纵向受力钢筋绑扎搭接接头的最小搭接长度,应符合《混凝土结构工程施工质量验收规范》(GB50204—2002,2011版)附录B中的规定。

① 当纵向受拉钢筋的绑扎搭接接头面积百分率不大于25%时,其最小搭接长度应符合表8-5中的规定。

表8-5　纵向受拉钢筋的绑扎搭接长度

钢筋类型		混凝土强度等级			
		C15	C20 ~ C25	C30 ~ C35	> C40
光圆钢筋	HPB235 级	$45d$	$35d$	$30d$	$25d$
带肋钢筋	HRB335 级	$55d$	$45d$	$35d$	$30d$
	HRB400 级 RRB400 级	—	$55d$	$40d$	$35d$

注:d为钢筋的直径。两根直径不同的钢筋,以较细钢筋的直径计算。

② 当纵向受拉钢筋的绑扎搭接接头面积百分率大于25%,但不大于50%时,其最小搭接长度应按表8-5中的数值乘以1.2取值;当纵向受拉钢筋的绑扎搭接接头面积百分率大于50%时,其最小搭接长度应按表8-5中的数值乘以1.35取值。

③ 在符合下列条件时,纵向受拉钢筋的绑扎搭接长度,应根据①和②确定后,按下列规定进行修正:a.当带肋钢筋直径大于25mm时,其最小搭接长度应按相应数值乘以1.1取用;b.对环氧树脂涂层的带肋钢筋,其最小搭接长度应按相应数值乘以1.25取用;c.当在混凝土凝固过程中受力钢筋易受扰动时(如滑动模板施工),其最小搭接长度应按相应数值乘以1.1取用;d.对末端采用机械锚固措施的带肋钢筋,其最小搭接长度应按相应数值乘以0.7取用;e.当带肋钢筋混凝土保护层厚度大于搭接钢筋直径的3倍且配有箍筋时,其最小搭接长度应按相应数值乘以0.8取用;f.对有抗裂性要求的结构构件,其受力钢筋的最小搭接长度对一、二级抗震等级,应按相应数值乘以系数1.15取用,对三级抗震等级应按相应数值乘以系数1.05取用。

④ 在任何情况下,受拉钢筋的搭接长度不得小于300mm。

⑤ 纵向受压钢筋搭接时,其最小搭接长度应根据①和②规定确定的数值后,乘以系数0.7取用。受压钢筋的搭接长度不得小于200mm。

（5）在梁、柱子构件的纵向受力钢筋搭接长度范围内，应按设计要求配置箍筋。当设计无具体要求时，应符合下列规定：

① 箍筋的直径不应小于搭接钢筋较大直径的 0.25 倍。

② 受拉搭接区段的箍筋间距不应大于搭接钢筋较小直径的 5 倍，且不应大于 100mm。

③ 受压搭接区段的箍筋间距不应大于搭接钢筋较小直径的 10 倍，且不应大于 200mm。

④ 当柱子中纵向受力钢筋直径大于 25mm 时，应在搭接接头两个端面外 100mm 范围内各设置两个箍筋，其间距宜为 50mm。

检查数量：在同一检验批内，对梁、柱子和独立基础，应抽查构件数量的 10% 且不少于 3件；对墙和板应按有代表性的自然间抽查 10% 且不少于 3 间；对大空间结构，墙可按相邻轴线间距 5m 左右划分检查面，板可按纵横轴线划分检查且均不少于 3 间。检验方法：观察、钢直尺检查。

搭接区域的箍筋对于约束搭接传力区域的混凝土、保证搭接钢筋传递力至关重要。搭接长度范围内的箍筋直径、间距等构造要求，可参见我国现行标准《混凝土结构设计规范》（GB 50010—2010）中的规定。

（二）主控项目

（1）纵向受力钢筋的连接方式应符合设计要求。检查数量：全数检查。检验方法：观察。

（2）在施工现场按行业标准《钢筋机械连接通用技术规程（附条文说明）》（JGJ 107—2010）及《钢筋焊接及验收规程》（JGJ 18—2003）等中的规定抽取钢筋机械连接、焊接接头试件做力学性能检验，其质量应符合有关规程的规定。

检查数量：按有关规程确定。检验方法：检查产品合格证、接头力学性能试验报告。

近年来，钢筋机械连接和焊接的技术发展较快，为规范钢筋接头的施工工艺，我国行业标准《钢筋机械连接通用技术规程》（JGJ 107）和《钢筋焊接及验收规程》（JGJ 18）中，对其应用、质量验收等都有明确的规定，验收时应严格执行。

五、钢筋工程中钢筋安装验收标准

（一）一般项目

钢筋安装位置的偏差和检验方法应符合表 8-6 中的要求。

表 8-6　钢筋安装位置的允许偏差和检验方法

项　　目			允许偏差（mm）	检 验 方 法
绑扎钢筋网	长、宽		±10	钢直尺检查
	网眼的尺寸		±20	钢直尺连续 3 挡检查，取最大值
绑扎钢筋骨架	长		±10	钢直尺检查
	宽、高		±5	钢直尺量两端、中间各一点，取最大值
受力钢筋	间距		±10	钢直尺检查
	排距		±5	
	保护层厚度	基础	±10	钢直尺检查
		柱、梁	±5	钢直尺检查
		板、墙、壳	±3	钢直尺检查

项　目		允许偏差(mm)	检　验　方　法
绑扎箍筋、横向钢筋间距		±20	钢直尺连续3挡检查,取最大值
钢筋弯起点位置		20	钢直尺检查
预埋件	中心线位置	5	钢直尺检查
	水平高差	+3,0	钢直尺和塞尺检查

注:(1)检查预埋件中心线的位置时,应沿纵、横两个方向量测,并取其中的较大值。
　　(2)表中梁类、板类构件上部纵向受力钢筋保护层厚度的合格率应当达到90%以上,且不得有超过表中数值
　　　　1.5倍的尺寸偏差。

　　本表具体规定了钢筋安装位置的允许偏差。梁和板类构件上部纵向受力钢筋的位置,对结构构件的承载能力和抗裂性能等有重要影响。由于上部纵向受力钢筋移位而引发的事故通常较为严重,应当加以避免。

　　本条通过对保护层厚度偏差的要求,对上部纵向受力钢筋的位置加以控制,并单独将梁、板类构件上部纵向受力钢筋保护层厚度偏差点的合格率要求规定为90%及以上。对其他部位,表8-6中所列保护层厚度的允许偏差点的合格率要求仍为80%及以上。

　　(二)主控项目
　　钢筋安装时,受力钢筋的品种、级别、规格和数量必须符合设计的要求。
　　检查数量:全数检查。检验方法:观察,钢直尺检查。
　　受力钢筋的品种、级别、规格和数量对结构构件的受力性能有非常重要的影响,必须符合设计的要求。本条为强制性条文,应严格执行。

六、钢筋工程中钢筋的其他验收标准

　　钢筋工程的质量验收除以上标准外,还有很多具体的钢筋质量验收标准,如基础工程钢筋验收的标准、现浇框架结构钢筋验收的标准、剪力墙工程钢筋验收的标准、电渣压力焊接接头的质量验收标准、带肋钢筋径向挤压接头的施工验收和钢筋接头普通螺纹连接施工验收标准等。

　　(一)基础工程钢筋验收的标准
　　1. 基础工程钢筋验收的内容
　　基础工程钢筋验收的内容主要包括:(1)纵向受力钢筋的品种、规格、数量和位置等;(2)钢筋的连接方式、接头位置、接头数量和接头面积百分率等;(3)箍筋、横向钢筋的品种、规格、数量、间距和位置等;(4)预埋件的规格、数量和位置等;(5)避雷网线的布设与焊接等。

　　2. 基础工程钢筋验收的标准
　　(1)基础工程钢筋验收的一般项目
　　基础工程钢筋绑扎的允许偏差应符合表8-5中的规定。
　　检查数量:在同一检验批内,独立基础应抽查构件数量的10%,且不少于3件;筏板形基础可以按纵、横轴线划分检查面,抽查10%,且不少于3项。
　　(2)基础工程钢筋验收的主控项目
　　基础工程钢筋绑扎时,受力钢筋的品种、级别、规格和数量,必须符合设计要求。

检查数量:全数检查。检验方法:观察,钢直尺检查。

(二)现浇框架结构钢筋验收的标准

1. 现浇框架结构钢筋验收的内容

现浇框架结构钢筋验收的内容主要包括:(1)纵向受力钢筋的品种、规格、数量和位置等;(2)钢筋的连接方式、接头位置、接头数量和接头面积百分率等;(3)箍筋、横向钢筋的品种、规格、数量、间距和位置等;(4)预埋件的规格、数量和位置等。

2. 现浇框架结构钢筋验收的标准

(1)现浇框架结构钢筋验收的一般项目

① 钢筋绑扎应牢固、完整,缺扣、绑扎扣松开的数量,不超过绑扎扣数的10%,且不应集中。

② 钢筋弯钩的朝向应当正确,绑扎接头应当符合施工规范的规定,搭接长度不小于现行规范中的规定值。

③ 箍筋的间距、数量应符合设计要求,有抗震要求时,弯钩角度为135°,弯钩的平直段长度不小于10d(d 为钢筋的较大直径)。

④在进行绑扎钢筋作业时,禁止碰动预埋件及洞口模板。

(2)现浇框架结构钢筋验收的主控项目

① 所采用钢筋的品种和质量,必须符合设计要求和现行有关标准的规定。

② 钢筋的表面必须清洁。带有颗粒状或片状老锈,经过除锈后仍留有麻点的钢筋,严禁按照原规格使用。

③ 钢筋的规格、形状、尺寸、数量、锚固长度、接头位置,必须符合设计要求和施工规范的规定。钢筋加工的允许偏差应符合表8-4中的要求。

④ 钢筋焊接或机械连接接头的力学性能试验结果,必须符合钢筋焊接及机械连接验收的专门规定。

(三)剪力墙工程钢筋验收的标准

1. 剪力墙工程钢筋验收的内容

剪力墙工程钢筋验收的内容主要包括:(1)纵向受力钢筋的品种、规格、数量和位置等;(2)钢筋的连接方式、接头位置、接头数量和接头面积百分率等;(3)箍筋、横向钢筋的品种、规格、数量、间距和位置等;(4)预埋件的规格、数量和位置等。

2. 剪力墙工程钢筋验收的标准

(1)剪力墙工程钢筋验收的一般项目

① 钢筋网片和骨架的绑扎应牢固、完整,缺扣、绑扎扣松开的数量,不得超过绑扎扣数量的10%,且不应集中。

② 钢筋焊接网片钢筋交叉点开焊的数量,不得超过整个网片交叉点总数的1%,且任一根钢筋开焊点数不得超过该根钢筋上交叉点总数的50%。焊接网最外边钢筋上的交叉点不得出现开焊。

③ 钢筋弯钩的朝向应正确,绑扎接头应符合施工规范的规定,其中每个接头的搭接长度不小于规定值。

④ 箍筋的数量、弯钩角度和平直段长度,应符合设计要求和施工规范的规定。

⑤ 钢筋点焊焊点处熔化金属应均匀,无裂纹、气孔及烧伤等质量缺陷。焊点压入深度应符合钢筋焊接规程的规定。

a. 对接接头:无横向裂纹和烧伤,焊包应均匀,接头弯折角不大于4°,轴线位移不大于0.1d,且不大于2mm。

b. 电弧焊接头:焊缝表面平整,无凹陷、焊瘤、裂纹、气孔、夹渣及咬边等缺陷,接头处弯折不大于4°,轴线位移不大于0.1d,且不大于3mm,焊缝宽度不小于0.1d,长度不小于0.5d。

⑥ 钢筋绑扎的允许偏差应符合表8-5中的规定。

(2)剪力墙工程钢筋验收的主控项目

① 钢筋、焊条的品种和性能以及接头中使用的钢板和型钢,必须符合设计要求和有关标准的规定。

② 钢筋的表面必须清洁。钢筋带有颗粒状或片状老锈,经过除锈后仍留有麻点的钢筋,严禁按照原规格使用。

③ 钢筋的规格、形状、尺寸、数量、锚固长度、接头位置,必须符合设计要求和施工规范的规定。

④ 钢筋焊接接头力学性能的试验结果,必须符合焊接规程的规定。

(四)电渣压力焊接接头的质量验收

1. 电渣压力焊焊接接头的内容

电渣压力焊焊接接头的内容主要包括:(1)钢筋的品种和规格;(2)焊接接头的外观质量;(3)焊接接头的力学性能。

2. 电渣压力焊焊接接头的标准

(1)电渣压力焊焊接接头的一般项目

电渣压力焊焊接接头应逐个进行外观检查,检查结果应符合下列要求:

① 四周焊包凸出钢筋表面的高度不得小于4mm。

② 钢筋与电极的接触处,应无烧伤缺陷。

③ 焊接接头处的弯折角不大于3°。

④ 焊接接头的轴线偏移不得大于钢筋直径的0.1倍,且不得大于2mm。

检查数量:全数检查。检验方法:目测或量测。

(2)电渣压力焊焊接接头的主控项目

① 钢筋的牌号和质量,必须符合设计要求和有关标准的规定。进口钢筋需先经过化学成分检验和焊接试验,符合有关规定后方可焊接。检验方法:检查出厂质量证明书和试验报告单。

② 钢筋的规格,焊接接头的位置,同一区段内有焊接接头钢筋面积的百分率,必须符合设计要求和施工规范的规定。检验方法:观察或尺量检查。

③ 电渣压力焊焊接接头的质量检验,应分批进行外观检查和力学性能检验,并应按下列规定作为一个检验批:

在现浇钢筋混凝土结构中,应以500个同牌号钢筋焊接接头作为一批;在房屋结构中,应在不超过二楼层中 300 个同牌号钢筋焊接接头作为一批;当不足 300 个焊接接头时,仍应作为一批。每批随机切取 3 个焊接接头进行拉伸试验,其结果应符合下列要求:

a. 3 个热轧钢筋焊接接头试件的抗拉强度,均不得小于该牌号钢筋规定的抗拉强度;HRB335 钢筋焊接接头试件的抗拉强度均不得小于 570MPa。

b. 至少应有两个试件断于焊缝之外,并应呈延性断裂。

c. 当达到上述两项要求时,应评定该批焊接接头为抗拉强度合格。

当试验结果有两个试件的抗拉强度小于钢筋规定的抗拉强度,或 3 个试件都在焊缝或热影响区发生脆性断裂时,则以此判定该批焊接接头为不合格品。

当试验结果有 1 个试件的抗拉强度小于规定值,或两个试件在焊缝或热影响区发生脆性断裂,其抗拉强度都小于钢筋规定抗拉强度的 1.10 倍时,应当进行复检。

复验时应切取 6 个试件。复验结果,当仍有 1 个试件的抗拉强度小于钢筋的规定值,或 3 个试件都在焊缝或热影响区发生脆性断裂,其抗拉强度小于钢筋规定抗拉强度的 1.10 倍时,应判定该批焊接接头为不合格品。检验方法:检查焊接试件试验报告单。

(五)带肋钢筋径向挤压接头的施工验收

1. 带肋钢筋径向挤压接头的验收内容

带肋钢筋径向挤压接头的验收内容主要包括:(1)钢筋的品种和质量;(2)钢筋套筒的力学性能、外观规格尺寸和表面标志;(3)钢筋挤压接头的力学性能和外观质量。

2. 带肋钢筋径向挤压接头的质量标准

(1)带肋钢筋径向挤压接头质量的一般项目

1)钢筋接头压痕深度不够时应当进行补压。超压者应当切除重新再挤压。钢套筒压套的最小直径和总厚度,应符合钢套筒供应厂家提供的技术要求。

2)钢筋挤压接头的外观质量检验应符合下列要求:

① 外形尺寸:挤压后套筒长度应为原套筒长度的 1.10 ~ 1.15 倍;或压痕处套筒的外径波动范围为原套筒外径的 0.80 ~ 0.90 倍。

② 钢筋挤压接头的压痕道数应符合型式检验确定的道数。

③ 钢筋接头处弯折不得大于 3°。

④ 挤压后的套筒不得有肉眼可见的裂缝。

3)每一验收批中应随机抽取 10% 的挤压接头做外观质量检验,如外观质量不合格数超过抽检数的 10% 时,应对该批挤压接头逐个进行复检,对外观质量不合格的钢筋接头采取补救措施;不能进行补救的挤压接头应做标记,在外观质量不合格的接头中抽取 6 个试件做抗拉强度试验,若有一个试件的抗拉强度低于规定值,则该批外观质量不合格的挤压接头,应会同设计单位商定处理,并记录存档。

4)在现场连续检验 10 个验收批,抽样试件抗拉强度试验 1 次合格率为 100% 时,验收批接头数量可扩大一倍。检查记录可按表 8-7 的格式填写。

表 8-7　施工现场钢筋挤压接头外观检查记录表

工程名称		楼层号		构件类型	
验收批号		验收批的数量		抽检数量	
连接钢筋直径(mm)		套筒外径(或长度)/mm			
外观检查内容	压痕处套筒外径 (或挤压后套筒长度)		规定钢筋挤压道数		接头弯折角度(°)		套筒无肉眼可见裂缝	

外观检查内容	合格	不合格	合格	不合格	合格	不合格	合格	不合格
外观质量检查不合格接头的编号　1								
2								
3								
4								
5								
6								
7								
8								
9								
10								
评定结论								

备注:(1)接头外观检查抽检数量应不少于验收批钢筋接头数量的 10%。
　　　(2)外观检查内容共四项:其中压痕处套筒外径或挤压后套筒长度、挤压道数,二项的合格标准由产品供应单位根据型式检验结果提供。接头弯折角≤4°为合格,套筒表面有无裂缝,以肉眼无可见裂缝为合格。
　　　(3)仅要求对外观检查不合格接做记录,四项外观检查内容中,任一项不合格即为不合格,记录时可在合格与不合格栏中打√号。
　　　(4)外观检查不合格接头数超过抽检数的 10% 时,该验收批钢筋接头外观质量则评为不合格

检查人:　　　　　　　　负责人:　　　　　　　　日期:

(2)带肋钢筋径向挤压接头质量的主控项目

① 钢筋的品种和质量必须符合设计要求和有关标准中的规定。

② 钢套筒的材质、力学性能、规格尺寸必须符合钢套筒标准的规定,表面不得有裂缝、折叠等质量缺陷。钢套筒材料的力学性能、规格尺寸见表 8-8 和表 8-9,钢套筒尺寸允许偏差见表 8-10。

表 8-8　钢套筒材料的力学性能

项　目	指　标	项　目	指　标
屈服强度(MPa) 抗拉强度(MPa) 断后伸长率 A(%)	225~350 375~500 ≥20	洛氏硬度(HRB) [或布氏硬度(HB)]	60~80 [102~133]

表 8-9　钢套筒的规格尺寸

钢套筒型号	钢套筒尺寸(mm)			挤压连接标志道数
	外　径	壁　厚	长　度	
G40	79	12.0	240	8×2
G36	63	11.0	216	7×2
G32	56	10.0	192	6×2
G28	50	8.0	168	5×2
G25	45	7.5	150	4×2
G22	40	6.5	132	3×2
G20	36	6.0	120	3×2

表 8-10　钢套筒尺寸允许偏差(mm)

套筒外径 D	外径允许偏差	壁厚 t 允许偏差	长度允许偏差
≤50	±0.5	+0.12t -0.10t	±2
>50	±0.01D	+0.12t -0.10t	±2

③ 在正式施工前,应进行现场施工条件下的挤压连接工艺试验。检验接头的数量应不少于 3 个。检验接头按质量验收规定检验合格后,方可进行施工。

④ 钢筋挤压接头的现场检验应按照验收批进行。同一施工条件下采用同一批材料的同等级、同形式、同规格接头,以 500 个为一个验收批,进行检验与验收,不足 500 个也作为一个验收批。

⑤ 对钢筋接头的每一验收批,均应按设计要求的接头性能等级,在工程内随机抽取 3 个接头试件做抗拉强度试验,并填写记录、作出评定。其抗拉强度应符合钢筋机械连接一般规定中的有关要求,若其中有一个试件不符合要求时,应再取 6 个试件进行复检,复检中如果仍有 1 个试件的强度不符合要求,则该验收批判定为不合格。

(六)钢筋接头普通螺纹连接施工验收

1. 钢筋接头普通螺纹连接施工的验收内容

钢筋接头普通螺纹连接施工质量验收的主要内容包括:(1)钢筋的品种、规格和质量;(2)钢筋套筒的力学性能、外观规格尺寸和表面标志;(3)钢筋挤压接头的力学性能和外观质量。

2. 钢筋接头普通螺纹连接施工的质量标准

(1)钢筋接头普通螺纹连接施工质量一般项目

① 加工质量检验

a. 螺纹丝头牙形的检验:牙形饱满,无断牙、秃牙缺陷,且与牙形规的牙形吻合,牙形表面光洁的为合格品。

b. 套筒用专用塞规的检验:必须符合有关规范中的规定。

② 随机抽取同规格接头数的 10% 进行外观检查,应与钢筋连接套筒的规格相匹配,接头螺纹无完整的螺纹外露。

③ 现场外观质量检验抽验的数量。梁和柱子构件按接头数的15%且每个构件的接头抽验数不得少于3个接头;基础和墙板构件按各自接头数,每100个接头作为一个验收批,不足100个也作为1个验收批。每批检验3个接头,抽检的接头应全部合格,如有1个接头不合格,则应再检验3个接头,如全部合格,则该批接头为合格;如果仍有1个接头不合格,则该验收批接头应逐个进行检查,对查出的不合格接头应进行补强,如无法补强应弃置不用,并填写钢筋直螺纹接头质量检查记录(表8-11)。

表8-11 钢筋直螺纹接头质量检查记录

工程名称							
结构所在层数					构件种类		
钢筋规格	接头位置	数量	拧紧到位	无完整螺纹外露	检验结论	检验日期	

注:检验结论:合格的打"√",不合格的打"×"。

检查单位:　　　　检查人员:　　　　日期:　　　　负责人:

④ 对接头的抗拉强度试验,每验收批在工程结构中随机抽取3个接头试件进行抗拉强度试验。按设计要求的接头等级进行评定,如有1个试件的强度不符合要求,应再抽取6个试件进行复检,复检中如仍有1个试件的强度不符合要求,则该检验批评定为不合格,并填写钢筋直螺纹接头抗拉强度试验报告(表8-12)。

表8-12 钢筋直螺纹接头抗拉强度试验报告

工程名称			结构层数		构件名称		接头等级	
试件编号	钢筋规格（mm）	横截面积（mm²）	屈服强度标准值（MPa）	抗拉强度实测值（MPa）	极限拉力实测值（MPa）	抗拉强度实测值（MPa）	评定结果	试验日期
评定结论								

备注:

试验单位:　　　　负责人:　　　　试验员:　　　　填表日期:

⑤ 在施工现场连续 10 个验收批抽样进行试件抗拉强度试验,1 次合格率为 100% 时,验收批接头数量可扩大一倍。

(2)钢筋接头普通螺纹连接施工质量主控项目

① 钢筋的品种、规格必须符合设计要求,其质量应符合国家标准《钢筋混凝土用钢:第 2 部分 热轧带肋钢筋》(GB 1499.2)规定的要求。

② 套筒与锁母的材质应符合《优质碳素结构钢》(GB/T 699)中的规定,且应有质量检验单和产品合格证,几何尺寸要符合设计要求。

③ 在连接钢筋接头时,应检查螺纹加工检验记录,无检验记录和检验记录不合格的,不得用于钢筋接头。

④ 钢筋接头型式检验。钢筋螺纹接头的型式检验应符合行业标准《钢筋机械连接通用技术规程》(JGJ 107)中的各项规定。

⑤ 钢筋接头连接工程开始前及施工过程中,应对每批进场钢筋和接头进行工艺检验:

a. 每种规格的钢筋接头试件不应少于 3 根。

b. 钢筋母材抗拉强度试件不应少于 3 根,且应取自接头试件的同一根钢筋。

c. 接头试件应达到行业标准《钢筋机械连接通用技术规程》(JGJ 107)中相应等级的强度要求,计算钢筋实际抗拉强度时,应采用钢筋的实际横截面积计算。

⑥ 钢筋接头强度必须达到同类型钢材的强度值,接头的现场检验按照验收批进行,同一施工条件下采用同一批材料的同等级、同形式、同规格接头,以 500 个接头为一个验收批检验与验收,不足 500 个也作为一个验收批。

(七)钢筋工程施工中应注意的质量问题

为确保钢筋工程的施工质量符合设计要求,在整个操作过程中应注意如下质量问题:

(1)在浇筑混凝土前,要认真检查钢筋的位置是否正确;在振捣混凝土时,要防止振捣器碰撞钢筋。在混凝土浇筑完毕后,要在混凝土初凝前立即修整发生位移的钢筋,防止钢筋位移后改变受力状况。

(2)如果梁的钢筋骨架尺寸小于设计尺寸时,配制箍筋时应按其内皮尺寸计算。

(3)梁和柱子的核心区箍筋应当加密,在绑扎安装前应熟悉图纸,按要求进行施工。

(4)箍筋末端的弯钩一般应当弯制成 135°,其平直部分的长度一般为 $10d$(d 为箍筋的直径)。

(5)梁的受力主钢筋伸入支座的长度要符合设计要求,弯起钢筋的位置应准确。

(6)板的弯起钢筋和负弯矩钢筋的位置必须准确,在施工时不要踩踏移位。

(7)绑扎板的钢筋时要用尺杆进行画线,绑扎时随时进行调整,防止板中的钢筋不顺直、位置不准确。

(8)在绑扎竖向受力钢筋时要吊正,搭接部位要绑扎 3 个扣,绑扎扣不能用同一方向的顺扣。当层高超过 4m 时,要搭设脚手架进行绑扎,并采取措施将钢筋固定,以防止墙体或柱子的钢筋骨架不垂直。

(9)在进行钢筋配料加工时,当端头有对焊接头时,一定要避开搭接范围,防止绑扎接头内混入对焊接头,以免影响钢筋的绑扎牢固性。

(10)要认真检查钢筋的帮条尺寸、坡口角度、钢筋端头间隙、钢筋轴线偏移及钢筋表面质量情况,不符合规定的要求时不得进行焊接。

（11）在进行钢筋焊接时，搭接线应与钢筋接触良好，按规定进行搭接，但不得随意乱搭接。

（12）带有钢板或帮条的钢筋接头，引弧应在钢板或帮条上进行。无钢板或无帮条的接头，引弧应在形成焊缝部位，不得随意乱引弧，防止烧伤受力主钢筋。

（13）根据钢筋级别、直径、接头形式和焊接位置，选择适宜的焊条直径、品种和焊接电流，以保证焊缝与钢筋熔合良好。

（14）在钢筋焊接的过程中，要及时清理焊渣和杂物，焊缝的表面要光滑平整，外观美观；加强焊缝时应平缓过渡，保证电弧坑填满。

（15）当水平钢筋位置、间距不符合要求时，墙体绑扎钢筋应搭设高凳或简易脚手架，以免水平钢筋发生位移。

（16）下层伸出的墙体钢筋和竖直钢筋在绑扎时，应先将下层墙体伸出的钢筋调整理顺，然后再进行绑扎或焊接。如果下层伸出的钢筋移位比较大时，应当征得设计和监理同意后再进行处理。

（17）门窗洞口加强筋的位置、尺寸，应在绑扎前根据洞口边线将加强筋进行调整，绑扎加强筋时应进行吊线，以保证其垂直度和位置符合设计要求。

第三节　预应力工程质量验收评定标准

预应力分项工程是预应力筋、锚具、夹具和连接器等材料的进场检验、后张法预留管道设置或预应力筋布置、预应力筋张拉、放张、灌浆直至封锚保护等一系列技术工作和完成实体的总称。

由于预应力施工工艺比较复杂，专业性较强，质量要求较高，所以预应力分项工程所包括的检验项目较多，同时规定也比较具体。在预应力工程进行质量验收中，一定要按照现行规范认真进行。

一、预应力工程质量验收的一般规定

（1）后张法预应力混凝土工程的施工，应由具有相应资质等级的预应力专业施工单位承担，无相应资质等级的施工单位不能承担此类工程。

（2）预应力筋张拉机具设备及仪表，应当定期进行维护和校验。张拉设备配套标定，并配套使用。张拉机具设备的标定期限不应超过半年。当在使用过程中或在千斤顶检修后出现反常现象时，应重新进行标定。张拉机具设备标定时，千斤顶活塞的运行方向应当和张拉的实际工作状态一致；压力计的精度不应低于1.5级，标定张拉机具设备用的试验机或测力精度不应低于±2%。

（3）在浇筑混凝土之前，应进行预应力混凝土隐蔽工程验收，其内容主要包括：预应力筋的品种、规格、数量、位置等；预应力筋锚具和连接器的品种、规格、数量、位置等；预留孔道的规格、数量、位置、形状及灌浆孔、排气兼泌水管等；锚固区局部加强构造等。

二、预应力工程所用材料的质量控制

（一）预应力工程所用材料的主控项目

（1）预应力筋进场时，应按现行国家标准《预应力混凝土用钢绞线》（GB/T 5224）等的规定,抽取试件进行力学性能检验,其质量必须符合有关标准的规定。

检查数量:按进场的批次和产品的抽样检验方案确定。检验方法:检查产品合格证、出厂检验报告和进场复验报告。

(2)无黏结预应力筋的包装质量应符合无黏结预应力筋钢绞线标准的规定。

检查数量:每60t为一批,每批抽取一组试件。检验方法:观察,检查产品合格证、出厂检验报告和进场复验报告。当有工程实践经验,并经观察认为质量有保证时,可不做油脂用量和护套厚度的进场复验。

(3)预应力筋用锚具、夹具和连接器应按设计要求采用,其性能应符合现行国家标准《预应力筋用锚具、夹具和连接器》(GB/T14370)等的规定。

检查数量:按进场批次和产品的抽样检验方案确定。检验方法:检查产品合格证、出厂检验报告和进场复验报告。对锚具用量较少的一般工程,如供货方提供有效的试验报告,可不做静载锚固性能试验。

(4)孔道灌浆用的水泥应采用普通硅酸盐水泥,其质量应符合《通用硅酸盐水泥》(GB175—2007)的规定。孔道灌浆用外加剂的质量应符合现行《混凝土结构工程施工质量验收规范》(GB50204)的规定。

检查数量:按进场批次和产品的抽样检验方案确定。检验方法:检查产品合格证、出厂检验报告和进场复验报告。对孔道灌浆用的水泥和外加剂用量较少的一般工程,当有可靠依据时,可不做材料性能的进场复验。

(二)预应力工程所用材料的一般项目

(1)预应力筋使用前应进行外观检查,其质量应符合下列要求:①有粘结预应力筋展开后应平顺,不得有弯折,表面不应有裂缝、小刺、机械损伤、氧化铁皮和油污等;②无黏结预应力筋护套应光滑、无裂缝,无明显褶皱。

检查数量:全数检查。检验方法:观察。无粘结预应力筋护套轻微破损者,应外包防水塑料胶带修复,严重破损者不得使用。

(2)预应力筋用锚具、夹具和连接器使用前应进行外观检查,其表面应无污物、锈蚀、机械损伤和裂纹。检查数量:全数检查。检查方法:观察。

(3)预应力混凝土用金属螺旋管的尺寸和性能,应符合国家现行标准《预应力混凝土用金属波纹管》(JG225)的规定。

检查数量:按进场批次和产品的抽样检验方案确定。检验方法:检查产品合格证、出厂检验报告和进场复验报告。对金属螺旋管用量较少的一般工程,当有可靠依据时,可不做径向刚度、抗渗漏性能的进场复验。

(4)预应力混凝土用金属螺旋管在使用前应进行外观检查,其内外表面应清洁、无锈蚀,不应有油污、孔洞和不规则的褶皱,咬口不应有开裂或脱扣。

检查数量:全数检查。检查方法:观察。

三、预应力工程制作与安装质量控制

(一)预应力工程制作与安装质量主控项目

(1)预应力筋安装时,其品种、级别、规格、数量必须符合设计要求。

检查数量:全数检查。检查方法:观察,钢直尺检查。

（2）先张法预应力筋施工时，应选用非油质类模板隔离剂，并应避免玷污预应力筋。

检查数量：全数检查。检查方法：观察。

（3）施工过程中应避免电火花损伤预应力筋，受损伤的预应力筋应予以更换。

检查数量：全数检查。检查方法：观察。

（二）预应力工程制作与安装质量一般项目

（1）预应力筋下料应符合下列要求：①预应力筋应采用砂轮锯或切断机切断，不得采用电弧切割。②当钢丝束两端采用镦头锚具时，同一束中各根钢丝长度的极差不应大于钢丝长度的 1/5000，且不应大于 5mm。当成组张拉长度不大于 10m 的钢丝时，同组钢丝长度的极差不得大于 2mm。

检查数量：每工作班抽查预应力筋总数的 3%，且不少于 3 束。检查方法：观察，钢直尺检查。

（2）预应力筋端部锚具的制作质量应符合下列要求：①挤压锚具制作时压力计液压应符合操作说明书的规定，挤压后预应力筋外端应露出挤压套筒 1～5mm。②钢绞线压花锚成型时，表面应清洁、无油污，梨形头尺寸和直线段长度应符合设计要求。③钢丝镦头的强度不得低于钢丝强度标准值的 98%。

检查数量：对挤压锚，每工作班抽查 5%，且不应少于 5 件；对压花锚，每工作班抽查 3 件；对钢丝镦头的强度，每批钢丝检查 6 个镦头的试件。检查方法：观察，钢直尺检查，检查镦头强度试验报告。

（3）后张法有黏结预应力筋预留孔道的规格、数量、位置和形状，除应符合设计要求外，还应符合下列要求：

① 预留孔道的定位应牢固，浇筑混凝土时不应出现移位和变形。

② 孔道应平顺，端部的预埋锚垫板应垂直于孔道中心线。

③ 成孔用管道应密封良好，接头应严密且不得漏浆。

④ 灌浆孔的间距：对预埋金属螺旋管不宜大于 30m；对抽芯成型孔道不宜大于 12m。

⑤ 在曲线孔道的曲线波峰部位，应设置排气兼泌水管，必要时可在最低点设置排水孔。

⑥ 灌浆孔及泌水管的孔径应能保证浆液畅通。

检查数量：全数检查。检查方法：观察，钢直尺检查。

（4）预应力筋束形控制点的竖向位置偏差应符合表 8-13 中的规定。

表 8-13　束形控制点的竖向位置允许偏差

截面高（厚）度（mm）	$h \leqslant 300$	$300 < h \leqslant 1500$	$h > 1500$
允许偏差（mm）	±5	±10	±15

检查数量：在同一检验批内，抽查各类型构件中预应力筋总数的 5%，且对各类型构件均不少于 5 束，每束不应少于 5 处。检验方法：钢直尺检查。束形控制点的竖向位置偏差合格点率应达到 90% 以上，且不得有超过表 8-12 中数值 1.5 倍的尺寸偏差。

（5）无黏结预应力筋的铺设除应符合上一条的规定外，还应符合下列要求：①无黏结预应力筋的定位应牢固，浇筑混凝土时不应出现移位和变形。②端部的预埋锚垫板应垂直于预应力筋。③内埋式固定端垫板不应重叠，锚具与垫板应贴紧。④无黏结预应力筋成束布置时，应能保证混凝土密实并能裹住预应力筋。⑤无黏结预应力筋的护套应完整，局部破损处应采用防水胶带缠绕紧密。

检查数量:全数检查。检查方法:观察。

(6)浇筑混凝土前穿入孔道的后张法有黏结预应力筋,宜采取防止锈蚀的措施。

检查数量:全数检查。检查方法:观察。

四、预应力工程张拉和放张质量控制

(一)预应力工程张拉和放张质量控制主控项目

(1)预应力筋张拉或放张时,混凝土的强度应符合设计要求;当设计无具体要求时,不应低于设计的混凝土立方体抗压强度标准值的75%。检查数量:全数检查。检查方法:检查同条件养护试件的试验报告。

(2)预应力筋的张拉力、张拉或放张顺序及张拉工艺,应符合设计及施工技术方案的要求,并应符合下列要求:

① 当施工需要超张拉时,最大张拉力不应大于国家现行标准《混凝土结构设计规范》(GB50010)的规定。

② 张拉工艺应能保证同一束中各根预应力筋的应力均匀一致。

③ 后张法施工中,当预应力筋是逐根或逐束进行张拉时,应保证各阶段不出现对结构不利的应力状态;同时宜考虑后批张拉预应力筋所产生的结构构件的弹性压缩对先批张拉预应力筋的影响,确定张拉力。

④ 先张法预应力筋放张时,宜缓慢放松锚固装置,使各根预应力筋同时缓慢放松。

⑤ 当采用应力控制方法张拉时,应校核预应力筋的伸长数值。实际伸长数值与设计计算理论伸长数值的相对允许偏差为±6%。

检查数量:全数检查。检查方法:检查张拉记录。

(3)预应力筋张拉锚固后实际建立的预应力值,与工程设计规定检验值的相对允许偏差为±5%。

检查数量:对先张法施工,每工作班抽查预应力筋总数的1%,且不少于3根;对后张法施工,在同一检验批内,抽查预应力筋总数的3%,且不少于5束。检验方法:对先张法施工,检查预应力筋应力检测记录;对后张法施工,检查见证张拉记录。

(4)张拉过程中应避免预应力筋断裂或滑脱;当发生断裂或滑脱时,必须符合下列规定:①对后张法预应力结构构件,断裂或滑脱的数量严禁超过同一截面预应力筋总根数的3%,且每束钢丝不得超过一根;对多跨双向连续板,其同一截面应按每跨计算。②对先张法预应力构件,在浇筑混凝土前发生断裂或滑脱的预应力筋必须予以更换。

检查数量:全数检查。检查方法:检查张拉记录。

(二)预应力工程张拉和放张质量控制一般项目

(1)锚固阶段张拉端预应力筋的内缩量应符合设计要求,当设计无具体要求时,应符合表8-14中的规定。

检查数量:每个工作班应抽查预应力筋总数的3%,且不少于3束。检查方法:钢直尺检查。

表 8-14　张拉端预应力筋的内缩量限值

锚 具 类 型		内缩量限值（mm）
支承式锚具（镦头锚具等）	螺母缝隙	1
	每块后加垫板的缝隙	1
锥塞式锚具		5
夹片式锚具	有预压	5
	无预压	6～8

（2）先张法预应力筋张拉后与设计位置的偏差不得大于 5mm，且不得大于构件截面短边边长的 4%。检查数量：每工作班抽查预应力筋总数的 3%，且不少于 3 束。检查方法：钢直尺检查。

五、预应力工程灌浆及封锚质量控制

（一）预应力工程灌浆及封锚质量控制主控项目

（1）后张法有黏结预应力筋张拉后应尽早进行孔道灌浆，孔道内水泥浆应饱满、密实。

检查数量：全数检查。检查方法：观察，检查灌浆记录。

（2）锚具的封闭保护应符合设计要求，当设计无具体要求时，应符合下列规定：①应采取防止锚具腐蚀和遭受机械损伤的有效措施。②凸出式锚固端锚具的保护层厚度不应小于 50mm。③外露预应力筋的保护层厚度：处于正常环境时，不应小于 20mm；处于易受腐蚀的环境时，不应小于 50mm。

检查数量：在同一检验批内，抽查预应力筋总数的 5%，且不少于 5 处。检查方法：观察，钢直尺检查。

（二）预应力工程灌浆及封锚质量控制一般项目

（1）后张法预应力筋锚固后的外露部分宜采用机械方法切割，其外露长度不宜小于预应力筋直径的 1.5 倍，且不宜小于 30mm。

检查数量：在同一检验批内，抽查预应力筋总数的 3%，且不少于 5 束。检查方法：观察，钢直尺检查。

（2）灌浆用水泥浆的水灰比不应大于 0.45，搅拌后 3h 泌水率不宜大于 2%，最大不得超过 3%。泌水应能在 24h 内全部重新被水泥浆吸收。

检查数量：同一种配合比应检查一次。检验方法：检查水泥浆性能试验报告。

（3）灌浆用水泥浆的抗压强度不应小于 $30N/mm^2$。

检查数量：每工作班留置一组边长为 70.7mm 的立方体试件。检验方法：检查水泥浆试件强度试验报告。一组试件由 6 个试件组成，试件应标准养护 28d；抗压强度为一组试件的平均值，当一组试件中抗压强度最大值或最小值与平均值相差超过 20% 时，应取中间 4 个试件强度的平均值。

第四节　钢筋工程质量验收中的各种资料

在进行钢筋工程的质量验收中，除了严格按照上述规定检查验收外，还应当认真检查、核对有关质量方面的各种资料，主要包括检测、检验或试验报告，各种材料的质量合格证书，

各种记录等。

一、钢筋工程质量验收中的报告

（一）钢筋性能检测试验报告

钢筋性能检测试验报告，包括供应单位的检测报告和施工单位的复验报告。供应单位的钢筋性能检测报告，是评价钢筋质量的重要技术资料，必须保证此检测报告的权威性、真实性和有效性。

钢筋性能试验报告，是指钢筋使用单位为确保钢筋质量符合设计或合同的要求，对钢筋进行质量复验，这是非常重要的质量保证措施，在复验中应注意以下几方面：

1. 钢筋应按现行规范规定取试样进行力学性能复验，对于承重结构钢筋及重要钢材实行有见证取样和送检。

2. 对于有抗震要求的框架结构，其纵向受力钢筋的进场复验应有抗拉强度与屈服强度之比和屈服强度与强度标准值之比。

根据国家标准《混凝土结构工程施工质量验收规范》（GB 50204 - 200，2011 年版）中的规定：对有抗震设防要求的结构，其纵向受力钢筋的性能应满足设计要求；当设计无具体要求时，对于一、二、三级抗震等级设计的框架和斜撑构件（含梯段）中的纵向受力钢筋应采用 HRB335E、HRB400E、HRB5OOE、HRBF335E、HRBF400E 或 HRBF5OOE 钢筋，其强度和最大力下总伸长率的实测值应符合下列规定：

① 钢筋的抗拉强度实测值与屈服强度实测值的比值不应小于 1.25。

② 钢筋的屈服强度实测值与钢筋强度标准值的比值不应小于 1.30。

③ 钢筋的最大力下总伸长率不应小于 9%。

3. 在钢筋施工的过程中，如果发现钢筋性能异常，应立即停止使用，并对同批钢筋进行专项检验，保存相应的检测报告。

4. 以图纸或洽商所需钢筋（材）品种、规格为依据，按进场的验收批，检查各规格钢筋是否已进行复验，核查试验报告单中的项目是否齐全、准确、真实。

5. 检查试验数据是否已达到规范中规定的标准值。如果发现问题应及时取双倍试样进行复验，并将复验合格单或处理结论附于此单后一并存档。同时核查试验结论，编号必须填写，签字盖章必须齐全。

6. 为确保钢筋工程的施工进度和材料所需数量，应检查钢筋的批量总和与总需求量是否相符。

7. 检查钢筋（材）试验中的使用时间、规格、品种等，应与其他技术资料对应一致，相互吻合。相关的技术资料包括：钢筋连接试验报告、钢筋隐蔽工程检验、半成品钢筋加工出厂合格证、焊接材料烘焙记录、现场预应力混凝土试验记录、现场预应力筋张拉的施工记录、施工组织设计（方案）、技术交底材料、洽商记录、施工日志（钢筋）、钢筋检验批质量验收记录等。

8. 当工程选用进口钢材、钢筋脆断、焊接性能不良或力学性能显著不正常时，应进行化学成分检验或其他专项检验，并有相应的检验报告。

9. 当钢筋（材）用于比较重要的工程时，必须对钢筋进行一些项目的检验，其中主要包括物理必试项目和化学分析项目。

（1）物理必试项目

钢筋的物理必试项目包括：拉力试验（屈服强度、抗拉强度、断后伸长率）和冷弯试验（冷拔低碳钢丝为反复弯曲试验）。

（2）化学分析项目

钢筋的化学分析项目包括：分析钢中碳（C）、硫（S）、磷（P）、锰（Mn）和硅（Si）等元素的含量。

10. 钢筋试验报告单应按照规定的格式进行填制，在一般情况下应符合以下要求：

（1）钢筋试验报告单中委托单位、工程名称及部位、委托试样编号、试件种类、钢筋（材）种类、试验项目、试件代表数量、送样日期、试验委托人等内容由试验委托人（工地试验员）填写。

（2）钢筋试验报告单中试验编号、各项试验的测算数据、试验结论、报告日期等内容由试验人员依据试验结果填写清楚、齐全。试验、计算、审核、负责人员签字要齐全，然后加盖试验章，试验报告单才能生效。

（3）钢筋试验报告单是判定一批钢筋材质是否合格的依据，是施工技术资料的重要组成部分，属于保证项目。报告单要求做到字迹清楚，项目齐全，准确、真实，无未了项。没有项目的栏应写"无"或划一斜杠，试验室的签字盖章应齐全。如试验单中的某项填写错误，不允许涂抹，应在错误之处划一斜杠，将正确的填写在其上方，并在此处加盖改错者的印章和试验章。

（4）领取钢筋试验报告单时，应仔细验看试验项目是否齐全，必试项目不得缺少，试验室有明确结论和试验编号，签字盖章一定齐全，要注意检查试验单上各试验项目是否达到规范规定的标准值，符合要求则验收存档，否则应及时取双倍试样进行复验或报有关人员处理，并将复验合格单或处理意见附此单后一并存档。

（二）钢筋连接接头的检验报告

钢筋连接接头的质量是非常重要的技术指标，不仅关系到钢筋的连接质量是否符合设计要求，而且关系到钢筋混凝土结构构件的使用功能和安全。因此，对于钢筋连接接头的质量应按有关规定进行严格检查。

钢筋连接接头的质量检验报告主要包括：钢筋锥螺纹接头拉伸试验报告、钢筋机械连接型式检验报告、钢筋连接工艺检验报告、挤压接头单向拉伸性能试验报告等。

1. 钢筋锥螺纹接头拉伸试验报告

钢筋锥螺纹接头质量检查方面的报告，主要是指其接头的拉伸试验报告。对钢筋锥螺纹接头的每一个验收批，应在工程结构中随机切取 3 个试件进行单向拉伸试验，按设计要求的接头性能等级进行检验与评定，并填写钢筋接头拉伸试验报告。

2. 钢筋机械连接形式检验报告

钢筋机械连接形式检验报告，是评价钢筋机械连接接头是否符合设计要求的重要技术依据，在钢筋接头采用机械连接完成后，应按以下规定填写检验报告。

（1）当钢筋混凝土结构工程中采用钢筋套筒挤压连接时，这项技术的提供单位应提供有效的机械连接形式的检验报告。

（2）用于型式检验的钢筋母材各项技术性能，除应符合有关标准的规定外，其屈服强度及抗拉强度实测值不宜大于相应屈服强度和抗拉强度标准值的 1.10 倍。当大于 1.10 倍时,对 A 级接头,接头的单向拉伸强度实测值应大于等于 0.90 倍钢筋实际抗拉强度。

（3）对于每种型式、级别、规格、材料和工艺的钢筋机械连接接头,型式检验试件不应少于 9 个,其中单向拉伸试件不应少于 3 个,高应力反复拉压试件不应少于 3 个,大变形反复拉压试件不应少于 3 个。同时,应另取 3 根钢筋试件进行抗拉强度试验。全部试件均应在同一根钢筋上截取。

3. 钢筋连接工艺检验（评定）报告

钢筋连接工程开始前及施工过程中,应对每批进入现场的钢筋,在现场条件下进行工艺检验。工艺检验合格后才能进行机械连接的正式施工。工艺检验（评定）报告由有效的检测机构出具。

根据工程实践经验,钢筋连接工程开始前及施工过程中,应对每批进场钢筋和接头进行检验,在检验中应符合下列要求:

（1）对于每种规格的钢筋母材要进行抗拉强度试验。

（2）每种规格钢筋接头的试件数量不应少于 3 根。

（3）接头试件应达到现行的行业标准《钢筋机械连接通用技术规程》（JGJ 107—2003）表 3.0.5 中相应等级的强度要求。在计算钢筋实际抗拉强度时,应采取钢筋的实际横截面积进行计算。

4. 挤压接头单向拉伸性能试验报告

钢筋挤压连接接头是一项新的技术和工艺,该项技术具有操作简单、质量可靠、节省钢材、无火灾隐患等特点,可广泛用于各种现浇钢筋混凝土结构工程中。为确保接头的连接质量,挤压连接后必须进行单向拉伸性能试验。

（1）对于挤压连接接头的每一验收批,应在工程结构中随机截取 3 个试件进行单向拉伸试验,按设计要求的接头性能等级进行检验与评定,并填写接头拉伸试验报告。

当 3 个试件检验结果均符合现行的行业标准《钢筋机械连接通用技术规程》（JGJ 107—2003）表 3.0.5 中的强度要求时,该验收批评定为合格。

如果有 1 个试件的抗拉强度不符合规程中的要求,应再截取 6 个试件进行复验。复验中如果仍有 1 个试件的检验结果不符合要求,则该验收批接头单向拉伸强度检验为不合格。

（2）如果在现场连续检验 10 个验收批,全部单向拉伸试验一次抽样均合格时,验收批接头数量可以扩大一倍。

二、钢筋工程质量验收中的证书

产品合格证在企业内部是一种标识作用,证实已经经过质量检验并达到合格标准;在外部是一种质量保证的标志,能证明产品已经符合有关标准要求,是一种让顾客放心的产品。为确保钢筋接头的质量符合设计要求,钢筋连接所用材料均应当有合格证或质量证明书。

（一）钢筋质量证明书（或合格证）

（1）钢筋产品合格证由生产厂家的质量检验部门提供。主要内容包括:生产厂家、炉种、规格或牌号、数量、力学性能（屈服点、抗拉强度、冷弯性能、断后延伸率等）、化学成分（碳、磷、硫、硅、锰、钛等）的数据及结论、出厂日期、检验部门印章、合格证的编号。

产品合格证要填写齐全,不得漏填或错填,数据要真实清晰,结论要正确,符合标准要求,并由使用单位注明其代表数量及使用部位。

关于钢筋混合批的条件:炉公称容量不超过 30t,炉数不超过 6 炉,6 炉含碳量之差不超过 0.02%,含锰量之差不超过 0.15%。要按钢筋标盘查实,从而判断是否为混合批。

(2)钢筋质量对结构的承载力至关重要,有下列情况之一者,应视为不合格品:出厂质量证明不齐全;品种、规格与设计文件中的品种、规格不一致;力学性能检验项目不齐全或某一项力学性能指标不符合标准规定;进口钢筋(材)使用前未进行化学检验和可焊性试验;有特殊要求的应进行相应专项试验。

(3)进口钢筋(材)应有中文版的质量证明书(合格证),如厂家提供了外文的质量证明书,应将外文质量证明书中的主要内容翻译、整理成中文,并保存相应的中文版质量证明书,其质量指标不得低于我国现行的有关标准。

(二)半成品钢筋出厂合格证

半成品钢筋出厂合格证,是半成品钢筋出厂质量合格的标志。合格证中应包括:工程名称、委托单位、生产厂家、合格证编号、供应总量、加工及供货日期、钢筋级别规格、原材料及复试编号、使用部位等内容。出厂合格证上还应有:技术负责人签字、填表人签字、加工单位盖章等

(三)焊条、焊剂和焊药出厂质量合格证

焊条、焊剂和焊药的质量如何,直接关系到钢筋焊接的质量。因此,钢筋焊接所用的焊条、焊剂和焊药,必须严格进行检验,并符合以下要求。

(1)钢筋焊接所用的焊条、焊剂和焊药,应有出厂质量合格证(证明书),并应符合设计的要求。

(2)应进行焊条、焊剂和焊药出厂质量合格证的验收。出厂质量合格证应由生产厂家的质量检验部门提供给使用单位,作为证明其产品质量性能的依据。出厂质量合格证应注明:焊条、焊剂和焊药的型号、牌号、类型、生产日期、有效期限、技术性能(带有性能指标的合格证)等。对于国家承认的名牌产品,可取其包装封皮作为该产品的合格证归档。

(四)钢筋连接套出厂质量合格证

钢筋连接套的质量,在一定程度上决定着钢筋接头的质量。因此,钢筋连接套应有出厂合格证(证明书),并应符合设计及现行规范的要求。

钢筋连接套出厂质量合格证的内容应包括:①型号和规格;②适用的钢筋品种;③连接套筒的性能等级;④连接套筒的产品批号;⑤连接套筒的生产日期;⑥质量合格签章;⑦工厂的名称、地址和电话。

三、钢筋工程质量验收中的记录

钢筋工程在施工过程中的各项记录,是评价钢筋施工质量的重要依据之一,主要包括:隐蔽工程检查记录、工序交接检查记录、钢筋锥螺纹加工检验记录、钢筋锥螺纹接头质量检查记录、结构设计变更记录(通知单)、各专业工程洽商记录、施工现场挤压接头外观检查记录等。

(一)隐蔽工程检查记录

隐蔽工程检查记录,主要用于以下两个方面:

(1)检查绑扎的钢筋品种、规格、数量、位置、锚固和接头位置、搭接长度、保护层厚度和除污情况、钢筋代用变更及其他钢筋处理等;

（2）检查钢筋连接形式、连接种类、接头位置、数量、焊条及焊剂、焊口形式、焊缝长度、焊缝厚度及表面清渣和连接质量等。

隐蔽工程施工完毕后，由专业工长填写隐蔽工程检查记录单，项目技术负责人组织监理单位旁站，施工单位的专业工长、质量检查员共同参加。验收后由监理单位签署审核意见，并填写审核结论。如果检查存在问题，则在填写审核结论时给予明示。对于存在的质量问题，必须按照处理意见进行处理，处理后对该项再进行复查，并将复查结论填入栏内。

根据国家标准《混凝土结构工程施工质量验收规范》（GB 50204—2002，2011 版）中的规定，凡未经过隐蔽工程验收或验收不合格的工程，不得进入下道工序施工。

（二）工序交接检查记录

工序交接检查记录，是施工过程中确保各工序质量的重要措施，也是确保工程质量不可缺少的环节。钢筋绑扎安装工程完成后，由钢筋工程专业队填写该记录表，与模板工程专业队进行工序交接，此表应根据工程实际由施工企业自行设定，主要对钢筋工程的质量、遗留问题、工序要求、注意事项、成品保护等方面进行记录。应特别注意的是，不同工序之间的交接不可使用《交接检查记录》，必须使用此表。

（三）钢筋锥螺纹加工检验记录

为确保钢筋锥螺纹的加工质量，操作工人应按要求逐个检查钢筋丝头的外观质量。经自检合格的钢筋丝头，应按要求对每种规格加工批量随机抽检 10%，且不少于 10 个，并填写钢筋锥螺纹加工检验记录。

经检查如果有一个丝头不合格，即应对该加工批全数进行检查，不合格的丝头应重新加工，经再次检验合格后方可使用。

（四）钢筋锥螺纹接头质量检查记录

钢筋锥螺纹接头质量检查应记录如下内容：

（1）钢筋锥螺纹接头质量检查分为外观质量检查和接头拧紧力矩值检查两项内容。

（2）钢筋锥螺纹接头的现场检验，应按照验收批进行。同一施工条件下的同一批材料的同等级、同规格接头，以 500 个为一个验收批进行检验与验收，不足 500 个也应作为一个验收批。

（五）结构设计变更记录（通知单）

根据工程的实际情况，在施工过程中常发生设计变更，设计变更后施工单位应根据变更采取相应的技术措施，以确保工程的施工质量。因此，在结构设计发生变更后，应按以下要求下达设计变更通知单（记录）。

（1）设计单位应及时下达设计变更通知单，对变更的设计要做到内容翔实、表达清楚，必要时应附图，并逐条注明应修改图纸的图号。

（2）设计变更通知单必须经设计专业负责人以及建设（或监理）单位和施工单位负责人签认。

（3）设计变更通知单可使用设计单位的《设计变更通知单》，也可以根据工程实际自行设计。设计变更内容如有文字无法叙述清楚时，应用附图加以说明。设计变更和工程洽商是工程竣工图编制工作的重要依据，其内容的准确性和修改图号的明确性会影响竣工图绘制质量，因此，对于设计变更通知单强调两点要求：①应分专业进行办理；②应注明修改图纸的图号。

（4）分包单位的有关设计变更和洽商记录，应通过工程监理汇总后办理。

（六）各专业工程洽商记录

工程洽商记录与设计变更通知单一样，其内容的准确性和修改图号的明确性会影响竣工图绘制的质量，因此，对于工程洽商记录应按以下要求进行：

（1）工程洽商记录应分专业进行办理，要做到内容翔实、表达清楚，必要时应附图，并逐条注明应修改图纸的图号。

（2）工程洽商记录应由设计专业负责人以及建设（或监理）单位和施工单位有关负责人签认。

（3）工程洽商记录如果设计单位委托建设（或监理）单位办理签认，必须办理文字形式的委托手续。

（七）施工现场挤压接头外观检查记录

施工现场挤压接头外观检查记录，是评定挤压接头质量的重要依据，在进行外观检查时应按以下要求进行。

（1）在每一验收批挤压接头中随机抽取 10% 的试样进行外观质量检验，如外观质量不合格数少于抽检数的 10%，则该批挤压接头外观质量评为合格。当不合格数超过抽检数的 10% 时，应对该批挤压接头逐个进行复检，对外观质量不合格的挤压接头采取补救措施；不能补救的挤压接头应做标记，在外观不合格的挤压接头中抽取 6 个试件进行抗拉强度试验，如果仍有一个试件的抗拉强度值低于规定值，则再取 6 个试件进行抗拉强度试验，如果仍有一个试件的抗拉强度低于规定值，则该批外观质量不合格的挤压接头，应会同设计单位作商定处理，并记录存档。

（2）挤压接头的现场检验应按照验收批进行。同一施工条件下的同一批材料的同等级、同规格接头，以 500 个为一个验收批进行检验与验收，不足 500 个也应作为一个验收批。

第九章　钢筋施工的质量问题与防治

钢筋是钢筋混凝土结构工程中不可缺少的重要材料,其具有较高的拉伸性能、良好的冷弯性能和优异的焊接性能,在钢筋混凝土中起着特殊的作用。但是,如果设计不当或施工不良,钢筋在混凝土中起不到应有的作用,反而会影响钢筋混凝土结构的使用。因此,对钢筋的加工和安装应引起高度重视。

第一节　钢筋原材料的质量问题与防治

钢筋原材料的质量如何,是确保钢筋混凝土结构构件施工质量、使用功能和使用寿命的关键。因此,在钢筋正式加工之前,首先要严格检查钢筋原材料的质量,检验其品种规格、力学性能和化学成分等是否符合设计要求。

但是,由于各方面的原因,在钢筋工程施工过程中,也会出现原材料不符合要求的现象。根据工程实践,主要存在以下质量问题,并应采取相应的防治措施。

一、钢筋中的化学成分不符合要求

(一)质量问题

施工单位采购的钢筋的化学成分不符合国家标准《钢筋混凝土用热轧带肋钢筋》(GB1499.2)、《钢筋混凝土用热轧光圆钢筋》(GB1499.1)、《钢筋混凝土用余热处理钢筋》(GB13014)等中的规定。尤其是一些有害化学成分超过现行规范中的数值,这样会产生一系列的严重质量问题。

钢筋中如果含碳量过高,会使钢筋的塑性和韧性降低,耐腐蚀性和可焊性变差,冷脆性和时效敏感性增大,钢筋加工弯折时会产生脆断。钢筋中如果含硫量过高,不仅会使钢筋在热加工中内部产生裂痕,出现钢筋断裂,形成热脆现象,而且还会导致钢筋的冲击韧性、可焊性及耐腐蚀性降低。钢筋中如果含磷量过高,不仅会使钢筋的塑性和韧性显著降低,可焊性能变差,而且还使其在低温下冲击韧性下降更突出。

(二)产生原因

(1)产生钢筋中化学成分不符合要求的主要原因,是在钢材生产的过程中未严格按国家标准控制,结果造成钢中的某些化学成分超过现行标准中的规定。

(2)在钢筋混凝土结构构件的设计中,未根据工程的使用环境提出化学成分含量的要求,从而造成采购的钢筋与实际需要的钢筋不符,钢筋中的某些化学成分超量。

(3)钢筋进场后,材料管理人员未按照有关规定进行验收,特别是未对钢筋的化学成分进行化验分析,结果造成钢筋中的化学成分不符合设计要求。

(三)防治措施

(1)对于钢筋中的化学成分含量问题,首先应在冶炼钢材时严格按国家标准生产。如《碳素结构钢》(GB/T 700—2006)中规定:Q235 钢材中的含碳量控制在 0.18% ~ 0.28%,含硫量不得超过 0.045% ~ 0.050%,含磷量不得超过 0.045%,含硅量不得超过 0.30%。

（2）在进行钢筋混凝土结构构件设计时，要认真分析建筑的使用环境和腐蚀介质，特别是对重要结构构件的材料选用，对所用钢筋的化学成分要提出明确要求，采购人员和施工人员应严格按设计要求选用钢筋。

（3）钢筋进场后，材料管理人员要对钢筋进行严格检查验收，当所用钢筋对化学成分有规定时，必须按照有关规定取样进行化验，不符合要求的钢筋不得用于工程，应会同供货方进行技术处理，决定是否退货或改作其他用途。

二、钢筋进库时无标牌和材质不明

（一）质量问题

钢筋运进施工现场进入仓库时，钢筋上既没有标牌，也没有其他任何说明，结果钢筋无法有次序地堆放，造成对于所采购的钢筋材质情况不了解。这样要对钢筋原材料进行科学管理，不仅在应用中会增加一些检验工作，而且也可能会造成钢筋使用混乱，致使钢筋混凝土结构构件不符合设计要求，甚至出现重大工程事故。

（二）原因分析

（1）施工企业对材料管理工作不重视，没有制定严格的规章制度，从而使材料管理比较混乱，采购时不注意标志，运输时损坏了标志，堆垛时丢失了标志，造成进库的钢筋材质不明，不利于钢筋的因材使用。

（2）材料管理人员责任心不强、业务不熟练，对钢筋等材料的堆放、分类、贮存、登记等工作杂乱无章，必然造成标志不全、材质不明。

（3）在钢筋入库管理的过程中，材料管理人员对所用钢筋不认真核对，或者实物与账目不符，结果造成钢筋品种混乱、材质不明。

（三）防治措施

（1）在钢筋采购的过程中，必须认真检查产品有无合格证书和产品标牌，对于无合格证书和产品标牌的钢筋，必须让厂家标注清楚，不符合要求的产品不得采购。

（2）在钢筋进货之前，收货单位应通知发货单位，加强对各炉号、批号钢筋的检查和管理；收货单位应把握住材质不明的钢筋不得入库。对于已入库而材质不明的钢筋，应按有关规定进行取样试验，以便确定钢筋的级别。

（3）对于不成批或非成盘钢筋，无法确认为同一批号的钢筋时，应进行技术处理，降级或作其他使用，用于非重要承重结构的非受力主筋。对于无标牌的材质不明的钢筋，不得用于重要承重结构作为受力主筋。

（4）施工企业要切实重视材料管理工作，制定严格的管理规章制度和奖惩条例，使材料管理科学化、制度化、规范化和标准化。入库的所有材料必须认真核对，做到货物整齐、标志齐全、材质清楚。

（5）要选择责任心强、业务素质高、能吃苦耐劳的人员作为材料管理人员，必要时应进行岗位培训。对材料管理做到堆放整齐、分类科学、材质清楚、账目吻合、出入方便。

三、钢筋原材料表面出现锈蚀

（一）质量问题

钢筋表面产生锈蚀是最常见的一种质量问题，根据锈蚀的程度不同钢筋的锈蚀主要有浮锈、陈锈和老锈。

（1）浮锈。浮锈也称为轻锈，钢筋浮锈是最轻的一种锈蚀，表面附有较为均匀的细粉末，呈黄色或淡红色，这种锈蚀对钢筋混凝土无大的影响。

（2）陈锈。陈锈也称为中锈，锈迹粉末比较粗，用手捻略有微粒感，颜色呈红色，有的呈红褐色，对混凝土的黏结有一定影响。

（3）老锈。老锈也称为重锈，锈斑比较明显，表面有麻坑，出现起层的片状分离现象，锈斑几乎遍及整根钢筋表面；颜色呈深褐色，严重的接近黑色。

（二）原因分析

（1）由于对钢筋材料保管不良，受到雨、雪或其他物质的侵蚀，很容易出现锈蚀；或者存放钢筋的仓库中环境潮湿，通风不良，也会使钢筋出现锈蚀。

（2）钢筋需要在室外进行存放时，其表面未用防水防潮材料覆盖，从而使钢筋锈蚀；或者钢筋进料计划不周，因数量过多而存放期过长，长期存放在空气中产生氧化。

（三）预防措施

（1）钢筋进场后应加强妥善保管，存放在仓库或料棚内，并要保持存放空间和地面的干燥；钢筋不得直接堆放在地面上，必须用混凝土墩、砖垛或方木垫起，使其离开地面200mm以上。

（2）钢筋进场的数量要进行计算确定，钢筋的库存期限不宜过长，库存期的长短应视钢筋表面锈蚀状况确定，原则上应当掌握先入库者先使用。

（3）工地临时保管钢筋时，应选择地势较高、地面干燥的露天场地；根据天气情况，必要时加盖苫布；场地四周要有排水措施，堆放期应尽量缩短。

（四）处理方法

（1）浮锈。浮锈是钢筋的一种轻微锈蚀，其处于铁锈形成的初期，在混凝土中不影响钢筋与混凝土的黏结，因此，除焊接操作时在焊点附近需擦干净外，其他一般可不做除锈处理。但是，有时为了防止锈迹污染，也可用麻袋布进行擦拭。

（2）陈锈。陈锈是钢筋一种较重的锈蚀，一般可采用钢丝刷或砂纸、麻袋布擦拭等手工方法处理；具备条件的施工现场，应尽可能采用机械方法除锈。对于盘条细钢筋，可采用冷拉的方法进行除锈；对于直径较粗的钢筋，应采用专用除锈机除锈，如自制圆盘钢丝刷除锈机等。

（3）老锈。对于有起层锈片的钢筋，应先用小铁锤敲击，将锈片剥落干净，再用除锈机进行除锈；因麻坑、斑点和锈皮掉层会使钢筋截面受到损伤，所以使用前应鉴定是否降级使用或另作其他处理。

四、随意用大直径钢筋代替小直径钢筋

（一）质量问题

在钢筋混凝土结构构件的施工过程中，由于所购置的钢筋缺少设计图中所要求的钢筋种类、级别或规格时，随意用大直径的钢筋代替小直径的钢筋，结果造成违背钢筋代换的基本原则，有可能造成代用的钢筋受拉承载力达不到设计值，严重影响钢筋混凝土结构的质量，甚至造成质量事故，带来安全隐患。

（二）原因分析

（1）出现以上质量问题的原因，主要是对钢筋代用的基本原则未掌握，不是用等强度代换的方法选用钢筋，而是用强度等级较低的粗钢筋代替强度等级较高的细钢筋。

（2）在钢筋工程正式施工前，设计人员未对具体操作人员进行技术交底，施工者不明白钢筋代换的具体要求，在某种钢筋品种、规格不齐全的情况，盲目地用一种钢筋代换另一种钢筋。

（三）防治措施

当钢筋的品种、级别或规格需要变更时，应办理设计变更文件。当需要以其他钢筋进行代换时，必须征得设计单位同意，并应符合下列要求：

（1）不同种类钢筋的代换，应按钢筋受拉承载力设计值相等的原则进行。代换后应满足钢筋混凝土结构设计规范中有关间距、锚固长度、最小钢筋直径、根数等方面的要求。

（2）对有抗震要求的框架钢筋需代换时，除应符合以上规定外，不宜以强度等级较高的钢筋代替原设计中的钢筋；对于重要的受力结构，不宜用 HPB235 级光圆钢筋代换 HRB335、HRB400 级变形钢筋。

（3）梁的纵向受力钢筋与弯起钢筋应分别代换，以便保证正截面与斜截面的强度。偏心受压构件（如有吊车的厂房柱、框架柱等）或偏心受拉构件进行钢筋代换时，不取整个截面配筋量计算，应按受力面（受拉或受压）分别代换。

（4）当构件受到抗裂、裂缝宽度或挠度控制时，钢筋代换确定后，应重新进行刚度、裂缝的验算。

（5）对于重要的受力构件，不宜用Ⅰ级光面钢筋代换变形（带肋）钢筋；预制构件的吊环，必须采用未经冷拉的 HPB235 级钢筋制作，严禁以其他钢筋代换。

（6）钢筋级别对结构构件延性影响很大，我国生产的Ⅰ、Ⅱ、Ⅲ级钢筋的塑料较好，因此在有抗震要求的框架结构钢筋代换时，梁和柱的钢筋宜采用Ⅱ、Ⅲ级钢筋，但不宜以强度等级较高的钢筋代替原设计中的钢筋；如果必须代换时，其代换钢筋检验所得的抗拉强度实测值与屈服强度标准值的比值不应小于 1.25，钢筋的屈服强度实测值与钢筋的强度标准值的比值，当按一级抗震设计时，不应大于 1.25；当按二级抗震设计时，不应大于 1.40。

（7）为达到代换钢筋数量合理、经济，代换后的钢筋用量不宜大于原设计用量的 5%，也不得低于原设计用量的 2%。

五、钢筋的冷弯性能不良

（一）质量问题

在钢筋正式加工之前，按照规定的方法进行冷弯试验，即在每批钢筋中任选两根钢筋，切取两个试件做冷弯试验，其结果有一个试样不合格。

（二）原因分析

（1）在冶炼钢材中使钢筋的含碳量过高，或者所含的其他化学成分（如磷、硫等）含量不合适，引起钢筋塑性性能偏低，脆性较大。

（2）钢筋轧制有缺陷，如表面有裂缝、结疤或折叠等质量问题，在钢筋采购和进场后也未进行认真检查验收。

（三）处理方法

从检验的这批钢筋中另取双倍数量的试件再做冷弯试验，如果试验结果合格，钢筋可以正常使用；如果仍有一个试样的试验结果不合格，按规定判断该批钢筋不合格，不予进行验收，不能用于工程，可以作退货处理或降级使用。

（四）预防措施

（1）通过出厂证明书或试验报告单以及钢筋外观检查，一般无法预先发现钢筋冷弯性能的优劣，因此，只有通过冷弯试验证明该性能是否合格，才能确定钢筋冷弯性能不良。在这种情况下，应通过供料单位告知钢筋生产厂家引起重视。

（2）在钢筋采购时，有关人员就应当重视这个质量问题，严格把好质量关；在钢筋进场后，立即按有关规定对钢筋进行检验，做到不合格的钢筋不入库，更不能用于工程。

六、箍筋代换后截面不足

（一）质量问题

由于钢筋原材料某品种或规格的数量不足，而用其他品种或规格的钢筋进行代换，在绑扎梁钢筋时检查被代换的箍筋根数，发现代用的钢筋不符合要求，其中最重要的是截面面积不足（根据箍筋和间距计算结果）。

（二）原因分析

（1）在钢筋加工配料单中只是标明了箍筋的根数，而未说明如果箍筋钢筋不足时如何进行代换，使操作人员没有代换的依据。

（2）配料时对横向钢筋作钢筋规格代换，通常是箍筋和弯起钢筋结合考虑，如果单位长度内的箍筋全截面面积比原设计的面积小，说明配料时考虑了弯起钢筋的加大。有时由于钢筋加工中的疏忽，容易忘记按照加大的弯起钢筋填写配料单，这样，在弯起钢筋不变的情况下，意味着箍筋截面不足。

（三）处理方法

（1）如果箍筋代换后出现截面不足现象，在骨架尚未绑扎前可增加所缺少的箍筋，以满足截面面积的要求。

（2）如果钢筋骨架已绑扎完毕，则将绑扎好的箍筋松扣，按照设计要求重新布置箍筋的间距进行绑扎。

（四）预防措施

（1）在钢筋配料时，作横向钢筋代换后，应立即重新填写箍筋和弯起钢筋配料单，要详细说明代换的具体情况，向操作人员进行技术交底，以便正确代换。

（2）在进行钢筋骨架绑扎前，要对钢筋施工图、配料单和实物进行三对照，发现问题时及时向有关人员报告，以便采取措施处理。

七、钢筋原材料储存比较混乱

（一）质量问题

钢筋混凝土结构构件所用的钢筋进场后，材料管理人员不进行严格的检查和验收，对钢筋品种、等级混淆不清，直径大小不同的钢筋堆放在一起，有技术证明与无技术证明的非同批钢筋原材料堆在一堆，使施工领料时难以分辨，不仅影响钢筋的正确使用，甚至错误用于钢筋混凝土结构构件，从而造成安全隐患。

（二）原因分析

（1）材料管理人员对业务不精通、不熟悉，或者责任心不强，不能使进场的钢筋分类明确、堆放整齐、管理有序，从而使钢筋堆放混乱。

（2）施工企业对原材料管理不够重视，未将材料管理纳入企业的重要议事日程，既没有严格的仓库管理规章制度，也没有相应的管理奖罚措施，从而造成原材料管理无章可循，材料管理人员缺乏积极性和主动性。

（3）钢筋产品在出厂时，未按照国家规定在端部涂色，进场时钢筋的技术证明与材料不能同时送交仓库管理人员；尤其是直径、外形相近的钢筋，很难用目测的方法进行分辨，很容易造成材料的混乱。

（三）防治措施

（1）在钢筋工程正式开始施工前，首先要通过施工图、设计人员等了解本工程的钢筋情况，主要包括钢筋类别、品种、规格、数量和其他有关事项，为钢筋进场、储存、检验和保管等打下良好的基础。

（2）施工企业的领导要将材料管理纳入企业的重要议事日程，分管领导应当具体抓这项工作；施工企业的材料管理部门，应高度重视材料的储存管理，建立严格的仓库管理规章制度和奖罚措施，定期培训材料管理人员。

（3）材料仓库应设专人检查验收钢筋，验收时要认真核对钢筋螺纹外形和涂色标志，如果生产厂家未按国家规定涂色，要对照技术证明单中的内容重新鉴定；钢筋直径不易分清的，要用卡尺再进行测量。

（4）仓库内存放的钢筋要划分不同的区域，每个区域的钢筋应立标志或挂牌，表明其品种、等级、直径、技术性能和数量等，以防止钢筋混乱，方便钢筋领料。

（5）当发现钢筋有混乱现象时，应立即检查并进行清理，重新分类堆放；如果材料清理的工作量大，不易进行清理，应将该区域钢筋做出记号，以便在发料时提醒注意。对于已发放的混乱钢筋应立即追回，并采取防止事故的措施。

第二节　钢筋冷加工的质量问题与防治

钢筋采取冷加工的方式，不仅可以提高钢筋原材料的力学性能，而且还能改善钢筋的其他性能。但是，如果冷加工未严格按现行规范操作，会使冷加工的钢筋出现各种各样的质量问题，有的甚至成为废品。因此，在钢筋冷加工的过程中，一定要按照国家的现行规范进行，以达到钢筋冷加工的目的。

一、钢筋冷拉率超过规范中的最大值

（一）质量问题

在进行冷拉钢筋的操作中，施工人员未按国家标准控制钢筋冷拉率，使钢筋冷拉率超过规范中的最大值。这种钢筋如果用于钢筋混凝土结构构件，特别是用作受拉力的主筋，对结构构件的安全性非常不利。

（二）原因分析

（1）对于钢筋的冷拉问题，在施工组织设计中未明确规定，使具体操作人员没有冷拉作业的依据，在冷拉中无具体标准，可能冷拉率较小，也可能超过规定的最大值。

（2）在钢筋冷拉之前，技术人员未向操作者进行技术交底，使钢筋冷拉标准不清楚，控制不严格，则会出现冷拉率过大质量问题。

（3）在冷拉的施工过程中，具体操作者对钢筋冷拉不认真、不负责，只凭个人经验操作，不严格按规范作业，必然会出现冷拉率过大的问题。

（三）防治措施

（1）如果工程中所用的钢筋要采取冷拉处理，在施工组织设计中必须明确各种钢筋冷拉率的范围；在正式冷拉之前，技术人员要向操作者进行技术交底，明确在冷拉钢筋中的操作要点和注意事项。

（2）在正式冷拉钢筋之前，应对各种钢筋进行冷拉试验，以便确定适宜的冷拉率；在冷拉作业过程中，操作者要重视钢筋的冷拉，一定严格按照规定的冷拉率作业。

（3）钢筋的冷拉方法可采用控制应力或控制冷拉率的方法，冷拉前首先检验钢筋原材料的质量必须合格，根据钢筋的材质情况由试验结果确定合适的控制应力和拉力。

（4）当采用控制应力的方法冷拉钢筋时，其冷拉控制应力下的钢筋最大冷拉率，应符合表9-1中的规定。

在冷拉过程中检查钢筋的冷拉率，如果超过表9-1中的规定时，应对钢筋再进行力学性能试验。

表9-1　钢筋冷拉控制应力及最大冷拉率

钢筋级别	钢筋直径（mm）	冷拉控制应力（N/mm²）	最大冷拉率（%）
Ⅰ级	≤12	280	10.0
Ⅱ级	≤25	450	5.5
	28～40	430	
Ⅲ级	8～40	500	5.0
Ⅳ级	10～28	700	4.0

（5）当采用控制冷拉率的方法冷拉钢筋时，冷拉率必须通过试验确定。测定同炉批钢筋冷拉率的试样不得少于4个，取其平均值作为该批钢筋实际采用的冷拉率，当钢筋的平均冷拉率低于1%时，仍按1%进行冷拉。

（6）当冷拉多根连接的钢筋时，冷拉率可按总长计，但冷拉后每根钢筋的冷拉率应符合表9-1中的规定。测定冷拉率时钢筋的冷拉应力应符合表9-2中的规定。

表9-2　测定冷拉率时钢筋的冷拉应力

钢筋级别	钢筋直径（mm）	冷拉应力（N/mm²）
Ⅰ级	≤12	310
Ⅱ级	≤25	480
	28～40	460
Ⅲ级	8～40	530
Ⅳ级	10～28	730

（7）冷拉钢筋的力学性能必须符合表9-3中的规定。对于第一次取样冷拉伸长率试验不合格的，则另取双倍数量的试样重新再做拉力试验，其中包括屈服强度、抗拉强度和伸长率三个技术指标，如果仍有一个试样不合格，则该批冷拉钢筋为不合格品，应独立堆放在一起，进行合理的处理，不得用于原设计用途的工程中。

表9-3　冷拉钢筋的力学性能

钢筋级别	钢筋直径(mm)	屈服强度 (N/mm²)	抗拉强度 (N/mm²)	伸长率 (%)	冷弯性能	
		不小于			弯曲角度	弯曲直径
Ⅰ级	≤12	280	370	13	180°	3d
Ⅱ级	≤25	450	510	10	90°	3d
	28~40	430	490	10	90°	4d
Ⅲ级	8~40	500	570	8	90°	5d
Ⅳ级	10~28	700	535	8	90°	5d

注：(1) d 为钢筋的直径(mm)；

(2) 表中冷拉钢筋的屈服强度值，系现行国家标准《混凝土结构设计规范》中冷拉钢筋的强度标准值；

(3) 钢筋直径大于25mm的冷拉Ⅲ、Ⅳ级钢筋，冷弯弯曲直径应增加1d；

(4) 冷拉钢筋冷弯后不得有裂纹和起层等质量问题。

二、冷拔钢筋的总压缩率过大

(一)质量问题

钢筋在正式冷拔中的次数没有经过试验确定，由于冷拔的次数过多，从而造成冷拔钢丝的塑性和可焊性较差，其伸长率或反复弯曲次数等力学性能达不到现行施工规范中的要求，在加工或使用中很容易造成脆断，用于工程中使钢筋混凝土结构构件存在安全隐患，甚至造成重大的事故。

(二)原因分析

(1)对于需要冷拔的钢筋原材料未认真进行检查验收，进场后也未按要求进行复验，钢筋的质量不符合国家标准的规定，尤其是其力学性能和化学成分不合格，很容易使钢筋冷拔的性能不稳定或总压缩率过大。

(2)在进行钢筋冷拔之前，未按照要求确定钢筋冷拔次数的试验，而是凭以往的施工经验冷拔，结果造成冷拔次数过多，钢筋的总压缩率过大，其性能发生较大变化，尤其是钢筋冷脆性增加，塑性和可焊性变差，

(三)防治措施

(1)对于进场需要冷拔的钢筋，一定要按照国家的现行标准进行检查验收，尤其是应特别注意力学性能和化学成分的检验，对于不符合要求的钢筋不得用于冷拔。

(2)在正式冷拔钢筋之前，应由试验确定冷拔的次数，冷拔的次数不宜过多，合理控制钢筋的总压缩率，选择合适的冷拔钢筋的原材料。一般直径5mm的钢丝用直径8mm的光圆钢筋拔制，直径3mm或4mm的钢丝用直径6.5mm的光圆钢筋拔制，以防止总压缩率过大而造成脆断。

(3)在钢筋进行冷拔的操作中，施工人员要严格按照钢筋冷拔操作规程作业，不允许一次收缩直径过多，不得超过规定的钢筋总压缩率。

三、冷拔钢丝表面有明显擦伤

(一)质量问题

钢筋经过冷拔成为钢丝后，其表面出现明显的擦伤，这些擦伤使钢丝的横截面面积产生

差异,在截面面积较小的薄弱部位强度大大降低,如果将这种钢丝用于钢筋混凝土结构构件中,则会存在很大的安全隐患,尤其是预应力混凝土构件中,在荷载的作用下会出现突然断裂,造成严重的工程事故。

（二）原因分析

（1）对于冷拔的钢筋原材料质量未严格把关,由于钢筋原材料材质不均匀,在冷拔的过程中,很容易出现局部收缩直径过大、表面有明显擦伤等缺陷。

（2）在正式冷拔钢筋之前,对冷拔机未进行检查试车,在冷拔的过程中出现运转不正常,导致冷拔的钢丝质量不均匀、不合格,其表面有明显擦伤。

（3）在钢筋冷拔前,对所冷拔的钢筋冷拔力、冷拔次数等,未按现行施工规范做出明确规定,致使操作人员无章可循,冷拔钢丝的表面有明显擦伤。

（4）冷拔钢筋的操作人员质量意识不强,只追求数量,不讲究质量,违反钢筋冷拔的工艺,快速冷拔钢筋,从而使冷拔钢丝的表面有明显擦伤。

（三）防治措施

（1）在冷拔钢丝正式操作之前,首先要弄清用冷拔钢丝制作的构件类型、位置、作用、数量和要求,对于冷拔所用的钢筋原材料质量要严格把关,并进行必要的力学性能和化学成分的检验,然后再按规定进行冷拔。

（2）在正式钢筋冷拔之前,首先要对冷拔机进行试车和调整,在冷拔设备运转一切正常后,对钢筋进行冷拔试验,以便确定直径减少的标准、钢筋冷拔的次数和冷拔力的大小,作为钢筋正式冷拔时的依据。

（3）冷拔钢筋的操作人员要树立"百年大计、质量第一"的意识,按照国家现行的施工规程和工艺,认真进行钢筋冷拔的操作。

（4）在钢筋冷拔的操作过程中,施工企业应建立质量保障体系,制定质量保证措施,设置专门的质量检查员,实行全过程质量管理。

（5）在钢筋冷拔的过程中,加强对冷拔钢丝的质量检查验收。按现行规范的要求,冷拔低碳钢丝应符合下列规定:

① 在冷拔钢丝完成或钢丝进场后,应当认真检查每一盘冷拔低碳钢丝的外观,钢丝表面不得有裂纹和机械损伤。

② 甲级钢丝的力学性能应每一盘进行检查,从每盘冷拔钢丝上任一端截去不少于500mm的长度后再取两个试样,分别做应力和180°反复弯曲试验,并按其抗拉强度确定该盘钢丝的组别。

③ 乙级钢丝的力学性能可分批抽样检验,以同一直径的钢丝5t为一批,从中任取三盘,每盘各截取两个试样,分别做拉力和反复弯曲试验。如果有一个试样不合格,应在未取过试样的钢丝中,另取双倍数量的试样,再进行如上各项试验;如果仍有一个试样不合格,则应对该批钢丝全部进行检验,合格者方可使用。

（6）在进行冷拔低碳钢丝前,应将钢筋整理顺直,不得有局部弯折现象。冷拔低碳钢丝调直用的调直机应安装合适,调直模的偏移量应根据调直模的磨耗程度和钢筋的性质通过试验确定。上、下辊之间的间隙一般保证在钢丝穿过压辊后2～3mm。冷拔低碳钢丝在调直机上调直后,其表面不得有明显擦伤,抗拉强度不得低于设计要求。

（7）对于表面已有明显擦伤的冷拔低碳钢丝,不得再用于原设计承力的工程部位,必须另外处置,一般是取损伤比较严重的区段截取试件,进行拉力试验和反复弯曲试验,按其试验结果来决定其用途。

第三节　钢筋焊接连接的质量问题与防治

钢筋焊接连接是钢筋连接中最常用方法,具有操作方便、节省材料、受力优良、质量较好、应用广泛等特点。但是,如果在焊接连接的过程中,不严格按照国家的现行施工规范去操作,必然会出现这样那样的质量问题,严重影响钢筋混凝土结构构件的质量,甚至影响建筑物的安全使用。

一、钢筋闪光对焊接头的缺陷

(一)质量问题

钢筋闪光对焊接头存在的质量缺陷,主要表现在未焊透、有裂缝或有脆性断裂等方面,是钢筋混凝土结构工程中严重的质量缺陷,这些质量问题不仅直接影响构件的安全度,而且还直接关系到使用者的生命安危。

(二)原因分析

(1)操作人员没有经过技术培训就上岗操作,对闪光对焊接头的各项技术参数掌握不够熟练,对焊接头的质量达不到施工规范的要求。

(2)施工过程中没有按闪光对焊的工艺管理,没有及时纠正不标准的工艺,结果造成闪光对焊接头的质量不符合规范要求。

(3)对闪光对焊接头成品的检查、测试不够,使不合格的产品出厂;在施工现场对这些对焊接头也未进行复检,就盲目用于工程。

(三)处理方法

(1)对已完成的闪光对焊的钢筋,应分批抽样进行质量检查,以200个同一类型的钢筋接头为一批,在进行外观检查时,每批应当抽查10%的接头,并且不得少于10个。钢筋的闪光对焊接头的力学性能试验,以每批成品中切取6个试件,3个做拉伸试验,3个做弯曲试验。

(2)钢筋的闪光对焊接头的外观检查,必须满足以下几个方面:

① 所有钢筋接头均要进行外观检查,钢筋的接头处不得有横向裂纹,对于有横向裂纹的钢筋接头必须剔除。

② 与电极接触处的钢筋表面对Ⅰ级、Ⅱ级和Ⅲ级钢筋不得有明显的烧伤,对Ⅳ级钢筋不得有烧伤。

③ 钢筋接头处弯折角度应严格控制,弯折角度不得大于4°;对大于4°的弯折角应重新返工。

④ 接头处的钢筋轴线的偏移,不得大于1/10的钢筋直径,同时不得大于2mm;对于超过允许范围的接头,必须纠正后重新进行焊接。

(3)当有一个接头不符合以上要求时,应对全部接头进行检查,剔除并切除不合格的接头,重焊后再进行二次验收。

(四)预防措施

钢筋的闪光对焊接头缺陷的预防措施,如表9-4所示。

表9-4　钢筋的闪光对焊接头缺陷的预防措施

项　次	缺陷种类	预　防　措　施
1	接头中有氧化膜,未焊透或夹渣	增加预热程度;加快临近顶锻时的烧化速度;确保带电顶锻过程;加快顶锻速度;增大顶锻压力
2	接头中有缩孔	降低变压器级数;避免烧化过程过分强烈;适当增大顶锻留量及顶锻压力
3	焊缝金属过烧,或热影响区过热	减小预热程度;加快烧化速度;缩短焊接时间;避免过多带电顶锻
4	接头区域产生裂纹	检验钢筋的碳、硫、磷含量,若不符合规定时,应更换钢筋;采取低频预热方法,增加预热程度
5	钢筋表面微熔及烧伤	清除钢筋被夹紧部位的铁锈和油污;清除电极内表面的氧化物;改进电极槽口形状,增大接触面积;夹紧钢筋
6	接头弯折或轴线偏移	正确调整电极位置;修整电极钳口或更换已变形的电极;切除或矫直钢筋的弯头

二、电弧焊接钢筋接头的缺陷

（一）质量问题

电弧焊接钢筋接头如果焊接不牢,容易出现很大的质量问题,轻者产生不同的各种裂缝,重者则产生严重的断裂。因此其电弧焊钢筋接头质量如何,不仅影响钢筋接头的焊接质量,也直接影响钢筋混凝土结构构件的安全度。

（二）原因分析

（1）电弧焊接钢筋接头出现以上质量缺陷,其主要原因是:操作不当、管理不严,质量检查不认真。

（2）钢筋焊接的具体操作人员未经过专门的岗位培训,对于电弧焊工艺不熟练;企业没有坚持特殊专业持证上岗制度,让一些无证人员顶替作业,钢筋接头的质量根本无法保证。

（3）施工企业没有坚持严格的质量检查制度,在电弧焊接开始前没进行技术交底,没有按照国家的有关规定进行验收。

（三）处理方法

（1）检查电弧焊焊接钢筋接头的外观质量时,应在接头清渣后进行抽查,以300个同类型接头（同钢筋级别、同接头类型）为一批,取样数量为10%,且不少于10件。外观检查的质量标准是:

① 焊缝表面应当平顺,不得出现较大的凹陷、焊缩;在钢筋的接头处不得有明显裂纹出现。

② 焊接作业的咬边深度不大于0.5mm。

③ 焊缝气孔及夹渣的数量应符合有关规定,即在2倍直径长度上的焊缝不超过2个,大小不得超过6mm^2。

④ 电弧焊的钢筋接头尺寸偏差不得超过下列要求:接头处的弯折不大于4°,接头处钢筋轴线偏移不得大于直径的1/10,且不大于3mm;焊缝偏差不大于钢筋直径的1/20,宽度不大于钢筋直径的1/10,焊缝长度不大于钢筋直径的1/2。

外观检查不合格的接头应剔除重新焊接,并且进行二次验收。

(2)3 个试件的抗拉强度均不得低于该级别钢筋的规定抗拉强度值。至少有 2 个试件呈塑性断裂,当检验结果有 1 个试件的抗拉强度低于规定指标或有 2 个试件发生脆性断裂时,应取双倍数量的试件进行复试,复试结果若仍有 1 个试件抗拉强度低于规定指标或有 3 个试件发生脆性断裂时,则该批接头判为不合格品。

(四)预防措施

(1)根据钢筋级别、直径、接头形式和焊接位置,选用合适的焊条直径和焊接电流,保证焊缝与钢筋熔合良好。焊条直径与焊接电流可参考表 9-5 选用。

表 9-5　电弧焊的焊条直径与焊接电流参考表

焊接位置	钢筋直径(mm)	焊接电流(A)	焊条直径(mm)
平　焊	10 ~ 12	90 ~ 130	3.2
	14 ~ 22	130 ~ 180	4.0
	25 ~ 32	180 ~ 230	5.0
	36 ~ 40	190 ~ 240	5.0
立　焊	10 ~ 12	80 ~ 110	3.2
	14 ~ 22	110 ~ 150	4.0
	25 ~ 32	120 ~ 170	4.0
	36 ~ 40	170 ~ 220	5.0

(2)钢筋电弧焊接所采用的焊条,其性能应符合低碳钢和低合金钢电焊条标准的有关规定,其牌号应符合设计中的要求。如果设计中要求没有具体规定时,可参考表 9-6 中的情况进行选用。

表 9-6　电弧焊接时使用焊条参考表

项　次	焊　接　形　式	钢　筋　级　别		
		Ⅰ级钢	Ⅱ级钢	Ⅲ级钢
1	搭接、帮条、熔槽焊	E43 *	E50 *	E50 * 、E55 *
2	坡口焊	E43 *	E55 *	E55 * 、E60 *

(3)在采用电弧焊焊接钢筋时,地线应当与钢筋接触良好,这样可防止因电焊时起弧而烧伤钢筋。

(4)在焊接的过程中,如焊缝处发现裂缝,应立即停止操作,从焊条、工艺、施工条件及钢材性能等方面,逐项进行认真检查分析,查清产生裂缝的原因,采取相应的技术措施,经试验不再出现裂缝后,方可继续施焊。

三、电渣压力焊钢筋接头的缺陷

(一)质量问题

当钢筋采用电渣压力焊时,如果不严格按照现行施工规范进行操作,其接头易出现下列质量问题:

(1)钢筋接头处的偏心值大于 0.1 倍的钢筋直径或大于 2mm;(2)钢筋接头处弯折大于 4°;(3)咬边大于 1/20 的钢筋直径;(4)钢筋的上下接合处没有充分熔合在一起;(5)焊接包

不均匀,大的一面熔化金属多,而小的一面其高度不足 2mm;(6)气孔在焊接包的外部和内部均有发现;(7)钢筋表面有烧伤斑点或小弧坑;(8)焊缝中有非金属夹渣物;(9)焊接包出现上翻;(10)焊接包出现下淌。

钢筋电渣压力焊焊接接头的缺陷,如图 9-1 所示。

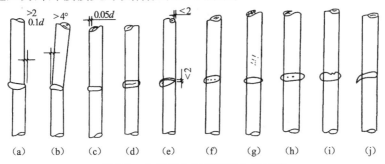

图 9-1 电渣压力焊焊接接头的缺陷
(a)偏心;(b)弯折;(c)咬边;(d)未熔合;(e)焊包不均;(f)气孔;
(g)烧伤;(h)夹渣;(i)焊包上翻;(j)焊包下淌

（二）原因分析

(1)电焊工操作水平较差,或工作不认真、不细心,又没有按照规定先试焊 3 个接头,经检测合格后,方可选用焊接参数进行施焊。

(2)质检人员没有及时跟踪检查,发现质量缺陷没有及时纠正;或有时对焊接接头检查不仔细,未能发现质量缺陷。

（三）处理方法

经外观质量检查,如果接头处钢筋轴线偏移大于 0.1 倍的钢筋直径及超过 2mm 者,接头处弯折大于 4°和外观检查不合格的钢筋接头,均应将其切除重新进行焊接。

（四）预防措施

(1)在正式焊接前,应先试焊 3 个接头,经外观检查合格后,方可选用焊接参数。每换一批钢筋均应重新调整焊接参数。

(2)电渣压力焊的焊接技术参数主要包括渣池电压、焊接电流、焊接通电时间等,在一般情况下可参照表 9-7 选用。

表 9-7 电渣压力焊焊接参数

钢筋直径(mm)	渣池电压(V)	焊接电流(A)	焊接通电时间(s)
14	25~35	200~250	12~15
16	25~35	200~300	15~18
20	25~35	300~400	18~23
25	25~35	400~450	20~25
32	25~35	450~600	30~35
36	25~35	600~700	35~40
38	25~35	700~800	40~45
40	25~35	800~900	45~50

（3）在采用电渣压力焊的施工过程中，如果发现裂纹、未熔合、烧伤等焊接质量缺陷时，应参照表9-8查找原因，采取防治措施，及时消除。

表9-8　钢筋电渣压力焊接头焊接缺陷防治措施

项　次	焊　接　缺　陷	防　治　措　施
1	偏　心	把钢筋端部矫直；上钢筋安放必须正直；顶压力适当；及时整修夹具
2	弯　折	必须将钢筋端部矫直；钢筋安放正直；适当延长松开机（夹）具的时间
3	咬　边	适当调小焊接电流；适当缩短焊接通电时间；及时停机；适当加大顶压量
4	未　熔　合	提高钢筋下送速度；延迟断电时间；检查夹具，使上钢筋均匀下送；适当增大焊接电流
5	焊包不均	钢筋端部要切平；要把钢丝圈放在钢筋的正中；适当加大熔化量
6	气　孔	按规定烘焙焊剂；把钢筋的铁锈清除干净
7	烧　伤	钢筋端部彻底除锈；钢筋必须夹紧
8	焊包下流	塞好石棉布

四、坡口焊接钢筋接头的缺陷

（一）质量问题

坡口焊接是电弧焊焊接中的四种焊接形式之一，它比其他三种（搭接焊接、帮条焊接、熔槽焊接）焊接质量要求更高，常出现有咬边及边缘不齐、焊缝宽度和高度不定、表面存有凹陷、钢筋产生错位等质量缺陷。

（二）原因分析

出现以上质量缺陷的主要原因是：电焊操作人员对坡口焊焊接的工艺不熟练，或者对坡口焊质量标准和焊接技巧掌握不够，或者对钢筋焊接不重视、不认真。

（三）处理方法

（1）检查电弧焊接钢筋接头的外观质量时，应在接头清渣后进行抽查，以300个同类型接头（同钢筋级别、同接头形式）为一批，取样数量为10%，且不少于10件。外观检查的质量标准，可参考"电弧焊接钢筋接头"。

（2）3个试件的抗拉强度均不得低于该级别钢筋的规定抗拉强度值。至少有2个试件呈塑性断裂，当检验结果有1个试件的抗拉强度低于规定指标或有2个试件发生脆性断裂时，应取双倍数量的试件进行复试，复试结果若仍有1个试件抗拉强度低于规定指标或有3个试件发生脆性断裂时，则该批接头判为不合格品。

（四）预防措施

（1）当钢筋采用坡口平焊时，为确保其焊接质量符合要求，"V"形坡口角度应严格进行控制，一般应控制在55°～65°范围内。

（2）当钢筋采用坡口立式焊接方法时，坡口的角度一般为40°～55°，其中下钢筋控制在0°～10°，上钢筋控制在35°～45°。

（3）两根钢筋根部的间隙，当采用坡口平式焊接时为3～6mm，当采用坡口立式焊接时为4～5mm，最大间隙不得超过10mm。

（4）钢筋接头在采用坡口焊接方法时，所用的电弧焊的焊条直径和焊接电流，可参考表9-9中的数值。

表9-9 坡口焊电弧焊的焊条直径和焊接电流选用表

焊接位置	钢筋直径（mm）	焊接电流（A）	焊条直径（mm）
坡口平焊	16～20	140～170	3.2
	22～25	170～190	4.0
	28～32	190～220	5.0
	36～40	200～230	5.0
坡口立焊	16～20	120～150	3.2
	22～25	150～180	4.0
	28～32	180～200	4.0
	36～40	190～210	5.0

五、电阻点焊采用的焊接参数不当

（一）质量问题

当钢筋选用电阻点焊时,由于采用的焊接参数不当,钢筋焊接质量不符合规范的要求,易出现的质量缺陷有:

(1)焊点周围熔化铁浆挤压不饱满,焊点处的强度很低,如果稍微搬动,焊点就会脱落,又会造成二次补焊的质量问题。

(2)如果电阻点焊所采用的电流和压力过大,不仅会造成压陷深度过大,而且会产生钢筋脆断现象。

（二）原因分析

(1)在钢筋采用电阻点焊方法时,未对所点焊的钢筋经过试验选择焊接参数,电阻点焊的参数不合适,必然给钢筋焊接带来质量缺陷。

(2)当钢筋电阻点焊采用的电流过小,通电时间太短时,钢筋焊点周围熔化的铁浆较少,不能使其挤压饱满,从而焊点处的强度很低,在钢筋移动时焊点则容易脱离,也会造成二次补焊的质量问题。

(3)钢筋电阻点焊通电加热时,由于采用的电流过大,加热过度,电极压力过大,造成压陷深度过大,从而会使钢筋出现脆断现象。

（三）防治措施

(1)当钢筋焊接采用电阻点焊时,应根据钢筋级别、直径及焊机性能等具体情况,选择变压器的级数、焊接通电时间和电极压力。

(2)电焊操作人员应在选择以上参数的基础上,通过试验选定焊接参数,试验合格后方可正式进行焊接,当采用DN3-75型点焊机焊接Ⅰ级、Ⅱ级钢筋和冷拔低碳钢丝时,电极压力应符合表9-10中的规定。

(3)当采用热轧钢筋点焊时,焊点的压入深度应为较小钢筋直径的25%～45%;当采用冷拔低碳钢丝、冷轧带肋钢筋点焊时,焊点的压入深度应为较小钢筋(丝)直径的25%～40%。

(4)对于有锈蚀的钢筋,可事先进行冷拉的方法脱皮除锈,同时将钢筋表面的油污清除后,再进行点焊,但钢筋表面锈蚀比较严重的(呈锈斑、麻点或鳞片状)不得采用电阻点焊。

表 9-10　电阻点焊电极压力的选择(N)

较小钢筋直径（mm）	Ⅰ级钢筋冷拔 低碳钢丝	Ⅱ级钢筋冷轧 带肋钢筋	较小钢筋直径（mm）	Ⅰ级钢筋冷拔 低碳钢丝	Ⅱ级钢筋冷轧 带肋钢筋
3	980~1470	—	8	2450~2940	2940~3430
4	980~1470	1470~1960	10	2940~3920	3430~3920
5	1470~1960	1960~2450	12	3430~4410	4410~4900
6	1960~2450	2450~2940	14	3920~4900	4900~5880

六、钢筋气压焊接头产生错位

（一）质量问题

钢筋采用气压焊进行焊接后,经质量检查发现焊接接头出现偏心错位,不仅外观质量不符合要求,而且使钢筋受力状态发生改变,一旦受力超过一定的限度,钢筋会发生大的变形而导致结构构件的破坏。

（二）原因分析

（1）在进行气压焊实施前,对钢筋焊接端部的处理不合格,端面不垂直轴线或表面不平整,由于钢筋端面倾料,气焊后必然导致接头产生错位。

（2）由于钢筋焊接夹具出现较大变形,或者夹具刚度不够,或者操作时钢筋未夹紧,或者两根钢筋安装不在同一轴线上,焊接后焊接接头会出现较大的偏心错位,外观质量不符合要求。

（三）防治措施

（1）在钢筋进行气压焊前,首先应按规范要求对钢筋焊接端部进行处理,使端面平整且与轴线垂直,钢筋端部处理不合格不能进行焊接作业。

（2）在钢筋进行气压焊前,应对设备的钢筋夹具进行认真检查,及时修理或更换损坏的钢筋夹具,使设备中的动夹具与定夹具在同一轴线上,并能将钢筋夹牢,当钢筋承受最大轴向压力时,钢筋与夹具之间不得产生相对滑移。

（3）在钢筋进行气压焊时,应将两根钢筋在夹具上分别夹紧,并使两根钢筋的轴线在同一直线上,钢筋安装后应当加压顶紧,两根钢筋之间的局部缝隙不得大于3mm。

（4）钢筋接头气压焊焊接完毕后,应逐个进行外观质量检查,其两根钢筋的轴线偏心量不得大于钢筋直径的 0.15 倍,且不得大于 4mm,不符合要求的接头必须切除重新焊接。

（5）当两根不同直径的钢筋焊接时,两钢筋直径之差不得大于7mm,对于它们偏心量的计算,应以较小直径的钢筋为准,当大于规定值时,也应当切除重新焊接。

七、在低温下未采取控温循环措施

（一）质量问题

在低温(负温)情况下进行钢筋闪光对焊、电弧焊、电渣压力焊及气压焊时,无保温和防冻措施,结果造成焊缝冷却速度太快,焊缝根部或热影响区出现裂纹,当焊缝承受拉、弯曲等应力时发生断裂,其断裂强度低于母材的极限强度或屈服强度,使钢筋混凝土结构构件存在着很大安全隐患。

（二）原因分析

（1）在低温条件下进行钢筋焊接时,有关人员未向操作人员进行技术交底,致使施工者仍按常温条件进行焊接,从而使焊接的质量不合格。

（2）在低温条件下进行钢筋焊接时,具体操作人员根本不懂得低温钢筋焊接的工艺,焊接过程中不采取相应的控温循环措施,仍采用常规的施工工艺,从而使焊接的钢筋接头存在很大质量缺陷,严重影响钢筋焊接的质量。

（3）在低温（负温）情况下进行钢筋闪光对焊、电弧焊和气压焊时,没有按规定进行焊接试验,确定焊接工艺参数,由于焊接工艺和焊接参数选择不当,使钢筋接头质量不符合规范要求。

（三）防治措施

（1）在低温（负温）条件下进行钢筋焊接时,必须首先编制切实可行的施工组织设计,明确施工工艺、操作要点和注意事项;技术人员要向操作人员进行技术交底,使其按有关规定作业。

（2）在低温（负温）条件下进行钢筋焊接时,施工人员必须认真学习和掌握低温钢筋焊接工艺,并根据工程实践采取相应的控温循环措施,确保钢筋接头的断裂强度。

（3）为确保钢筋焊接质量,在低温（负温）条件下进行钢筋焊接时,必须按规定进行焊接试验,通过试验确定焊接工艺参数。

（4）在低温（负温）条件下进行钢筋焊接时,应对焊机设备采取必要的防寒措施,如搭设临时工棚,设置一定的取暖设施,防止对焊机的冷却水管冻裂,避免焊接温度与环境温度差异过大。

（5）在低温的雨雪天不宜在现场进行焊接,如果必须在现场焊接时,应采取措施加以遮蔽,保护焊接后未冷却的焊接头不被雨雪覆盖。

（6）如果施工现场的风速超过 7.9m/s,采用闪光对焊或电弧焊时风速超过 5.4m/s,或者采用气压焊时,焊接操作处均应采取挡风的措施。

（7）当施工环境温度低于 -20℃时,不宜采取焊接工艺;当施工环境温度低于 -20℃时,应对钢筋接头采取预热和保温缓慢冷却措施,以确保钢筋焊接质量。

（8）在施工环境温度低于 -5℃的条件下,钢筋焊接应调整常温下的焊接参数,采取相应的控温焊接措施。与常温焊接相比,宜增大焊接的电流,减缓焊接的速度,如采用闪光对焊时,应采用较低的焊接变压器级数,增加调伸长度、预热次数和间歇时间。

（9）在进行帮条焊或搭接焊时,第一层焊缝应在中间引弧,平式焊接时应先从中间向两端进行焊接,立式焊接时应先从中间向上端进行焊接,从下端向中间进行焊接;以后各层焊缝应采取控温措施,层间的温度宜控制在 150～350℃ 之间。坡口焊接的焊缝余高应分两层控温焊接。

（10）在进行 Ⅱ、Ⅲ 级钢筋多层焊接时,焊接后可采用回火焊道进行处理,其回火焊道的长度宜比前一焊道在两端缩 4～6mm。

（11）在低温（负温）情况下进行钢筋焊接,应尽量避免强行组对后进行定位焊,如果必须采用定位焊时,其定位焊缝的长度应适当加大,定位后应尽快焊接饱满整个接头,不得在中途出现停顿。

八、钢筋用电弧切割的质量不合格

(一)质量问题

钢筋采用电弧进行切割,结果造成切割的坡口不整齐、钝边比较大,从而导致在焊接过程中焊缝的金属与钢筋之间局部不熔合,严重影响焊缝的质量,用于钢筋混凝土结构构件中,会存在着较大的安全隐患。

(二)原因分析

(1)在一般情况下,钢筋不要采用电弧切割,而在钢筋工程施工前,未向施工人员进行技术交底,操作人员错误地采用这种切割方法。

(2)如果采用电弧切割方法,再加上采用的焊接电流过小,焊接速度过快,使焊缝的金属与钢筋之间不熔合,产生未焊透的质量缺陷,严重影响钢筋焊接质量。

(三)防治措施

(1)钢筋坡口一般不得采用电弧切割的方法,宜采用锯割或气割,切割后的坡口面应平顺,切口的边缘不得有裂纹、不平整和缺棱。

(2)当采用坡口平式焊接时,V形坡口的角度宜控制在55°~65°范围内;当采用坡口立式焊接时,V形坡口的角度宜控制在40°~55°范围内,其中下钢筋宜为0°~10°,上钢筋宜为35°~45°(图9-2)。

(3)为便于坡口焊和确保焊接质量,钢筋接头采用坡口焊接时应设置钢垫板,钢垫板的厚度宜为4~6mm,长度宜为40~60mm。采用坡口平式焊接时,钢垫板的宽度应为钢筋直径再加宽10mm;采用坡口立式焊接时,钢垫板的宽度可与钢筋直径相同。

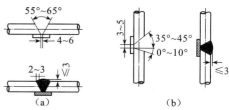

图9-2 钢筋坡口焊接的形式
(a)平焊;(b)立焊

(4)两根钢筋的根部要留出适当的间距,当采用坡口平式焊接时宜为4~6mm,当采用坡口立式焊接时宜为3~5mm,其最大间隙均不宜超过10mm。

(5)在进行钢筋的焊接接头组对时,应严格控制各部位的尺寸,完全合格后才能进行焊接。钢筋坡口焊接宜采用几个接头轮流进行焊接,选择的焊接电流不宜过小,并应适当放慢焊接速度,以保证能充分熔合焊接面。

(6)焊缝根部、坡口端面以及钢筋与钢垫板之间均应达到熔合,钢筋与钢垫板之间应加焊2~3层侧面焊缝,以提高钢筋接头的强度,保证钢筋接头的焊接质量。

九、焊口局部焊接质量不符合要求

(一)质量问题

钢筋接头焊口局部区域未能相互结晶,两者焊合不良,接头镦粗变形量不符合设计要求,挤出的金属毛刺很不均匀,一般多集中于上口,并产生严重的胀开现象,从断口上可以看到如同有氧化膜的黏合面存在,严重影响钢筋接头质量。

(二)原因分析

(1)采用的焊接工艺方法不合适。例如,对于横断面较大的粗钢筋,应当采用预热闪光焊的焊接工艺,但却采用了连续闪光焊,钢筋端头未经充分预热,便快速挤压黏合,使接头不能很好地焊合在一起。

（2）钢筋焊接技术参数选择不合适。特别是钢筋的烧化留量太小、变压器级数过高及烧化速度过快等，会造成焊件端面加热不足且不均匀，未能形成比较均匀的熔化金属层，致使钢筋顶锻过程生硬，焊合面不完整。

（三）防治措施

（1）在钢筋正式焊接前，必须根据钢筋的级别、直径、化学成分等，选择适宜的焊接工艺，并对所焊接的钢筋进行试焊，以便验证所选用焊接工艺是否正确，同时确定正确的焊接工艺参数。

（2）粗直径钢筋的焊接要特别重视预热作用，熟练掌握钢筋的预热要领，力求扩大沿焊件纵向的加热区域，减小温度梯度。其操作基本要领是：

① 根据焊接钢筋的级别采取相应的预热方式。随着钢筋级别的提高，预热频率应逐渐降低。每次预热接触的时间可在 0.5～2s 内进行选择。

② 在钢筋预热操作的过程中，应掌握预热间歇时间宜稍大于接触时间，以便通过热传导使温度趋于一致。

③ 钢筋预热时的压紧力应不小于 3MPa。当具有足够的压紧力时，焊件端面上的凸出处会逐渐被压平，更多的部位则发生紧密接触。于是，沿焊件截面上的电流分布就比较均匀，使加热也比较均匀，这样就能保证焊接质量。

（3）在进行钢筋焊接时，要采取正常的烧化过程，使焊件获得符合要求的温度分布，尽可能平整端面，以及比较均匀地熔化金属层，为提高钢筋接头的质量创造良好的条件。

第四节　钢筋机械连接的质量问题与防治

钢筋机械连接是目前提倡应用的一种连接方法，这种连接方法具有：强度高且安全可靠，接头受力合理；质量易于控制，不受多种因素的影响，能节省大量钢材，经济效益较好；能用于各种规格钢筋的连接，应用范围比较广泛，接头对中性好，利于混凝土的捣固；无明火作业，不污染环境，可全天候施工，能实现文明生产等特点。

但是，在钢筋接头的连接施工中，如果材料、加工、连接等不符合规范要求，也会出现各式各样的质量缺陷，甚至出现较大的质量事故。目前，我国执行的是《钢筋机械连接通用技术规程》（JGJ107）标准。该标准明确了接头的性能等级、应用方法、质量验收等相关标准，对我们在施工中采用高质量的钢筋接头，满足建筑事业发展的需要是十分有力的保证。只要我们科学合理地用好这项技术，就能创造出更好的经济效益和社会效益。

一、锥螺纹连接接头的缺陷

（一）质量问题

工程实践证明，当钢筋采用锥螺纹连接接头时，在施工中一般常见的质量缺陷有：

（1）当用卡规检查套丝的质量时，发现有的丝扣已损坏，有的完整丝扣也不满足规范中的要求。

（2）锥螺纹连接接头拧紧后，锥螺纹接头不能全部进入连接套，外露丝扣超过一个完整扣。

（二）原因分析

（1）在钢筋正式套丝前,钢筋加工质量不符合要求,钢筋端头有一定的翘曲,钢筋的轴线不垂直。

（2）加工好的钢筋丝扣没有按照有关要求很好保管和保护,在搬运和堆放中造成局部损坏,而使丝扣不能全部进入连接套。

（3）对加工好的钢筋丝扣没有认真检查,使不合格的产品流入施工现场。

（4）接头的拧紧力矩值没有达到标准值;接头的拧紧程度不够或漏拧;或钢筋的连接方法不对。

（三）处理方法

（1）对于锥螺纹丝扣有损坏或丝扣不足的,应当将钢筋接头切除一部分或全部,然后重新进行套丝。

（2）对外露丝扣超过一个完整丝扣的接头,应重新拧紧接头或进行加固处理。具体处理的方法是:用电弧焊的方式进行补强,焊缝高度不小于5mm,焊条采用E5015。当钢筋为Ⅲ级钢筋时,必须先做可焊性试验,合格后方可用焊接方法进行补强。

（四）预防措施

（1）在进行钢筋切断时,其断面与钢筋轴线垂直,端头不得出现翘曲现象,不准用气割法切断钢筋,应经常更换切断机切片。

（2）钢筋套丝质量必须逐个用牙形规和卡规进行检查,经检查合格后,应立即将其一端拧上塑料保护帽,另一端按规定的力矩值用力矩扳手拧紧连接套。

（3）在进行连接前,应检查钢筋锥螺纹及连接套筒锥螺纹,必须完好无损。如果发现丝头上有杂物或锈蚀,必须用钢丝板刷清除;将带有连接套的钢筋拧到连接钢筋上时,应按规定的力矩值用力矩扳手拧紧接头,当听到力矩扳手"咔嗒"响声时,即达到接头连接的拧紧值。

（4）在进行相同直径或不同直径接头连接时,应采用二次拧紧连接方法;单向可调、双向可调接头连接时,应采用二次拧紧方法。连接水平钢筋时,要将钢筋托平对正连接件用手拧紧,再按照以上方法进行连接。

（5）已连接完的钢筋接头,必须立即用油漆做上一定的标记,以防止钢筋接头漏拧而出现质量事故。

（6）锥螺纹连接接头的各项技术指标,必须达到行业标准《钢筋锥螺纹接头技术规程》（JGJ109）中的规定。

二、钢筋冷挤压套筒连接接头的缺陷

（一）质量问题

钢筋冷挤压套筒连接是一种新的连接方式,具有很多的优点,但在施工的过程中也易出现以下质量问题:

（1）钢筋冷挤压完毕后,经质量检查在套筒上发现有可见的裂缝,严重影响钢筋与套筒间的结合力。

（2）钢筋与套筒挤压结合长度较短,钢筋冷挤压后的套筒长度小于表9-11中的数值,必然也会严重影响钢筋与套筒间的结合力。

表 9-11　钢筋套筒连接压接控制数据

钢筋直径（mm）	套筒编号	检查项目					
		每端插入长度（mm）		压接后套筒总长（mm）	每端压接扣数	接头折弯（°）	压力值（MPa）
		标准尺寸	允许偏差				
18	SPJ - 18	57.5	±5	135	4	4	30 ~ 85
20	SPJ - 20	65.0	±5	150	4	4	95 ~ 100
22	SPJ - 22	70.0	±5	160	4	4	100 ~ 110
25	SPJ - 25	75.0	±5	175	4	4	60 ~ 65
28	SPJ - 28	85.0	±5	195	4	4	65 ~ 70
32	SPJ - 32	110	±5	250	4	4	70 ~ 75
36	SPJ - 36	115	±5	260	4	4	95 ~ 100
40	SPJ - 40	125	±5	280	4	4	60 ~ 75

（3）压痕处套筒的外径波动范围小于或大于原套筒外径的 0.8 ~ 0.9。

（4）有的钢筋伸入套筒的长度不足,从而造成钢筋与套筒的连接强度不符合要求。

（二）原因分析

（1）施工、技术、质检、操作等方面的人员对钢筋冷挤压套筒连接技术不熟悉,检查不细致,不能发现存在的质量缺陷。

（2）套筒产品的质量比较差,尤其是钢筋套筒的质地较脆时,在挤压力的作用下很容易出现裂纹,甚至会出现破坏。

（3）套筒、钢筋和压模不能配套便用,或者挤压操作的方法不当,压力过大或过小,均不能达到质量标准的要求。

（4）由于套筒与钢筋不配套,或者钢筋丝扣加工的长度不够,造成钢筋伸入套筒的长度不足。

（三）处理方法

（1）经过质量检查,凡是挤压后的套筒有肉眼可见的裂纹,这个接头则不合格,必须切除后重新进行挤压。

（2）用钢尺测量连接套筒的压接后套筒总长,必须符合表 9-11 中的规定。测量长度以套筒最短处为依据,如果未达到规定值,应在相应的一端再补压一扣;如果补压后仍达不到标准,应切除后重新挤压。

（3）挤压后套筒外观检查压痕不得有重叠、劈裂和横裂;接头处弯折不得大于 4°;压痕重叠超过 25% 时,应补压一扣。如偏差过大,也应切除后换合格套筒重新挤压。

（4）以 1000 个同批号钢筒套及压接的钢筋接头为一批,随机抽取一组（3 个钢筋接头）做力学性能试验。

（四）预防措施

（1）钢筋套筒的材料及几何尺寸等方面,应符合检验认定的技术要求,并应有相应的套筒出厂合格证书。

（2）检查使用的钢套（Ⅱ级钢筋）的屈服强度（σ_s）大于 285N/mm^2,抗拉强度（δ_b）大于 425N/mm^2,延伸率（δ_s）大于 20%,全截面强度应大于母材钢筋。

（3）压模、套筒与钢筋应相互配套使用，不得混用。压模上应有相对应的连接钢筋规格标记。钢筋与套筒应预先进行试套，如钢筋端头有马蹄形、弯折或纵肋尺寸过大者，应预先矫正或用砂轮打磨；对不同直径钢筋的套筒不得相互串用。

（4）挤压前应在地面先将套筒与钢筋的一端挤正，形成带帽钢筋，然后到拼接现场再挤压另一端。在进行挤压时，必须按标记检查钢筋插入套筒内的深度，钢筋端头离套筒长度中点不宜超过10mm。挤压时挤压机应与钢筋轴线保持垂直。挤压宜从套筒中央开始，并依次向两端挤压。

挤压力、压模宽度、压痕直径波动范围及挤压道次或套筒伸长率等，应符合产品供应单位通过检验确定的技术参数，当有下列情况之一时，应对挤压机的挤压力进行标定：

① 新挤压设备在使用前，或旧挤压设备在大修后，均要对挤压机的挤压力进行标定，符合要求才能用于挤压。

② 油压表受到损坏重新更换或调试后，或者油压表在使用中受到强烈振动，均应对挤压机的挤压力进行重新标定，以防止出现过大误差而影响质量。

③ 当钢套筒压痕出现异常现象，也查不出其他方面的原因时，也应当对挤压机的挤压力进行重新标定。

④ 挤压设备使用期超过一年，或挤压接头数量已超过5000个时，应对挤压机的挤压力进行重新标定。

（5）钢筋套筒连接件挤压控制的技术数据，必须符合行业标准《钢筋机械连接技术规程》（JGJ107）中的要求，同时也应符合表9-11中的各项指标。

三、锥螺纹连接所用扳手不正确

（一）质量问题

在连接锥螺纹套筒时，如果连接所用的力矩达不到现行规范中的要求，则钢筋就没有连接牢固，在使用的过程中承受荷载后，如果超过原设计的数值，就有可能使连接处发生较大的变形，自然会导致钢筋混凝土结构构件的破坏。

（二）原因分析

（1）力矩扳手是连接钢筋和检验钢筋接头质量的定量工具，如果所用的力矩扳手精度不符合要求，或力矩扳手无出厂合格证书，就很难保证钢筋接头的连接质量。

（2）平时不注意对力矩扳手的保管和维护，力矩扳手很容易出现损坏，尤其是使用频繁、时间过长，力矩扳手的精度也会发生变化。

（3）在钢筋连接之前，未对所用的力矩扳手进行检验和校正，如果精度达不到规范规定，连接的钢筋则无法确保其质量。

（4）质量检验与钢筋连接所用的力矩扳手未分开，造成施工与质检的力矩扳手混用，这样就无法保证质检时所用力矩扳手的精度。

（三）防治措施

（1）钢筋连接所用的力矩扳手，应当由具有生产计量器具许可证的工厂加工制造，千万不可采用小作坊生产的力矩扳手，产品出厂时应有产品合格证。

（2）力矩扳手进场后，应根据产品说明进行质量检验，力矩扳手精度不在±5%范围内，不得验收入库，更不能用于钢筋连接。

（3）工程中所用的力矩扳手，一般应每半年用扭力仪检定一次，考虑到力矩扳手的使用频繁程度不同，可根据需要将使用频繁的力矩扳手提前检定。

（4）在用力矩扳手正式连接钢筋之前，首先进行试连接检验，核查其数值是否准确，不准确时以便进行调整和维修。

（5）在使用力矩扳手连接钢筋中，要爱护和正确使用，要做到轻拿轻放，不准用力矩扳手当锤子或撬棍使用。力矩扳手在不用时，要将其数值调到 0 刻度，以保持力矩扳手的精度。

（6）质量检验用的力矩扳手与钢筋连接所用力矩扳手应当分开，不得混合使用，以保证质检时力矩扳手的精度。

第五节　钢筋绑扎和安装的质量问题与防治

由于钢筋绑扎连接具有施工简便，不需要能源和机械设备，也不受气候环境的影响等特点，所以仍然是现浇钢筋混凝土中钢筋常用的连接方法。但是，在绑扎连接接头的操作中，如果不严格按现行的施工规范作业，很容易出现各种质量问题，从而造成钢筋混凝土结构构件质量不符合设计要求。

一、钢筋绑扎接头的缺陷

（一）质量问题

钢筋绑扎搭接接头长度不足；HPB235 级钢筋绑扎接头的末端没有做弯钩；受力钢筋绑扎接头的位置没有错开。

（二）原因分析

（1）操作工不熟悉操作规程，施工管理人员不熟悉《混凝土结构工程施工质量验收规范》（GB 50204）中的有关钢筋搭接长度的规定。

（2）有的梁长度恰为钢筋长的 2 倍，则将钢筋搭接接头设在梁中，违反了受力钢筋搭接接头不得超过 25% 的规定。

（3）质量检查不认真，放任不规范的接头浇入混凝土中。

（三）处理方法

（1）检查已安装的钢筋构件，各种钢筋的搭接长度必须符合表 9-12 中的有关规定。如有不符之处，要及时加固处理，或拆除后更换合格钢筋；如无法更换时，改加电弧焊接方法。

表 9-12　纵向受拉钢筋绑扎接头的最小搭接长度

钢筋类型		混凝土强度等级			
		C15	C20 ~ C25	C30 ~ C35	≥C40
光圆钢筋	HPB235 级	$45d$	$35d$	$30d$	$25d$
带肋钢筋	HRB335 级	$35d$	$45d$	$35d$	$30d$
	HRB400 级 RRB400 级	—	$55d$	$40d$	$35d$
冷拔低碳钢丝		300mm			

注：两根直径不同钢筋的搭接长度，应以细钢筋的直径计算。

（2）检查 HPB235 级钢筋绑扎接头的末端是否有弯钩，如果没有设置弯钩，必须用电弧焊补焊。

（3）受力钢筋的绑扎接头位置应相互错开，绑扎接头的搭接长度的 1.3 倍区段范围内，有绑扎接头的受力钢筋截面面积占受力钢筋总截面面积为：受拉区的钢筋接头面积不得超过总截面面积的 25%，受压区的钢筋接头面积不得超过总截面面积的 50%，如果超过以上数值必须想法将其错开。

（四）预防措施

（1）加强施工管理，综合考虑结构的配筋，合理配制梁、柱、板、墙的受力钢筋。错开绑扎接头，创造施工条件尽量少用绑扎搭接接头。

（2）在安装受力钢筋前，先将钢筋接头错开搭配好，防止出现接头面积超过规定的比例，需要返工时重新穿入钢筋。

（3）加强对钢筋绑扎接头的质量检验制度，应当注意钢筋配料单、钢筋成型质量和钢筋安装质量等方面。

二、绑扎的钢筋产生遗漏

（一）质量问题

在检查核对绑扎好的钢筋骨架时，与钢筋混凝土结构施工图对照，发现某种钢筋在绑扎时发生遗漏。

（二）原因分析

出现钢筋发生遗漏的主要原因：施工管理不当，没有进行钢筋绑扎技术交底工作，或没有深入熟悉图纸内容和研究各种钢筋的安装顺序。

（三）处理方法

对于所有遗漏的钢筋应全部补上，不得再出现任何遗漏。对于简单的钢筋骨架，将所遗漏的钢筋放进骨架，即可继续进行绑扎；对于构造比较复杂的骨架，则要拆除其内的部分钢筋才能补上。对于已浇筑混凝土的结构或构件，如果发生钢筋遗漏，则要通过结构性能分析来确定处理方案。

（四）预防措施

（1）对于比较复杂的结构或构件，在绑扎钢筋骨架之前，首先要进行技术交底，使操作人员了解结构或构件的特点、钢筋的受力特性和绑扎施工的要点。

（2）在正式绑扎钢筋之前，操作人员要认真熟悉钢筋图，并按钢筋材料表核对配料单和料牌，检查钢筋规格是否齐全准确，形状、尺寸和数量是否与图纸相符。

（3）在熟悉钢筋图纸的基础上，仔细研究和安排各号钢筋绑扎安装顺序和步骤；在整个钢筋骨架绑扎完毕后，应认真清理施工现场，检查一下绑扎的钢筋骨架是否正确。在一般情况下，主要将钢筋骨架与钢筋图纸再对照，一是检查是否有遗漏，二是检查绑扎位置是否正确，三是检查绑扎是否牢固。

三、钢筋保护层不符合要求

（一）质量问题

在钢筋混凝土结构施工中，钢筋保护层出现偏差，尤其是保护层厚度不足是一个最常见

的质量缺陷,主要表现在以下几个方面:

(1)钢筋的混凝土保护层偏小,混凝土中的氢氧化钙与空气或水中的二氧化碳发生碳化反应,当碳化深度达到钢筋处时,则破坏混凝土对钢筋的碱性保护作用,而使钢筋有锈蚀的机会。

(2)钢筋的混凝土保护层偏大,使钢筋混凝土构件的有效高度减小,从而减弱构件的承载力而产生裂缝和断裂。

(二)原因分析

在钢筋安装的过程中,未能严格按照现行规定控制钢筋的保护层,从而使钢筋的保护层不符合要求。如对梁的保护层垫块不标准而产生偏差;对梁的保护层失去控制,对柱子的钢筋控制不严而产生偏差。

(三)处理方法

(1)认真检查已安装或正在安装的钢筋保护层,看其是否符合表 9-13 中的规定。发现偏差,及时纠正。

(2)挑梁钢筋的上层保护层必须有可靠的控制措施,例如,吊运或架空定位,防止踩踏下沉。

(3)对于现浇板的负弯矩钢筋,也要有防止踩踏下沉的防护措施,以保证保护层不出现偏差。

(四)预防措施

(1)严格按照《混凝土结构工程施工及验收规范》(GB 50204—2002,2011 版)中的规定:“受力钢筋的混凝土保护层厚度,应符合设计要求,当设计无具体要求时,不应小于受力钢筋直径”,并应符合表 9-13 中的要求。

表 9-13　钢筋的混凝土保护层厚度(mm)

环境与条件	构件名称	混凝土强度等级		
		低于 C25	C25 及 C30	高于 C30
室内正常环境	板、墙、壳	15		
	梁和柱	25		
露天或室内高湿度环境	板、墙、壳	35	25	15
	梁和柱	45	35	25
有垫层	基础	35		
无垫层		70		

注:(1)轻骨料混凝土的钢筋保护层应符合国家现行标准《轻骨料混凝土结构设计规范》的规定。
　　(2)处于室内正常环境由工厂生产的预制构件,当混凝土强度等级不低于 C20 且施工质量有可靠保证时,其保护层厚度可按表中规定减少 5mm,但预制构件中的预应力钢筋(包括冷拔低碳钢丝)保护层厚度不应小于 15mm;处于露天或室内高湿度环境的预制构件,当表面另做水泥砂浆抹面层且有质量保护措施时,保护层厚度可按表中室内正常环境中的构件的数值采用。
　　(3)钢筋混凝土受弯构件,钢筋端头的保护层厚度一般为 10mm,预制的肋形状,其主筋的保护层厚度可按梁考虑。
　　(4)板、墙、壳中分布钢筋的保护层厚度不应小于 10mm,梁柱中箍筋和构造钢筋的保护层厚度不应小于 10mm。

(2)受力钢筋的保护层允许偏差一般为:基础 ±10mm;柱、梁 ±5mm;板、墙、壳 ±3mm。

(3)在施工梁和板前都要按保护层的规定厚度,预先做好 1:2 水泥砂浆垫块或塑料卡;当为上下双层主筋时,应在两层主筋之间设置短钢筋,保证设计规定的间距。

（4）安装柱、墙钢筋前，都要按保护层的规定厚度，做水泥砂浆垫块，要预埋铅丝扎牢在钢筋上或用塑料卡卡在钢筋上，使保护层准确。

四、弯起钢筋方向不对

（一）质量问题

在各种悬臂梁结构（如阳台挑梁、雨篷的挑梁等）中，弯起钢筋弯起的方向放反（图9-3），图中（a）为图纸中的要求，（b）为弯起的方向错误，由于梁沿着全长是等截面的，有时将钢筋弯起方向放反，从外观上却看不出来；在悬臂梁中，弯起钢筋上部平直部两端长度是不同的，本应按图9-4（a）要求放，却很容易放成9-4（b）的错误方法。

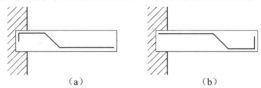

图9-3　悬臂梁弯起钢筋的位置
（a）正确放置；（b）错误放置

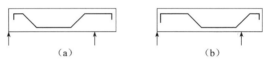

图9-4　悬臂梁弯起钢筋的位置
（a）正确放置；（b）错误放置

（二）原因分析

（1）在钢筋骨架绑扎安装前，技术人员未向操作人员进行技术交底，不明白此类结构或构件弯起钢筋的作用，将弯起钢筋绑扎在错误位置上。

（2）操作人员在钢筋绑扎中不认真对待，在安装时使钢筋骨架在放入模板时产生方向错误。

（3）在绑扎安装完毕后，未能对钢筋骨架按图纸进行核对，在浇筑混凝土时才发现弯起钢筋方向错误。

（三）处理方法

（1）在未浇筑混凝土之前发现此类问题，是比较容易处理的，可将错误的钢筋纠正过来，将安装反的骨架按图纸改过来。

（2）对于已浇筑混凝土后发现的此类问题，是非常难以处理的，因为这是一种安全隐患，必须认真加以处理。一是对已浇筑混凝土的构件必须逐根凿开检查，确定弯起钢筋方向是否错误；二是通过结构受力条件计算，确定构件是否报废；三是根据具体情况，确定加固的措施。

（四）预防措施

（1）在这类钢筋骨架绑扎和安装前，应由技术人员向操作人员进行技术交底，特别应将弯起钢筋作为重点来交代，不仅要讲明白绑扎和安装的正确方法，而且要讲清出现方向错误后所造成的危害，让操作人员引起高度重视。

（2）在钢筋加工单上特别注明，提醒绑扎人员正确组成骨架；在钢筋骨架上挂牌标示，提醒安装人员注意。

（3）在钢筋骨架安装前，质量检查人员应对照图纸对骨架进行认真检查，不仅要检查钢筋的规格、尺寸、形状、数量，而且要重点检查弯起钢筋的绑扎和安装方向是否正确，在浇筑混凝土时再核对一遍。

五、钢筋网上、下钢筋混淆

（一）质量问题

在肋形楼盖系统中，楼板的钢筋网所含两向钢筋，但是哪个方的钢筋在上、哪个方向的钢筋在下，在钢筋施工图中未注明，结果造成钢筋网上、下钢筋混淆，如果不搞清楚，在浇筑混凝土后将会成为结构安全隐患。

（二）原因分析

在高层建筑中，楼面和基础底板多以纵横交叉的肋梁形式出现，肋梁的布置随楼面各功能区的布置而改变，因此，各交叉梁构成的矩形板大小不一，沿整个楼面的某方向或为"短边"、或为"长边"是不确定的。

对于四边支承板，配筋方案是依据板的边长关系确定的，即所谓"单向板"或"双向板"，当板的长边与短边长度基本接近时（主要指双向板），受力状况就两个方向而言，基本上是对称的，板面钢筋网如何放置没有确切的规定，加上楼面积很大时，每个方向总是布置着许多边长不同的板，它们的配筋又是统一的，因此无法为考虑板的受力特征进行配筋布置，设计人员在这方面一般不作说明，让施工人员自行处理，导致钢筋网上、下钢筋产生混淆。

（三）处理方法

当遇到钢筋网上、下钢筋产生混淆，施工人员难以进行区分时，为避免出现随意施工而出现错误，施工人员应当主动与设计人员取得联系，索取设计书面说明和请设计人员到施工现场指导，千万不要在弄不清时按自己的理解去操作。

（四）预防措施

（1）为避免在施工过程中出现意见分歧，造成施工人员对钢筋网上、下钢筋搞不清方向，设计部门在绘制钢筋施工图或在设计说明中应加以明确。

（2）为避免有关部门为此问题发生争执而延误施工，应在图纸会审时或钢筋施工前提前向设计部门提出。

（3）在钢筋网绑扎完毕后，应在钢筋骨架上用油漆标记，使钢筋安装和混凝土浇筑操作人员一看标记便知上、下层，以便于快速准确施工。

（4）对于类似肋形的楼盖结构工程（如筏式基础等），虽然这些楼盖受不同方向的力，但其性质基本相同，应采取类似预防措施的做法。

六、钢筋骨架产生歪斜

（一）质量问题

钢筋骨架绑扎完毕后，或堆放一段时间后产生歪斜现象，无法将钢筋骨架置于混凝土浇筑位置，必须重新进行绑扎或加固。

（二）原因分析

（1）绑扎不牢固，或绑扎扣的形式选择不当，如绑扎方向均朝一个方向；接点间隔绑扎扣时，绑扎点太稀。

（2）梁中的纵向钢筋或拉筋数量不足；柱中纵向构造钢筋偏少，未按规范规定设置复合箍筋。

（3）堆放钢筋骨架的地面不平整，由于有一定的坡度，而出现水平分力产生歪斜；钢筋骨架上部受压或受到意外力碰撞。

（三）处理方法

钢筋骨架的歪斜比较容易处理，就是费工费时。一般是根据钢筋骨架的歪斜状况和程度进行修复或加固。

（四）预防措施

（1）绑扎时要尽量选用不易松脱的绑扎扣形式，如绑扎平板钢筋网时，除了用一面顺向扣外，还应加一些十字花扣；钢筋转角处要采用兜式绑扎扣并加缠；对竖直的钢筋网，除了用十字花扣外，也要适当加缠。

（2）堆放钢筋骨架的地面要处理平整；搬运钢筋骨架的过程要轻抬轻放。绑扎扣的方向应根据具体情况交错地变换，对于面积较大的钢筋网片，可适当选用一些直钢筋作斜向拉结加固。

（3）为防止梁的钢筋骨架产生歪斜，根据现行的《混凝土结构设计规范》（GB 50010—2010）中的规定，梁中钢筋的设置应符合以下要求：

1）钢筋混凝土梁纵向受力钢筋的直径，当梁高≥300mm 时，不应小于 10mm；当梁高 < 30mm 时，不应小于 8mm。

2）当梁端部实际受到部分约束但按简支计算时，应在支座区上设置纵向构造钢筋，其截面面积不应小于梁的跨度中下部纵向受力钢筋计算所需截面面积的四分之一，且不应少于两根。

3）按计算不需要箍筋的梁，当截面高度大于 300mm 时，应沿着梁的全长设置箍筋；当截面高度为 150～300mm 时，应在构件端部各四分之一跨度范围内设置箍筋；但当构件中部二分之一跨度范围内有集中荷载作用时，也应沿全长设置箍筋。

4）对于截面高度大于 800mm 的梁，其箍筋直径不宜小于 8mm；对于截面高度大于或等于 8000mm 的梁，其箍筋直径不宜小于 6mm。

5）梁中的架立钢筋直径，当梁的跨度小于 4m 时，不宜小于 8mm；当梁的跨度为 4～6m 时，不宜小于 10mm；当梁的跨度大于 6m 时，不宜小于 12mm。

（4）为防止柱子的钢筋骨架产生歪斜现象，根据现行的国家标准《混凝土结构设计规范》（GB 50010—2010）中的规定，柱子中钢筋的设置应符合以下要求：

1）纵向受力钢筋的直径不宜小于 12mm，全部纵向受力钢筋的配筋率不宜大于 5%；圆柱中纵向钢筋宜周边均匀布置，根数不宜少于 8 根。

2）当偏心受压柱的截面高度大于或等于 600mm 时，在柱的侧面上应设置直径为 10～16mm 的纵向构造钢筋，并相应地设置复合箍筋或拉筋。

3）在偏心受压柱中，垂直于弯矩作用平面的侧面上的纵向钢筋以及轴心受压柱中各边的纵向受力钢筋，其中距不宜大于 300mm。

4）当柱子截面短边尺寸大于 400mm 且各边纵向钢筋多于 3 根时，或当柱子截面短边尺寸不大于 400mm 但各边纵向钢筋多于 4 根时，应设置复合箍筋。

5）柱子及其他受压构件中的周边箍筋应做成封闭式；对圆柱中的箍筋，搭接长度不应小于设计规定的锚固长度，且末端应做成 135°弯钩，弯钩末端平直段长度不应小于箍筋直径的 5 倍。

七、箍筋间距不一致

（一）质量问题

按施工图纸上标注的箍筋间距绑扎梁的钢筋骨架，很可能最后一个箍筋间距与其他间距不一致，或实际用的箍筋数量与钢筋材料表上的数量不符。

（二）原因分析

（1）钢筋图上所标注的箍筋间距不准确，按照近似值进行绑扎时，则必然会出现间距或根数有出入问题。

（2）在进行绑扎箍筋时，未进行认真核算和准确画线分配，而是随量随绑，结果造成积累误差较大，而出现间距或根数有出入问题。

（三）处理方法

如果箍筋尚未绑扎成钢筋骨架，应当认真熟悉施工图纸，进行很好的设计和计算，将缺的钢箍在绑扎前准备好。如果箍筋已经绑扎成钢筋骨架，则应根据具体情况，适当增加一定数量的箍筋。

（四）预防措施

（1）预先熟悉钢筋图纸，校核钢箍的间距和根数与实际有何差别，及早发现问题，将准备工作做好，以免在绑扎中缺少箍筋而停工。

（2）根据钢筋施工图纸的配筋情况，在较大构件上预先进行排列，从中心向两侧进行画线，并以排列成功的骨架为样板，作为正式绑扎时的依据。

（3）当箍筋的间距稍有误差时，可将误差位于中心线两侧，因为跨中所受到的剪力比支座附近小得多，箍筋间距稍微超过规范规定的允许误差值并不影响构件的受力条件。

八、四肢箍筋宽度不准确

（一）质量问题

对于配有四肢箍筋作为复合箍筋的梁的钢筋骨架，在绑扎好安装入模时，发现箍筋宽度不适合模板的要求，出现混凝土保护层厚度过大或过小，严重的甚至导致钢筋骨架放不进模板内，造成无法正常浇筑混凝土。

（二）原因分析

（1）钢筋图纸标注的尺寸不准确，在钢筋下料前又未进行复核，结果造成钢筋箍筋不符合实际结构的尺寸要求。

（2）在钢筋骨架绑扎前，未按照钢筋施工图的规定将箍筋总宽度进行定位，或者定位不准确。

（3）在箍筋的弯曲操作过程中，由于操作人员不认真、钢筋弯曲直径选择不适宜、弯曲的画线不够准确等原因，使加工的箍筋宽度不符合钢筋骨架设计要求，造成混凝土保护层厚度过大或过小。

（4）已考虑到将箍筋总宽度进行定位，但操作时不注意，使两个箍筋往里或往外窜动，导致混凝土保护层厚度过大。

（三）处理方法

取出已经入模的钢筋骨架，松掉每对箍筋交错部位内的纵向钢筋的绑扣，校准四肢箍筋的宽度后再重新进行绑扎。

（四）预防措施

（1）认真审查图纸，核对施工图纸中是否有尺寸错误，特别应对四肢箍筋的宽度应重点测量，以便在箍筋加工中做到形状正确、尺寸准确。

（2）在绑扎钢筋骨架时，应先绑扎牢靠（或用电弧焊焊接）几对箍筋，使四肢箍筋宽度保持施工图纸中的标注尺寸，然后再绑扎纵向钢筋和绑扎其他钢筋，形成一个坚固的钢筋骨架。

（3）按照梁的截面宽度确定一种双肢箍筋（即截面宽度减去两侧混凝土保护层厚度），绑扎时沿骨架长度放几个这种双肢箍筋定位。

（4）在钢筋骨架的绑扎过程中，要随时检查四肢箍筋宽度的准确性，如果发现偏差超过允许范围，应及时进行纠正。

九、梁箍筋弯钩与纵筋相碰

（一）质量问题

在梁的支座处，发生箍筋弯钩与纵向钢筋相抵触，非常难以绑扎牢固，很可能在此处发生绑扎不紧的质量问题。

（二）原因分析

（1）梁箍筋弯钩应放在受压区，从受力的角度来看，这是十分合理的，从构造角度上也是合理的。但是，在特殊情况下，例如在连续梁支座处，受压区在截面下部，要是箍筋弯钩位于下面，有可能被钢筋压"开"，在这种情况下，只好将箍筋弯钩放在受拉区，这样的做法虽然不合理，但为了加强钢筋骨架的牢固程度，习惯上用这种方式。

（2）当前，在高层和超高层建筑中，采用框架结构形式的工程几乎全部需要抗震设防，因此箍筋弯钩应采用135°的弯钩，且平直段的长度又比其他种类的弯钩都长，所以箍筋弯钩与梁上部第二层纵向钢筋必然出现相抵触现象。

（三）处理方法

梁箍筋弯钩与纵筋相碰质量缺陷比较容易处理，发现此问题后立即向有关人员报告，在征得设计人员同意后，可改箍筋弯钩放在梁上部为梁下部，但应当切实绑扎牢固，必要时用电弧焊点焊几处。

（四）预防措施

（1）绑扎钢筋前应先规划好箍筋弯钩的位置，决定是放在梁的上部还是下部。如果梁的上部仅有一层纵向钢筋时，箍筋弯钩与纵向钢筋不相抵触。为了避免箍筋接头被压开口，弯钩可放在梁上部（即构件受拉区），但应当特别注意其牢固性，必要时用电弧焊点焊几处。

（2）对于有两层或多层纵向钢筋时，则应将箍筋弯钩放在梁钢筋的下部。

十、箍筋代换后截面不足

（一）质量问题

由于某种品种或规格的钢筋数量不足，而用其他品种或规格的钢筋进行代换，在绑扎梁钢筋时检查被代换的箍筋根数，发现钢筋截面不足（根据箍筋和间距计算结果）。

（二）原因分析

（1）在钢筋加工配料单中只是标明了箍筋的根数，而未说明如果箍筋钢筋不足时如何进行代换，使操作人员没有代换的依据。

（2）配料时对横向钢筋作钢筋规格代换，通常是箍筋和弯起钢筋结合考虑，如果单位长度内的箍筋全截面面积比原设计的面积小，说明配料时考虑了弯起钢筋的加大。有时由于钢筋加工中的疏忽，容易忘记按照加大的弯起钢筋填写配料单，这样，在弯起钢筋不变的情况下，意味着箍筋截面不足。

（三）处理方法

（1）如果箍筋代换后出现截面不足，在骨架尚未绑扎前可增加所缺少的箍筋。

（2）如果钢筋骨架已绑扎完毕，则将绑扎好的箍筋松扣，按照设计要求重新布置箍筋的间距进行绑扎。

（四）预防措施

（1）在钢筋配料时，作横向钢筋代换后，应立即重新填写箍筋和弯起钢筋配料单，要详细说明代换的具体情况，向操作人员进行技术交底，以便正确代换。

（2）在进行钢筋骨架绑扎前，要对钢筋施工图、配料单和实物进行三对照，发现问题时及时向有关人员报告，以便采取处理措施。

第十章　钢筋工程施工方案实例

钢筋工程是建筑工程中的主要分部工程,其加工质量如何,不仅关系到建筑工程的使用功能和使用寿命,而且还关系到建筑工程的安全和造价。为确保工程的施工质量,特制定本施工方案。

本工程施工方案是按照某市建筑工程施工图纸编制的,施工方案中的相应技术要求和指标,应符合《钢筋焊接及验收规程》(JGJ 18—2003)和《混凝土结构工程施工质量验收规范》(GB 50204,2011 版)中的规定。

第一节　钢筋施工准备工作

搞好钢筋正式施工前的准备工作,是确保工程顺利进行和良好质量的基础,必须按照工程实际和有关规定切实做好。根据本工程的具体情况,施工准备工作主要包括:测量准备工作、机具准备工作、技术交底工作和其他准备工作。

一、测量准备工作

(1)为确保在施工中的测量数据准确无误,在工程正式开工之前,首先应校核平面测量控制网,如果发现有准确性或控制点发生变化,必须进行纠正并设置符合工程施工要求的测量控制网。

(2)根据已确定的平面控制网,在防水保护层上放出轴线和基础墙、柱子的位置线;每跨度内至少要设置两点并用红油漆标注。

(3)顶板混凝土浇筑完成,在安装竖向模板前,在板上应放出该层平面的控制轴线。待竖向钢筋绑扎完成后,在每层竖向筋上部标出标高控制点。

二、机具准备工作

此钢筋工程施工所需要准备的机具,主要包括剥肋滚压直螺纹机、力矩扳手、钢筋焊接机具、螺纹环规、砂轮切割机等。

(一)剥肋滚压直螺纹机

剥肋滚压直螺纹机是钢筋机械连接的机具,在钢筋加工最大的高峰期,至少要保证有 5 台这样的机械。剥肋滚压直螺纹机的型号是 GHG40。其技术参数为:加工范围为 16 ~ 40mm;滚丝头的型号为 40 型;整机的质量为 590kg。

(二)力矩扳手

力矩扳手是钢筋机械连接不可缺少的机具,也是衡量钢筋连接质量是否符合设计要求的关键机具。本工程所用力矩扳手的精度不得超过 ±5%。

(三)螺纹环规

螺纹环规是检验钢筋丝头加工质量是否符合设计要求的专用量具,也是确保钢筋连接质量的检查工具。

（四）钢筋焊接机具

钢筋焊接机具是用于钢筋接长的机具，主要由电焊机、控制箱、焊接夹具、焊剂罐等组成，焊接电流为 400~450A。

三、技术交底工作

在工程正式开工前，工程项目部的技术部必须按规定向钢筋加工人员进行整体的方案和措施方面的技术交底，讲明钢筋在施工中的质量要求、进度要求、操作要点和安全要求，这是一项不可缺少的重要工作。

为确保钢筋加工质量，要坚持经常性的技术交底工作。本工程每周二下午 1:30 利用简短时间，由班组对钢筋操作层进行方案、措施交底（包括书面和口头），并由项目部技术负责人参加。

四、其他准备工作

除以上几项必要的准备工作外，钢筋工程施工的其他准备工作很多，根据本工程的实际情况，主要包括以下几项：

（一）编制材料进场计划

编制钢筋工程在施工过程中的材料进场计划，是确保整个建筑工程顺利、按时、高质量进行的重要措施，也是确保钢筋质量和数量的主要依据。各有关材料的进场数量、品质和具体要求，由钢筋施工班负责人随着工程进度提出需求量计划，并提交书面报告。

（二）审查钢筋施工图纸

在进行钢筋工程施工前，要组织技术负责人和钢筋加工者，认真查阅钢筋施工图纸，审查的主要内容包括：钢筋与建筑图对应情况、施工方案、质量要求、施工进度及相关安全规范，做到图纸上问题提前与设计单位联系解决，以便顺利进行钢筋施工。

（三）管理人员及施工人员培训

钢筋工程质量好坏关系到整个建筑工程的安危，要确保质量必须在开工前对管理人员及施工人员进行技术培训。本工程严格要求：现场钢筋工人员必须佩戴上岗证；焊工必须有岗位资格证（有效）；参加钢筋机械接头加工人员，必须进行技术培训；所有人员均必须经考试合格后方可执证上岗，未经培训人员严禁操作设备。

第二节　钢筋主要施工方法

钢筋在施工过程中采取何种施工方法，不仅影响施工速度和加工质量，而且还影响操作人员的人身安全和健康。因此，钢筋采取正确的施工方法，是一个非常重要的技术、经济和安全问题。

一、钢筋连接及锚固要求

1. 钢筋的连接方法。不同直径和不同位置的钢筋，应采用不同的连接方法。当竖向钢筋的直径 $d \geqslant 18mm$ 时，宜采用电渣压力焊；当横向钢筋的直径 $d \geqslant 18mm$ 时，宜采用机械连接；当横向钢筋的直径 $d < 18mm$ 时，宜采用搭接连接。

2. 钢筋的锚固是指钢筋被包裹在混凝土中,目的是使两者能共同工作以承担各种应力。钢筋锚固必须符合《混凝土结构设计规范》(GB 50010—2010)的规定。

3. 钢筋搭接长度必须符合《混凝土结构设计规范》(GB 50010—2010)或按《混凝土结构工程施工质量验收规范》(GB 50204—2002,2011 版)附录 B 中的要求。

4. 纵向受拉钢筋的最小搭接长度。影响纵向受拉钢筋的最小搭接长度的主要因素有:钢筋类型和混凝土强度等级。最小搭接长度应符合表 10-1 中的规定。

表 10-1　纵向受拉钢筋的最小搭接长度

钢筋类型		混凝土强度等级			
		C15	C20 ~ C25	C30 ~ C35	≥C40
光圆钢筋	HPB235 级	45d	35d	30d	25d
带肋钢筋	HRB335 级	55d	45d	35d	30d
	HRB400 级、RRB400 级	—	55d	40d	35d

注:两根直径不同钢筋的搭接长度,以较细钢筋直径计算。

5. 当纵向受拉钢筋搭接接头面积百分率大于 25%,但不大于 50% 时,其最小搭接长度应按表 10-1 中的数值乘以系数 1.20 取用;当接头面积百分率大于 50% 时,应按表 10-1 中的数值乘以系数 1.35 取用。

6. 当钢筋符合下列条件时,纵向受拉钢筋的最小搭接长度应根据第 3 条和第 4 条确定后,按下列规定进行修正。

(1)当带肋钢筋的直径大于 25mm 时,其最小搭接长度应按相应数值乘以系数 1.10 取用;

(2)对环氧树脂涂层的带肋钢筋,其最小搭接长度应按相应数值乘以 1.25 使用;

(3)当在混凝土凝固过程中受拉钢筋易受扰动时(如滑动模板施工),其最小搭接长度应按相应数值乘以系数 1.1 取用;

(4)对末端采用机械锚固措施的带肋钢筋,其最小搭接长度可按相应数值乘以系数 0.70 取用;

(5)当带肋钢筋的混凝土保护层厚度大于搭接钢筋直径的 3 倍且配有箍筋时,其最小搭接长度可按相应数值乘以系数 0.80 取用;

(6)对有抗震设防要求的结构构件,其受拉钢筋的最小搭接长度对一、二级抗震等级应按相应数值乘以系数 1.05 采用。

(7)对三级抗震等级应按相应数值乘以系数 1.05 采用。在任何情况下,受拉钢筋的搭接长度不应小于 300mm。

根据现行国家标准《混凝土结构设计规范》(GB 50010—2010)的规定,绑扎搭接接头受力钢筋的最小长度应根据钢筋强度、外形、直径及混凝土强度等指标经计算确定,并根据钢筋搭接面积百分率等进行修正。为了方便施工及验收,给出了确定纵向受拉钢筋最小搭接长度的方法以及受拉钢筋搭接长度的最低限值。

(8)构件中的纵向受压钢筋当采用搭接连接时,应符合国家标准《混凝土结构设计规范》(GB 50010—2010)中第 8.4.4 条的规定,共受压搭接长度不应小于纵向受拉钢筋搭接长度的 0.70 倍,且不应小于 200mm。

7. 钢筋的机械连接。钢筋机械连接接头的加工,必须按照标准《钢筋机械连接技术规程》(JGJ 107)中的规定进行操作。

二、钢筋的加工要求

钢筋加工的形状、尺寸和数量必须符合设计要求:

(一)钢筋调直

采用冷拉方法进行钢筋调直,I级钢筋冷拉率为4%,由于钢筋加工区场地有限,钢筋冷拉长度为27m,冷拉后为28.08m;钢筋冷拉采用两端地锚承力,标尺测伸长,并记录每根钢筋冷拉值。

(二)钢筋弯曲

(1)钢筋弯钩或弯折:I级钢筋末端做180°弯钩,其圆弧弯曲直径为2.5d(d为钢筋直径),平直部分长度为3d;II级钢筋做90°或135°弯折时,其弯曲直径为4d。

(2)箍筋末端的弯钩:I级钢筋弯钩的弯曲直径≥受力钢筋直径或箍筋直径的2.5倍,弯钩平直长度为箍筋直径的10倍,弯钩角度45°/135°。

(三)焊接接头

(1)在钢筋正式施焊前,应认真检查焊接所用的设备、电源,使其随时处于正常状态,严禁超负荷工作;

(2)在钢筋安装之前,钢筋焊接部位和电极钳口接触的(150mm区段)钢筋表面的锈斑、油污、杂物等,应当彻底清除干净,钢筋端部若有弯折、扭曲,应予以矫直或切除,但不得锤击矫直。

(3)选择焊接参数。主要参数为:焊接电流,焊接电压和焊接通电时间(参见施工工艺标准)。焊剂应存放于干燥的库房内,防止受潮。如受潮,使用前须经250~300℃烘焙2小时,并进行记录。

(四)机械连接

1. 套筒的加工

滚压钢筋直螺纹接头所用的连接套筒,宜采用优质碳素结构钢。接头套筒采用标准型套筒。套筒与钢筋丝头加工标准,如表10-2所示。

表10-2　套筒与钢筋丝头加工标准

钢筋规格(mm)	套筒长度(mm)	螺丝距离(mm)	螺纹直径(mm)	丝头长度(mm)
20	60	2.5	20.3±0.3	标准型套筒
22	65	2.5	22.3±0.3	1/2套筒长度+2P (P为螺丝距离)
25	70	3.0	25.3±0.3	

2. 钢筋丝头加工

(1)工艺流程

钢筋端面整平→剥肋滚压螺纹→丝头质量检查→戴安全帽进行保护→丝头质量抽检→存放整齐待用。

(2)操作要点

为确保丝头的加工质量,钢筋丝头在加工中应注意以下操作要点:

① 钢筋端面平头：采用砂轮切割机平头，不允许采用气割的方式，并保证钢筋端面与母材的轴线垂直。

② 剥肋滚压螺纹：使用钢筋滚压直螺纹机，将待加工钢筋加工成直螺纹，直螺纹的加工必须符合表10-2中的规定。

③ 丝头质量检查：按照表10-2中的加工标准，对加工的丝头进行质量检验，不符合要求的丝头不能验收。

④ 戴帽保护：在丝头加工完毕经检查合格后，用专用的钢筋丝头塑料保护帽进行保护，防止螺纹损伤。

⑤ 丝头定量抽检：首先由具体操作人员进行自检，然后由项目部质检部组织抽检，不合格的产品一定另行处理。

⑥ 存放待用：将检查合格的套筒和钢筋丝头，按规格型号及类型进行分类码放。

3. 现场施工应用的注意事项

（1）钢筋接头的加工、安装质量必须符合现行国家有关标准、验收规范。

（2）套筒必须要有出厂合格证，外观质量、螺纹规格必须符合要求，采取目测、游标卡尺、螺纹塞规进行检查。

（3）钢筋原材料强度必须满足设计及规范要求，钢筋直径偏差必须在允许范围内，如有过大的下偏差，会造成剥肋后直径偏小或不圆整，易出现加工的丝头有秃牙、断牙现象，影响接头的强度。

（4）丝头加工时必须控制加工参数在允许偏差范围内，剥肋直径、滚丝头、刀环、滚压行程等必须先按钢筋直径调整准确，才可开始加工。

（5）钢筋丝头加工后，目测外观质量，并用卡尺和止、通端螺纹环规逐个检查，不合格的要剔除重新进行加工。加工之前可用同规格、同批次钢筋下脚料进行调试。

（6）对合格的丝头，及时加上保护套，以免锈蚀或碰坏。

（7）现场安装时，钢筋规格与连接套筒规格应一致，拧紧后套筒两侧外露的完整丝扣不得超过1个。

（8）安装的接头由现场监理见证取样，复试接头的强度性能。

4. 核对成品钢筋和确定保护层

核对成品钢筋的钢号、直径、形状、尺寸和数量，是否与料单料牌相符；如有错漏，应纠正增补。所有钢筋保护层均采用塑料卡具来保证（保护层尺寸如表10-3所示）：

表10-3　钢筋保护层厚度

部　　　位	保护层厚度（mm）	部　　　位	保护层厚度（mm）
底板、基础梁和外墙的迎水面	40	外墙的非迎水面	15
底板、基础梁的非迎水面	35	柱子	25

5. 钢筋摆放位置线的标定

在防水保护层上放出轴线、基础梁和墙柱、门洞位置线，并标出底板钢筋以及墙柱插筋位置线，每根底板钢筋位置线至少用两个粉笔点来标识，墙柱插筋在插入部分的底和顶用红漆标点标识。底板及基础梁上筋绑扎完以后，在其上（用红漆标点标识）标注出柱、墙、门洞的位置线。基础梁的箍筋摆放线在对角主筋上标出。

板筋、梁主筋摆放线(位置线与标高线)分别在每层顶板模板四周和梁的底模板端部标出。柱梁箍筋摆放线在对角主筋上标出。

(五)钢筋绑扎及安装

1. 底板、基础梁钢筋绑扎及安装

底板、基础梁钢筋绑扎及安装的工艺流程为:防水保护层上放线→基础标高放线→搭设梁脚手架→南北向梁上放置钢筋、绑扎→东西向梁上放置钢筋、绑扎→放南北向梁箍筋→放置三道柱子箍筋→东西向板梁钢筋下放置钢筋、绑扎→南北向板梁下放置钢筋、绑扎→放置底板、基础梁的混凝土垫块→拆除基础梁脚手架→调整基础梁的位置→墙和柱子的插筋放线→放置墙柱插筋→临时加以固定→放置三道墙体的水平筋→底板上贴标高放线→放置定位用的高凳→南北向底板上钢筋放置、绑扎→东西向底板上钢筋放置、绑扎→调整、固定墙和柱子的插筋。

(1)底板、基础梁钢筋排列顺序为:东西向筋上铁在上,下铁在下;南北向钢筋在东西向钢筋中间;若基础梁上下铁不只一排,东西向钢筋与南北向钢筋交错布置;

(2)在进行底板钢筋排列时,钢筋弯钩的朝向应正确,下排的弯钩应朝上,上排的弯钩均应朝下。

(3)钢筋网的绑扎:所有钢筋交错点均应绑扎,而且必须绑扎牢固;同一水平直线上相邻绑扎成"八"字形,朝向混凝土的内部,同一直线上相邻的绑扎扣露头部分朝向应正反交错进行。

(4)箍筋接头(弯钩叠合处)沿受力方向错开布置,箍筋转角与受力筋交叉点均应扎牢,绑扎箍筋时绑扎扣相互间应成"八"字形。

2. 柱子钢筋的绑扎及安装

搭设柱子钢筋施工的脚手架→套上柱子的箍筋→进行柱子钢筋焊接→柱子钢筋绑扎。

(1)搭设施工脚手架:柱子钢筋施工脚手架采用无缝钢管进行搭设,操作面四周铺设跳板,并挂上安全网。

(2)套上柱子的箍筋:按设计图纸要求间距,计算好每根柱子所需箍筋数量,先将箍筋套在下层伸出的钢筋上,然后焊接、定位。

(3)确定柱子箍筋间距:在立好的柱子竖向钢筋上,柱子角钢筋与箍筋间用双向扣交错绑牢,绑扎扣相互间成"八"字形。

(4)柱子钢筋绑扎与连接:箍筋的接头(弯钩叠合处)应交错布置在四角纵向钢筋上,柱角钢筋与箍筋间应采用双向扣交错并绑牢,绑扎扣应相互成"八"字形,箍筋与柱子的主筋应垂直。

(5)上层柱子凸出楼面的部分,用柱子箍筋将其固定。

(6)柱子钢筋的保护层厚度应符合设计及规范要求。

3. 剪力墙钢筋的绑扎及安装

(1)工艺流程:剪力墙钢筋的绑扎及安装的工艺流程为:首先立2~4根竖向钢筋→画水平钢筋的间距→绑牢定位横向钢筋→绑牢其余的横向和竖向钢筋。

(2)立2~4根竖向钢筋:将竖向钢筋与下层伸出的搭接钢筋绑扎,在竖向钢筋上画好水平筋分档的标志,在下部及齐胸处绑两根横向钢筋进行定位,并在横向钢筋上画好竖向钢筋分档标志,接着绑其余竖向钢筋,最后再绑其余横向钢筋。横向钢筋和竖向钢筋里外布置应符合设计要求。

（3）钢筋绑扎的搭接长度要符合设计要求,当设计中无具体要求时,应按现行的施工规范中的规定操作。

（4）剪力墙的钢筋应逐点进行绑扎,双排钢筋之间应按设计要求绑扎拉筋,钢筋的外皮采用塑料卡垫块。

（5）剪力墙的水平钢筋在两端头、转角、十字节点、连系梁等部位的锚固长度及洞口周围加固筋等,均应当符合设计的要求。

（6）混凝土浇筑时应设专人负责钢筋,防止钢筋因混凝土浇筑而产生过位移,混凝土浇筑完毕后应再次进行调整,以保证钢筋位置的正确。

4. 梁、板钢筋绑扎与安装

梁钢筋绑扎采用模板内绑扎,其工艺流程为:画主次梁箍筋间距→放主次梁箍筋→穿主梁底层纵向钢筋及弯起钢筋→穿入次梁底层纵向钢筋并与箍筋固定在一起→穿入主梁上层纵向钢筋→按箍筋间距进行绑扎→穿入次梁上层纵向钢筋→按箍筋的间距进行绑扎。

板筋绑扎的工艺流程为:清理模板内杂物→在模板上画线确定钢筋位置→绑扎板下部的受拉钢筋→绑扎负弯矩筋。

楼板钢筋的保护层为净保护层,钢筋网由受拉钢筋和分布钢筋组成,受拉钢筋设置在下部,分布钢筋设置在上部。

在梁、板钢筋绑扎与安装的过程中,应注意以下操作要点:

（1）梁、板钢筋的上层弯钩朝下,下层弯钩朝上,板主梁、次梁交叉处,板的钢筋在上部,次梁的钢筋在中间,主梁的钢筋在下部。相同箍筋接头交错布置在两根纵向架立筋上。纵向受力筋为多层时,层间应垫钢筋头,保证其间距。

（2）梁纵向受力筋:上层钢筋的净间距应大于等于30mm或1.1d（d为最大钢筋直径）,下层钢筋的净间距应大于等于2.5mm或1.0d;下部纵向钢筋配置大于等于两层的,钢筋水平方向中距比下面两层中距增大一倍。

（3）梁的下部钢筋不得在跨度之中1/3范围搭接或连接,上部钢筋不应在支座1/3范围搭接。

（4）板中的钢筋应当从距离墙体或梁的边缘5cm处开始配置。

（5）板的下部钢筋不得在跨度之中1/3范围搭接或连接,上部钢筋不应在支座1/3范围连接。

（6）箍筋:从距离墙体或梁的边缘5cm处开始配置;箍筋的间距及肢数应符合设计图纸中的规定。

（7）所有的钢筋在绑扎及安装时,还应满足设计图纸及相关规范要求。

5. 钢筋接头的机械连接工艺

（1）工艺流程

钢筋接头的机械连接工艺流程为:钢筋就位→拧下钢筋保护帽→接头拧紧→做好标记→施工检验。

（2）操作要点

① 钢筋就位:将丝头检验合格的钢筋（规格正确、丝扣干净、完好无损）搬运到待连接处,准备进行连接。

② 接头拧紧:接头的连接用力矩扳手进行施工,将两个钢筋丝头在套筒中间位置相互顶紧,接头拧紧所用力矩应符合表10-4中的规定,力矩扳手精度 ±5% 。

表10-4 钢筋拧紧所需力矩

钢筋直径(mm)	20~22	25	28
拧紧力矩(N·m)	200	250	280

(3)做好标记:经拧紧后的滚压直螺纹接头应做标记,与尚未拧紧的钢筋接头加以区分,单边外露丝扣长度不应超过2个丝扣。

(4)施工检验:对施工完的钢筋接头进行现场取样检验。检验应按照《钢筋机械连接技术规程》(JGJ 107)中的规定进行。

第三节 钢筋质量保证措施

工程项目是建筑施工企业的施工对象。在实施 ISO 9001 标准中,把质量管理和质量保证体系落实到工程上。为了确保钢筋混凝土工程结构的施工质量,必须切实加强项目的质量管理,在工程质量保证措施方面应做到以下几点:

一、明确工程项目职责

(1)实行严格的工程质量责任制,项目经理是工程质量的第一责任者,应对质量方针和目标的制定和实施负责。

(2)项目领导班子的质量管理职能,是负责工程项目质量目标的制定,并制订质量计划,保证工程项目施工的全体人员和各工作部门都理解并坚持贯彻执行。

(3)宣传、学习、贯彻、执行各项质量管理条例是项目质量工作的头等大事。项目经理要带头学习,对各项质量管理条例内容要全面理解,吃透精神,并在实际工作中运用。牢固树立起"质量第一"和"为用户服务"的思想。坚定走质量效益型道路,明确以质量为中心、以效益为目的的管理要求。

(4)建立实施质量体系所必需的组织机构责任、程序、过程和资源的健全和完善,促进质量体系的有效运转。项目认真宣传、学习、贯彻、执行公司的质量体系文件,深刻领会公司的质量含义,运用全面质量管理的思想和方法。

(5)对施工现场的质量管理职能进行合理分配,尤其应注意加强质量成本、材料质量、质量检验、安全生产、施工进度等各职能的协调和管理。

二、施工技术保证措施

(1)加强技术管理,认真贯彻各项技术管理制度。开工前要落实各级人员岗位责任制,做好技术交底。施工中要认真检查执行情况,开展全面质量管理活动。做好隐蔽工程记录,施工结束后,认真进行工程质量检验和评定,做好技术档案管理工作。

(2)做好文件与资料的控制工作,由专人负责管理工程所需的各种文件和资料,保证使用资料的有效性。

(3)对与工程质量有关的质量记录由项目部设专人统一进行管理,以保持质量记录的系统性和可控性,质量记录除文字资料外,对重点部分用声像资料、照片予以保存存档,实现可追溯性。

(4)本项目部严格按 GB/T 19001—ISO9001 质量体系文件要求以及公司质量手册、程序文件进行质量控制,对项目部质量体系进行定期检查,确保质量体系的有效运行,保证工程质量。

(5)做好培训工作,对项目部各岗位的各类管理人员、技术人员和操作人员进行培训,项目经理、技术员、质检员、材料取样员、安全员、特殊工种人员必须持证上岗,以保证员工素质,从而保证工程质量。

三、施工物资保证措施

(1)必须做好采购工作的控制,对采购的材料、设备、成品、半成品应在合格的供方中进行选择。

(2)选择具备承担与工程范围相符并具有相应资质等级的合格承包方,承包方必须有相应的物资保证措施。

(3)对采购的材料、物资、成品、半成品和成品进行标识和记录,防止材料混用和使用不合格材料,也不允许不合格品进入下道工序。

四、施工过程保证措施

(1)要认真做好施工过程中的质量控制,严格按照现行的规范和标准进行施工,特别是关键过程和特殊过程要进行严格的控制。

(2)对于钢筋施工设备要进行全过程安全管理,以便满足施工生产的需要,保证特殊过程连续施工,这样才能保证钢筋的施工质量。

(3)对材料、构配件、半成品及成品,要按照有关规定进行检验和试验,防止使用未经检验和试验或检验试验不合格的采购产品,避免不合格的半成品转入下一道工序,验证最终产品应符合现行规范中的要求。

(4)对钢筋施工全过程使用的检验、测量和试验设备进行周期检定、校准和维护,确保检验和试验结果符合规定要求的精度,满足施工生产需要,使产品满足规定要求,得到可靠的证实,保证施工质量。

五、预防不合格品出现的保证措施

(1)做好不合格品的控制。对已确定不合格的材料、施工半成品及最终产品,要按规定进行标识、评审和处置,以保证钢筋的施工质量。

(2)对钢筋工程中已出现和潜在的不合格原因进行认真分析,正确应用数理统计技术和方法,采取正确的纠正和预防措施,从根本上消除产生不合格的因素,保证工程质量满足规定要求。

六、物资搬运与交付保证措施

(1)对进场物资(包括钢筋等)进行合理搬运和贮存,认真实施企业具体的搬运作业指导书,以确保合格品的供应,满足施工质量的要求。

（2）在建筑安装产品（包括钢筋等）形成和最终交付过程中,实施有效的防护和保管措施,确保交付给用户满足合同要求的建筑安装产品。

七、质量教育和交底保证措施

向各级生产人员明确分部、分项工程的质量等级,在每项工程开工前,进行质量标准交底和检查方法教育,做到管理人员、操作人员人人监督质量,各班组成员要自检、互检本工种质量,全体施工人员同心协力,从各工序各分项工程入手,坚持质量第一,狠抓严管,确保质量目标的实现。

八、样板工程的保证措施

对主要分部、分项工程（包括钢筋等）都要设计样板产品,使产品质量表现的直观,工人所创造的各部件也就有了更明显的要求和比照。如装饰设样板间,砌筑时设计样板施工段,各分部、分项工程在大面积施工前,都要以样板活开路,并以样板为最低标准,如此抓下去以保证工程质量。

九、奖罚分明的保证措施

（1）保证资金正常供应,奖励施工质量优秀的有功者,惩罚施工质量低劣的操作者,确保施工安全和施工资源正常供应。

（2）建立健全工程质量奖罚制度,对于工程创优的班组和个人,应按照本企业的规定进行精神鼓励和适当的物质奖励。

（3）全面履行工程承包合同,及时协调分包单位施工质量,严格控制施工质量,热情接受建设监理的建议和要求。对于提前完工、质量优良的分包单位,应根据情况给以必要的奖励。

（4）对交付用户的建安产品提供回访、保修服务,进行施工质量跟踪,解决存在的质量问题,满足用户的合理要求,使公司不断改进质量管理工作。

第四节 钢筋质量管理措施

"靠质量树信誉,靠信誉拓市场,靠市场增效益,靠效益求发展",这一企业生存和发展的生命链,已被国内外众多的施工企业所认识。对于建筑施工企业来说,在激烈竞争的市场角逐中认识更加深刻。把质量视为企业的生命,把名优工程作为市场竞争的法宝,把质量管理作为企业管理的重中之重,已被多数建筑企业的经营管理者们所认同,"内抓现场质量领先,外抓市场名优取胜",走质量效益型道路的经营战略已被广泛采用。

建筑市场的竞争已转化为工程质量的竞争。而工程质量形成于施工项目,是企业形象的窗口。因此,抓工程质量必须从施工项目抓起。项目质量管理是企业质量管理的基础,也是企业深化管理的一项重要内容。

为确保工程符合设计要求,在钢筋工程施工过程中,应按照以下质量管理的具体措施进行管理。

一、明确工程质量管理目标

（一）钢筋工程的具体质量目标

根据工程实际情况和设计要求，本工程质量一次验收优良率 100%，不允许出现不合格工程，坚决杜绝不合格项目。钢筋工程的质量评定等级应达到优良，以确保单位工程质量达到国家建安工程质量检验评定标准中的优良标准。不论是施工单位的自检，还是业主监理的中检、抽检、终检，都要达到 100% 的优良率，以取得良好的信誉。

（二）质量控制机构和创优规划

（1）为确保工程实现质量目标，成立质量管理领导小组。质量管理领导小组是整个工程质量管理的最高领导机构，由项目经理、总工程师、质检办主任、实验室主任、工程办公室主任组成，制定整个合同段工程质量创优规划、方针、措施。质检办和试验室专职抓现场质量管理。项目经理部所属各施工班组根据自己的创优任务，拟定分项实施计划，责任到人，严格要求，实施全员全过程质量控制。

（2）为达到该质量标准，在整个施工过程中我们始终都要把质量管理放在首位，要求每一道工序、每一个部位都必须是上道工序为下道工序提供精品，把质量责任分解到各个岗位、各个环节、各个工种，做到凡事有章可循，凡事有据可查，凡事有人负责，凡事有人监督，通过全方位、全过程的质量动态管理来保证实实在在的高质量。

（3）本工程应当按照现行的国家标准《建筑工程施工质量验收统一标准》（GB 50300—2001）中的要求和施工技术规范进行质量检验评定，以确保钢筋工程质量达到优良的标准。

（4）在"质量第一"方针的指导下，在工程具体实施中，本工程中的钢筋施工将运用先进的技术、科学的管理、严谨的作风、精心的组织、精心的施工，以有竞争力的优质产品满足业主的愿望和要求。

（5）通过第三方认证 GB/T101001—ISO9001 质量保证体系，广泛开展质量职能分析和健全企业质量保证体系，大力推行"一案三工序"管理措施，即"质量保证方案、监督上工序、保证本工序、服务下工序"和"TQC"质量管理活动。

（6）强化质量检测与质量验收专业系统，全面推行标准化管理，健全质量管理基础工作，确保工程施工质量。

（三）强化质量意识，健全规章制度

1. 建立施工组织设计审批制度

（1）为确保工程顺利进行和工程施工质量，在正式施工前必须编制切实可行的施工组织设计，施工组织设计必须有项目经理、项目工程师、监理工程师等的签字。

（2）施工组织设计必须在工程实施前 15 天报监理工程师和总公司工程技术部，由工程技术部主任工程师审批。

（3）施工组织设计必须经各级审批并最后由监理工程师审批后，并且按审批意见进行修改完善，方可进行施工。

2. 编制技术复核计划

（1）为进一步核对工程施工组织设计的可靠性，应在施工组织设计中编制技术复核计划，明确复核内容、部位、复核人员及复核方法。

（2）技术复核的结果应填写《分部分项工程技术复核记录》，作为施工技术资料归入技术档案。

（3）凡分项工程的施工结果被后一道施工所覆盖，均应进行隐蔽工程验收。隐蔽工程验收的结果必须填写《隐蔽工程验收记录》。

3. 技术、质量交底制度

技术、质量的交底工作是施工过程基础管理中一项不可缺少的重要工作内容，交底必须采用书面签证确认形式，具体可分为以下几方面：

（1）项目经理必须组织项目部全体人员对施工图纸进行认真学习，并同设计代表联系进行设计交底。

（2）施工组织设计编制完毕并送业主和总监理工程师审批确认后，由项目经理牵头，项目工程师组织全体人员认真学习施工方案，并进行技术、质量、安全书面交底，列出关键分部工程和施工要点。

（3）本着"谁负责施工，谁负责质量、安全工作"的原则，各分项工程负责人在安排施工任务同时，必须对施工班组进行书面技术质量、安全交底，必须做到交底不明确不上岗，不签证不上岗。

4. 分部、分项质量评定制度

（1）在分项工程（包括钢筋工程）施工过程中，各分管负责人必须督促班组做好自检工作，确保当天问题当天整改完毕。

（2）分项工程（包括钢筋工程）施工完毕后，各分管负责人必须及时组织班组进行分项工程质量评定工作，并填写分项工程质量评定表交给施工队长确认，最终评定由项目经理部的质检部专职质量检查员进行鉴定。

（3）项目经理部每月组织一次施工段之间的质量互检，并进行质量讲评。

（4）质量检查部对每个项目进行不定期抽样检查，发现问题以书面形式发出限期整改指令单，项目施工队负责在指定期限内将整改情况以书面形式反馈到质量检查部。

5. 施工现场材料质量管理

（1）严格控制外加工、采购材料的质量。各种地方材料、外购材料（包括钢材）到现场后，必须由质量检查部和材料部门的有关人员进行抽样检查，发现问题立即与供货商联系，不合格的产品坚决退货。

（2）搞好原材料二次复试取样、送样工作。如水泥必须取样进行物理试验，有效期超过三个月的水泥必须重新取样进行物理试验，合格后方可使用；如对重要结构所用的钢筋，应对其化学成分进行复检。

6. 计量器具的管理措施

（1）为确保工程施工中所用计量器具的准确度和精度，工程管理部和中心试验室负责所有计量器材的鉴定、督促及管理工作。

（2）现场计量管理器具必须确定专人保管、专人使用。他人不得随意动用，以免造成人为的损坏。

（3）损坏的计量器具必须及时申报修理或调换，不得带病工作。

（4）施工中所用的计量器具要按规定定期进行校对、鉴定；严禁使用未经核对的计量器具。

7. 工程质量奖罚措施

（1）工程质量遵照"谁施工、谁负责"的原则，质量管理部门应对各班组进行全面质量管理和追踪管理。

（2）凡各班组在施工过程中违反操作规程，不按图纸进行施工，屡教不改或发生质量问题，项目部有权对其进行处罚，处罚形式为整改停工、罚款直至赶出本工地。

（3）凡各班组在施工过程中，按照图纸施工、质量优良且达到优质，项目部应对其进行奖励，奖励形式有口头表扬、通报表扬、年终表彰、颁发奖金等。

（4）项目部在实施奖罚时，以平常检查、抽查、业主大检查、监理工程师评价等形式作为依据。

二、建立工程质量检查制度

为确保工程中各分项工程的质量，在施工过程中必须建立质量检查制度。根据本工程的实际情况，施工企业的工程质量检查制度主要包括：首次检验、质量自检、质量专检、工序检查、竣工自检等。

1. 首次检验

首次检验是指某一分项工程的一道工序或每一个结构类型第一次施工操作的工程产品质量的检查验收，并应对施工进行技术总结，将总结报告上报项目经理部，由项目经理部审批后，上报驻地监理工程师，得到驻地监理工程师同意后，方能进行正式施工。

2. 质量自检

质量自检是指分项工程工序施工过程和完成后对该项目工程产品的检查，这是确保工程质量的关键管理措施。必须强化施工过程中的自检力度，发现问题及时处理，避免"死后验尸"的情况出现，将问题彻底解决在施工的过程中。

3. 质量专检

项目经理部应设立专门的质量管理部，配备专人、专车、专用设备，进行工程质量的监督和检查。各施工单位应设立质量管理科或专职质量检查员，组织人员对工程质量进行专项检查、评分，并由项目经理部最终确认。

4. 工序检查

工序检查是指各工序之间的交接检查。由施工单位技术负责人、质量管理科有关人员或专职质量检查员组织，由交接工序作业负责人、质量检查员参加，对已完工程的产品质量检查验收，质量达到标准要求的工序，填写工序交接单，完备交接手续，达不到质量标准要求的工序不能交接，必须采取措施进行处理。

5. 竣工自检

（1）根据工程的施工进度，及时成立工程质量自检领导小组，质量自检领导小组由公司经理、总监理工程师、质检科、工程科及项目经理部有关人员组成，对工程的内业和外业质量进行综合检查评定。

（2）工程质量自检领导小组，由施工单位技术负责人、工程办公室和质量检查办公室有关人员或专职质量检查员组成，对工程质量进行全面检验。

（3）根据工程质量的检查结果，对分部工程、单位工程、工程项目进行质量评定并编制工程竣工自检报告，上报有关部门待最后检验。

6. 保质期内的质量管理

公司将安排人员对保质期内的工程项目进行定期检查，发现问题及时解决，并按合同要求实施工程质量保证服务，以满足建设单位及用户对工程质量的要求。

三、建立内部质量监督体系

在工程施工的过程中,各工序应设立质量检查员,成立质量管理、监督小组,建立各工序质量管理点,控制工序质量进行质量预防。由项目总监理工程师和质量检查办公室主任主管质量检查,主抓试验室、测量组、测量员、实验员跟班作业,提前进行控制和监督质量,对施工原始记录、试验报告、施工工序交接进行检查、验收、评比。

第五节　钢筋安全消防措施

为确保钢筋工程在施工中的安全,要特别注意操作时的安全和消防工作。在本工程的施工过程中,应采取如下技术措施。

一、钢筋工程施工安全措施

(1)对钢筋工程中操作施工机具的所有人员,必须进行技术培训和技术安全交底,国家规定的关键岗位必须做到持证上岗操作。

(2)在钢筋切断和弯曲加工前,应当先对钢筋调直然后再加工,切口端面宜与钢筋轴线垂直,端头弯曲、马蹄严重的应将其切除,但严禁采取气割的方式。

(3)在进行钢筋丝头加工时,应当采用水溶性切削液,严禁用机油切削或不加切削液进行加工。

(4)为了保证钢筋丝头加工长度,必须使用挡铁板进行限位,挡铁板在使用时必须将钢筋紧贴挡铁板,撤下挡铁板后将钢筋夹紧。

(5)钢筋在进行焊接时,必须将钢筋的端部确实夹紧,正对钢筋处严禁站人,以防止钢筋滑脱后伤人。

(6)在钢筋进行冷拉处理或拉伸加工时,卷扬机前必须设置防护栏,以防止钢筋拉断而反弹伤人。

(7)各种加工的电气设备必须有地线连接,设备电源必须有漏电保护装置,设备维修必须由专职人员进行,不得私自进行维修。

(8)钢筋在吊装运输的过程中,应与塔式起重机的司机统一信号,做到起、落、转、停一致,严禁违章指挥。

(9)凡是2m以上高空作业,必须搭设操作平台和安全设施,施工人员应系好安全带、戴上安全帽。

(10)所有操作及使用相关设备,必须符合现行的相关安全规范、规程和标准,不得出现违章作业的现象。

(11)钢筋工程施工现场应成立消防领导小组,消防安全员每日两次对施工现场进行巡检,发现隐患及时处理。

(12)钢筋工程施工现场设置,应当按国家的规定设置消防设备,消火栓、铁锹、水桶、钩子、斧子等必须配备充足。

(13)钢筋工程施工现场实行用火审批制度,现场用火必须经消防负责人批准,指定用火监护人,制定防火具体措施,方可进行施工;

（14）在钢筋工程施工现场应设置吸烟室，不得在吸烟室以外吸烟，否则项目部有权对其进行处罚。

二、消防工作的基本要求

（一）消防工作的一般规定

在建筑工程的施工过程中，为确保消防工作方面的安全，包括钢筋工程在内的所用工程应遵照以下规定：

（1）在重点工程和高层建筑施工之前，应编制防火技术措施并履行报批手续，一般工程应有防火技术方案。

（2）钢筋的储存、焊接、加工、制作和安装现场，应按照有关规定配置消防器材、设施和用品，并建立消防组织。

（3）在施工现场要根据实际情况，明确划定用火区域和禁火区域，决不允许在禁火区域内用火，特别是不允许在禁火区域内进行钢筋的焊接。

（4）在工程施工中用火作业必须履行审批制度，凡动火的操作人员必须持证上岗，并设有专人对用火工作进行监护。

（5）定期进行防火检查，以便及早发现问题，及时消除火灾隐患。

（二）消防器材的日常管理

（1）工地所用的消防梯应放在规定的地点，不得用作其他地方，并要保持其完整、完好。

（2）施工现场消防水枪应经常进行检查，保持开关灵活、喷嘴畅通、附件齐全、无锈蚀现象。

（3）消防用的水带收藏时，应按要求单层卷起来，竖着放在架上，并要经常进行检查和试用。

（4）各种管道的接口应接装灵便、松紧适度、无泄漏，使用时要按规定方法操作，不得摔压。

（5）消火栓按室内、室外的不同要求定期进行检查和及时加注润滑油，消火栓应经常清理，冬季采用防冻措施。

（三）24m 以上建筑施工防火

（1）当钢筋焊接作业在 24m 以上进行时，应当设置具有足够扬程的高压水泵和其他消防设施。

（2）根据钢筋工程施工的具体情况，增设必要的临时水箱，以保证有足够的消防水源。

（3）为确保钢筋施工中的消防安全，应设置专职消防监护员，巡回进行检查，以便发现问题，及时进行处理。

（4）为确保钢筋施工中的消防安全，在现场配备必要的报警装置，及时报告火情。

第六节　钢筋文明施工及节约措施

创建文明工地、推行文明施工和文明作业是确保安全生产、树立企业良好形象的基础性工作。实践证明，安全得文明，文明导致安全。现在的许多施工企业都已认识到，必须把创建文明工地，推行文明施工和文明作业为确保施工生产安全、树立企业良好形象的重大基础性工作来抓。创建文明工地、推行文明施工和文明作业,不仅是管理性很强的工作,而且也是技术性很强的工作,同时,它还要求职工具有相应的安全文明生产素质作为其基础,因此,它包括了管理、技术和职工素质培养等三方面工作的建设与发展,而安全文明施工技术是它的重要组成部分。

一、创建文明工地的标准管理规定

(1)钢筋工程要健全和完善各类安全管理制度,强化安全管理软件资料工作。主要包括:安全责任制、安全教育、施工组织设计、分部(项)工程安全技术交底、特殊作业持证上岗、安全检查、班前安全活动、遵章守纪、工伤事故处理、施工现场与安全标志,外包制与外包工管理、有关合同和协议。

(2)"三安"使用和四口临边防护设施必须达标。主要包括:安全帽、安全网和安全带使用;楼梯口、电梯口、预留洞口、坑井、通道口防护和阳台、楼层、屋面的临边防护。

(3)钢筋绑扎及安装用的脚手架设施,必须达到检查标准并有验收使用手续。包括外脚手架、爬架、挂脚手架、挑脚手架、吊脚手架等,每周检查一次,及时整改,治理隐患。

(4)钢筋加工和安装施工中临时用电要达标,要推行"三相五线制",设专业人员管理,对建筑工程与高压线的距离、支线架设、现场照明、变配电装置、熔丝、低压干线架设等必须达到部颁标准

(5)吊运钢筋用的井字架及龙门架验收合格并挂牌使用。验收时要求安全装置灵敏、可靠,保险标牌信号醒目,架体稳固,井架安全防护、卷扬机、吊索绳卡符合规范。

(6)钢筋施工中所用的大型施工机械达标和安全使用。塔式起重机、各类吊装机械和人货两用电梯等,必须达到部颁的标准,经验收合格挂牌后方可使用,其驾驶员、指挥员持有效证上岗,每天有运行记录;塔式起重机的"三保险"、"五限位"齐全、灵敏可靠,其他各项符合规定;人货两用电梯的保险限位齐全有效,其他方面均符合有关规定。

(7)钢筋工程施工的中小型机械完好和安全使用,保持完好状态,传动和刀口防护和接地达标,操作人员应持有效合格证件上岗。

(8)钢筋施工要实施有力的安全监控,有具体的安全监护实施计划,实施楼层安全监控的具体做法,楼层安全监控人员持证上岗,施工现场所有人员必须佩戴胸卡。

二、施工文明与安全文明施工技术

(1)创文明工地就是创安全工地,施工的文明将带来施工的安全。创文明工地的目的是树立文明形象、确保生产安全。在上述文明工地标准管理规定中,绝大多数的规定都与确保职工的安全与健康有关,它们几乎概括了安全生产方方面面的管理要求。因此,创文明工地就是创安全工地,以施工的文明来缔造施工的安全。

(2)安全与文明密不可分,它们共处于一体之中,组成了安全文明的共体。尽管上述规定将安全类的条款与文明类的条款分别列出,但安全条款中有文明要求,而文明条款中又有安全要求。实际上,它们之间密不可分,共处于一体之中,成为了安全文明的共同体。因此,我们对于安全和文明及其关系必须有这样的认识。

(3)施工文明的含义,人类文明是文化发展水平的体现,社会文明是社会文化发展水平的体现,而施工文明也是施工文化发展水平的体现。施工文化的发展水平体现于职工文化

与施工科学技术的发展水平之中。

(4)安全文明施工技术是施工文明重要的组成部分。由于安全文明施工技术是施工科学技术的集中体现,因此,它是施工文明重要的组成部分。

(5)安全文明施工技术的任务和内容组成。安全文明施工技术的任务是缔造施工生产的安全文明状态和规范施工生产作业的安全文明行为。施工生产的安全文明状态包括创造安全文明施工场所和采用安全文明施工的工艺和技术两个大的方面,而施工生产的安全文明行为即进行安全文明作业和操作。这两个大的方面的技术及其各个分支,就构成了安全文明施工技术的体系,鉴于建筑施工安全技术保证体系的组成环节之间存在着密切的内在联系,而安全文明施工技术又是其中的基础性环节,因此,它的项目不可避免地会与其他几个环节项目有某种程度的交叉情况存在。

第七节　钢筋施工环境保护措施

建筑施工活动是人类对自然资源、环境影响最大的活动之一,不但会对周边的环境造成较大影响,而且还将制造出较多的建筑垃圾。对于钢筋工程,在施工过程中不仅会产生刺耳的噪声,而且还会出现光污染、废渣污染和其他污染。因此,对钢筋工程如何做到资源有效利用,节能环保地进行施工,这是新时期对钢筋工程施工的要求,由此"绿色施工"的概念也就应运而生。所谓绿色施工,就是针对影响工程施工的"人、机、料、环、法"进行优化,尽量减小建筑施工过程对周边环境的影响,做到环保施工。

一、"绿色施工"的基本要求

对于建筑工程"绿色施工"的基本要求,主要包括人员管理、施工机具、施工材料、施工环境、施工方法和技术措施等方面。

(一)人员管理方面的要求

在人员管理方面,应当加强施工企业的自身建设,使企业整体管理水平不断提高,不断趋于科学合理,并加强企业管理人员的培训,提高他们的综合素质和环境保护意识。制定有效的现场管理措施,如选用节能型的钢筋加工机具;在钢筋停止焊接和加工时,立即关掉电源;对于焊剂和焊条等材料应尽量回收利用;在钢筋下料和焊接时要通过计算,以充分利用和科学利用钢材;在钢筋加工中要加强质量管理,力争不出现不合格品。

总之,在钢筋施工的过程中,要把绿色环保管理与全面质量管理和安全管理等过程有机地结合起来,做到既注重工程质量与安全,又重视工程绿色环保,实现工程质量和绿色施工两不误。

(二)施工机具方面的要求

在钢筋的施工机具方面,应重视设备的选择、检查和放置位置。在钢筋工程的施工过程中,大部分的噪声污染都是由钢筋加工机具产生的,如钢筋切断机、钢筋弯曲机、钢筋电焊机等。选择科技含量高的环保钢筋施工机具,不但能够提高生产效率,保证钢筋加工质量,而且能减小产生的噪声污染。如在钢筋弯曲加工时,对箍筋可选用数控弯箍机,不仅生产效率很高,而且弯曲精度高和作业响声较小。

在总平面图布置的选择上,应当将产生较大噪声和其他污染的钢筋加工设备,尽量布置在远离临时生活区和周边的住宅,以免给周边居民带来不良的影响,给工程施工造成不必要的麻烦。

(三)施工材料方面的要求

在施工材料的选择上,应多采用节能环保的材料。如在高层钢筋混凝土工程中,尽量选用高强度钢筋,这样可节省钢筋的用量,降低工程投资;在一些结构构件中,尽量选用预应力混凝土,这样可大大降低结构的自重。

对于主体混凝土结构,可以采用高强、高性能的材料,如绿色高性能混凝土,减少水泥和混凝土的用量,利用大量工业废渣(如粉煤灰、旧砖),减少固体废弃物污染,还可以采用商品混凝土,减少水泥浪费和粉尘污染。

(四)施工环境方面的要求

在建筑工程(包括钢筋工程)的施工现场,主要的污染源包括:噪声、扬尘、污水和其他建筑垃圾。根据本工程所处位置来看,从保护周边环境的角度来说,就应该尽量减少这些污染源的产生。

(1)在控制施工噪声方面,除了从机具选择和施工方法上考虑外,还应使用隔声屏障、使用机械隔声罩等,确保外界噪声等效声级达到环保相关要求;所有施工机械、运输车辆必须定期保养维修,并在闲置时及时关机,以免发出空转的噪声。

(2)对于施工中扬尘的控制,可以在施工现场采用设置围挡,覆盖易生尘埃物料;洒水降尘,场内道路硬化,垃圾封闭;使用清洁燃料等,如使用石油气、煤气等清洁能源;施工车辆出入施工现场,必须采取措施防止泥土带出现场。同时,施工过程堆放的渣土必须有防尘措施并及时清运,工程竣工后要及时清理和平整场地。

(3)施工现场产生的污水主要包括雨水、污水(又分为生活和施工污水)两类。在施工过程中产生的大量污水,如果没有经过适当处理就直接排放,便会污染周边环境,直接或间接地危害水中生物,严重的还会造成大面积中毒。因此,正确的设置污水处理装置,能有效地减小施工过程对周边水体的污染。

生活污水(如工地厕所的污水)应配置三级无害化化粪池,并接工程所在地市政污水处理设施;或使用移动式厕所,由相关公司进行处理。工地厨房的污水有大量的动植物油,须先除去才可排放,否则将使水体中的生化需氧量增加,从而使水体发生富营养化作用,这对水生物将产生极大的负面影响,而动植物油凝固并混合其他固体污物更会对公共排水系统造成阻塞和破坏。一般工地厨房污水可使用三级隔油池隔除油脂。当污水注入隔油池时,水流速度减慢,让污水里较轻的固体及液体油脂和其他较轻废物浮在污水上层并被阻隔停留在隔油池里,而污水则由隔板底部排出。

建筑工程污水包括地下水、施工用水等污水,污水中含有大量泥沙和悬浮物。一般地可采用三级沉降池进行自然沉降,污水自然排放,大量淤泥由人工清除可以取得一定的效果。也可以采用当今西方国家普遍使用的沉淀剂和酸碱中和配合处理工地的污水。

(4)对于建筑垃圾的处理,尽可能防止和减少垃圾的产生;对产生的垃圾应尽可能通过回收和资源化利用,减少垃圾处理处置;对垃圾的流向进行有效控制,严禁垃圾无序倾倒,防止二次污染。这样,才能实现建筑垃圾的减量化、资源化和无害化目标。

(五)施工方法方面的要求

在施工方法的选择上,对于钢筋工程应根据其他工程的情况,合理地安排各类钢筋的加工进度,并尽量排除深夜连续施工;将产生噪声的设备和活动远离人群,避免干扰他人正常工作、学习、生活。

（六）技术措施方面的要求

在技术措施方面,钢筋工程应尽量采用环保节能的新工艺、新技术,以提高劳动生产率,降低资源消耗,同时减小施工过程对周边环境的影响。如钢筋接头应尽量采用机械连接,在环境环保和确保质量方面,远远优于钢筋的各种焊接连接。

二、工程施工环保的具体措施

为了保护和改善生活环境与生态环境,防止由于建筑施工造成的作业污染和扰民,保障建筑工地附近居民和施工人员的身体健康,在本工程中（包括钢筋工程）采取的具体环保措施如下所述:

（一）环保组织方面措施

在建筑工程的施工期间,对环境进行保护是业主对承包商的要求,也是承包商的义不容辞的义务和不可推卸的自身职责。为确保工程"绿色施工",公司将根据公司管理标准、国家省市规定、业主要求,结合工程的具体情况制定本工程《环境保护实施细则》,以细则的各项具体规定作为统一和规范全体施工人员的行为准则。

在建筑工程的施工期间,委派专门的环境保护工作人员,全面负责和监督本项目的环境保护工作。

加强环保教育和激励措施,把环境保护作为全体施工人员的上岗教育的主要内容之一,努力提高环保意识,对环保工作突出的单位和个人要进行奖励,对违反环保的班组和个人进行处罚。

（二）防止大气污染措施

（1）在清理施工垃圾时,要使用合适的容器吊运,严禁随意在空中抛撒造成扬尘。施工垃圾及时清运,清运时,适量洒水减少扬尘。

（2）建筑工程施工所用的道路,尽量采取硬化的方法处理,并随时清扫、洒水,减少道路的扬尘。

（3）工地上使用的各类柴油、汽油机械执行相关污染物排放标准,不使用气体排放超标的机械。

（4）易飞扬的细颗粒散体材料尽量在库内存放,如果采取露天存放时采用严密苫盖。在运输和装卸时,应防止抛掷而出现尘土飞扬。

（5）混凝土搅拌站应设在封闭的搅拌棚内,在搅拌机上设置喷淋装置,以防止出现水泥等材料飞扬。

（6）在建筑工程的施工区内,严禁焚烧有毒、有恶臭物体。

（三）防止水污染的措施

（1）在办公区、施工区和生活区内合理设置排水明沟、排水管,道路及场地适当进行放坡,做到污水不外流,场内无积水。

（2）在混凝土搅拌机前台及运输车清洗处设置沉淀池。排放的废水先排入沉淀池,经二次沉淀后,方可排入城市排水管网或回收用于洒水降尘。

（3）未经处理的泥浆水,严禁直接排入城市排水设施和河流。所有排水均要求达到国家排放标准。

(4)临时食堂附近设置简易有效的隔油池,产生的污水先经过隔油池,平时要加强管理,定期进行掏油,防止产生污染。

(5)在厕所附近设置砖砌化粪池,污水均排入化粪池,当化粪池满后,及时通知当地环卫处,由环卫处运走化粪池内的污物。

(6)禁止将有毒有害废弃物用作土方回填,以免污染地下水和环境。

(四)防止施工噪声污染措施

(1)作业时尽量控制噪声影响,对噪声过大的设备尽可能不用或少用。在施工过程中采取防护等措施,把噪声降低到最低限度。

(2)对有强噪声的机械(如钢筋切断机、钢筋弯曲机、混凝土搅拌机、电锯、电刨、砂轮等),应设置封闭的操作棚,以便减少施工噪声的扩散。

(3)在施工现场应倡导文明施工,尽量减少人为的大声喧哗,不使用高音喇叭或怪音喇叭,增强全体施工人员防噪声扰民的自觉意识。

(4)科学安装使用发出噪声的施工机具,尽量避免夜间进行有较大响声的施工,确有必要在夜间施工时,应及时向环保部门办理夜间施工许可证,并向周边居民告示。

(五)建筑物室内环境污染控制措施

为了预防和控制建筑工程中建筑材料和装修材料产生的室内环境污染,保障公众健康,应非常重视建筑物室内环境污染的控制。

(1)对所有进场的材料应严格按国家标准进行检查,确保放射性指标超标的材料不进入工程使用。

(2)对室内用的人造木板及饰面人造木板,必须有游离甲醛或游离甲醛释放量检测合格报告,并选用 E1 类人造木板及饰面人造木板。

(3)采用的水性涂料、水性胶黏剂、水性处理剂等,应有总挥发性有机化合物(TVOC)和游离甲醛含量检测合格报告;采用的溶剂型涂料、溶剂型胶黏剂等,应有总挥发性有机化合物(TVOC)、苯、游离甲苯二异氰酸酯(TDI)(聚氨酯类)含量检测合格报告。

(4)室内装修中使用的木地板及其他木质材料,禁止使用沥青类防腐、防潮层处理剂。

(5)室内装修采用的稀释剂和溶剂,不得使用苯、工业苯、石油苯、重质苯、混合苯等。

(6)不得在室内使用有机溶剂洗涤施工用具。

(7)涂料、胶黏剂、水性处理剂、稀释剂和溶剂等使用后,要及时进行封闭存放,废料要及时清出室内。

(六)其他污染防治措施

(1)施工现场环境卫生落实分工包干。制定卫生管理制度,设专职现场治安管理员二名,建筑垃圾做到集中堆放,生活垃圾设专门垃圾箱,并加盖,每日清运。确保生活区、作业区环境整洁。

(2)要根据施工人员的组成情况,合理修建临时厕所,不准随地大小便,厕所内设冲水设施,制定有效的保洁制度。

(3)在施工现场大门内的两侧、办公、生活、作业区等空余地方,合理布置绿化设施,做到美化环境。

(4)砂石料等散装物品车辆全封闭运输,车辆不超载运输。在施工现场设置冲洗水枪,车辆做到干净出场,避免在场内外道路上"抛、洒、滴、漏"。

(5)在确保工程顺利进行的前提下,保护好施工周围的树木、绿化,防止随意损坏。

(6)如在挖土等施工中发现文物等,立即停止施工。并保护好施工现场,及时报告公安、文物管理等有关单位。

(7)施工中的多余土方,要在规定时间、规定路线、规定地点弃土,严禁乱倒乱堆。

参 考 文 献

［1］ 中华人民共和国国家标准,混凝土结构工程施工质量验收规范(GB50204—2002,2011版)［S］.北京:中国建筑工业出版社,2011.

［2］ 中华人民共和国国家标准,混凝土结构设计规范(GB50010—2010)［S］.北京:中国建筑工业出版社,2010.

［3］ 中华人民共和国行业标准,钢筋机械连接通用技术规程(JGJ107—2003)［S］.北京:中国建筑工业出版社,2003.

［4］ 杨宗放.建筑施工手册(第四版)钢筋工程［M］.北京:中国建筑工业出版社,2003.

［5］ 李继业,段绪胜,许晓华.建筑工程施工实用技术手册［M］.北京:中国建材工业出版社,2007.

［6］ 寇方洲.建筑装饰制图与识图［M］.北京:化学工业出版社,2005.

［7］ 孙勇,苗蕾.建筑构造与识图［M］.北京:化学工业出版社,2005.

［8］ 中华人民共和国国家标准,预应力混凝土用钢丝(GB/T 5223—2002)［S］.北京:中国标准出版社,2002.

［9］ 中华人民共和国行业标准,钢筋焊接及验收规程(JGJ18—2003)［S］.北京:中国建筑工业出版社,2007.

［10］ 中华人民共和国国家标准,预应力混凝土用钢绞线(GB/T 5224—2003)［S］.北京:中国标准出版社,2003.

［11］ 俞宾辉.建筑钢筋工程施工手册［M］.济南:山东科学技术出版社,2004.

［12］ 郭杏林.钢筋工程施工细节详解［M］.北京:机械工业出版社,2007.

［13］ 中华人民共和国行业标准,冷轧带肋钢筋混凝土结构技术规程(JGJ95—2003)［S］.北京:中国建筑工业出版社,2003.

［14］ 中华人民共和国国家标准,房屋建筑制图统一标准(GB/T 50001—2010)［S］.北京:中国计划出版社,2010.

［15］ 中华人民共和国国家标准,建筑结构制图标准(GB/T 50105—2010)［S］.北京:中国建筑工业出版社,2010.